SHIPIN ANQUAN FENGXIAN JIAOLIU ZHIDU
SHEJI YANJIU

食品安全风险交流制度设计研究

狄琳娜　著

经济日报 出版社

图书在版编目（CIP）数据

食品安全风险交流制度设计研究／狄琳娜著. -- 北
京：经济日报出版社，2020. 12
ISBN 978 - 7 - 5196 - 0738 - 8

Ⅰ. ①食… Ⅱ. ①狄… Ⅲ. ①食品安全 - 风险管理 -
研究 - 中国 Ⅳ. ①TS201. 6

中国版本图书馆 CIP 数据核字（2020）第 240792 号

食品安全风险交流制度设计研究

作　　者	狄琳娜
责任编辑	宋潇旸
助理编辑	林　珏
责任校对	李艳春
出版发行	经济日报出版社
地　　址	北京市西城区白纸坊东街 2 号 A 座综合楼 710（邮政编码：100054）
电　　话	010 - 63567684（总编室）
	010 - 63584556（财经编辑部）
	010 - 63567687（企业与企业家史编辑部）
	010 - 63567683（经济与管理学术编辑部）
	010 - 63538621　63567692（发行部）
网　　址	www. edpbook. com. cn
E - mail	edpbook@ 126. com
经　　销	全国新华书店
印　　刷	北京建宏印刷有限公司
开　　本	710 × 1000 毫米　1/16
印　　张	19
字　　数	267 千字
版　　次	2021 年 1 月第 1 版
印　　次	2021 年 1 月第 1 次印刷
书　　号	ISBN 978 - 7 - 5196 - 0738 - 8
定　　价	58. 00 元

前言

随着人民群众生活的日益改善，公众对于饮食行业的质量要求也在不断提高。中国工程院院士、国家食品安全风险评估中心研究员陈君石在谈到我国整体食品安全状况时表示，目前我国的食品安全国家标准基本和国际接轨，比较完善，但仍面临很多问题，如风险交流比较薄弱，消费者的信心不足等。风险交流作为政府食品安全监管的有效工具，是有效遏制新媒体传播不真实风险信息的重要手段。消费者对于食源性疾病风险、化学污染物、食品掺假和欺诈等问题始终非常关注，而这些消费者关注的问题，就是食品安全风险交流过程中需要加强的地方。政府应担负交流主导的作用，设立风险交流部门，给予人员、经费支持，加强与媒体的沟通，使专家的风险评估信息准确地传达到媒体、公众那里，消除专家与公众之间的信息不对称问题。

本书共分为理论篇、情景篇、调研篇3大部分，计17个章节。围绕食品安全风险交流的产生背景、成长脉络、研究意义、国内外理论发展现状及实施总结，从行为经济学视角对于食品安全风险交流进行了研究，分析构建中国食品添加剂质量监管体系和网络餐饮平台风险交流体系、探讨运用HACCP系统实施针对乳制品、肉制品及中药的安全风险交流、通过案例分析和总结问卷调查的形式为政府和企业开展风险交流工作建言献策。

第1章至第5章为理论篇。从整体上论述了食品安全风险交流的背景、研究轨迹和研究意义，提出本书所要研究的问题。对于食品安全风险交流的发展现状进行了综述，并从国内、国外两个角度加以对比，通过后续书中介绍为中国的食品安全风险交流工作提供了很多经验借鉴。从政府、企业和媒体的角度，对于食品安全风险交流的主体进行了分类研究，明确构建中国食品安全风险交流体系的基本原则和作用，强调化危机为机遇，重视公共安全事件危机交流、重塑形象工作。将美国、欧盟和中国在食品安全风险交流机制构建方面的特点与优势进行了介绍，并提出学习美国的政府和非政府监管主体的作用，借鉴欧盟食品和饲料快速预警系统的管理经验，提高中国的信息发布水平。从行为经济学的视角研究食品安全风险交流的认知误区、行为偏离、监管理论等问题，并提出解决问题的建议。

第6章至第11章为情景篇。主要概述了中国进出口食品中添加剂质量安全存在的问题及原因，通过对美国食品药品管理局开展监管的实践分析，对于中国进出口食品添加剂的质量监管提出措施建议。此外，近年来外卖食品的安全问题屡屡发生。本书拟采用诺贝尔经济学奖得主，著名的制度经济学家埃莉诺·奥斯特罗姆的"多中心"制度设计原理，构建政府、网络餐饮平台和公众等"多中心"联动的外卖食品风险管理制度体系，加强网络餐饮平台的食品安全风险交流，进而有效提升政府的公信力。近年来，各国政府及公众对全球食品安全问题越来越重视，乳制品、肉制品等食品安全更是引来诸多关注。本书针对国内外政府的不同法律法规的要求和公众的不同消费偏好，提出应建立合适的风险交流机制进行有效交流，避免消费者的盲目恐慌，改善国际乳制品进出口环境，促进中国乳制品出口。通过分析食品安全领域风险交流的发展现状，找到中国在肉制品进出口风险交流方面的不足，总结中国肉制品近十余年进出口现状及主要问题。从中国中药企业视角出发，对突破技术性贸易壁垒的对策进行分析。了解中国中药企业出口的结构与遭遇的技术性贸易壁垒的现状，并以HACCP体系为理论基础对中药企业生产、制造、销售与运输等一系列步骤进行危害临界控制点分析控制。针对企业制定突破技术性贸易壁垒增加出口的对策，优化中国中药企业中药产品的出口结构，提高中国研发生产的中药产业的国际竞争力。

第12章至第17章为调研篇。本书对京津冀地区食品工业转型升级进行制度设计，提出京津冀一体化发展背景下，政府通过构建"信息预警、事中交流、事后监管"风险交流预警机制，从食品安全事件发生的事中、事后的应急处理转向事前的预防，从而为京津冀食品工业协同升级提供制度保障。通过开展程度分析问卷，了解影响学生对高校满意度的因素，进而解决高校食堂食品安全问题。通过借鉴欧盟快速预警系统（RASFF）框架设计理念和先进的机制经验，通过建立食品安全交流机制来解决高校食堂食品安全风险交流的不对称问题。通过梳理风险交流相关理论，结合高校食堂网络点餐平台的特点提出假设，构建其风险交流意愿影响因素的结构方程模型。结果显示在校人员与学生的互动正向影响其对学校的信任。为加强在校人员对学校的信任与风险认知，提升风险交流意愿，从学生、食堂、平台、学校与政府五个方面提出风险交流建议，以期为疫情下高校食堂网络点餐食品安全风险交流工作提供经验借鉴。通过研究食品安全风险信息的传播方式与作用机制，提出基于高效地传播途径、有效传达风险信息等对策建议，以促进疫情期间外卖行业的健康发展，保障消费者安全感和信任度的提升。以围绕 2017 年发生的天津市静海区独流镇食品调料造假事件开展问卷调查为例，分析出现食品安全事件后，开展食品安全风险交流的重点以及政府应当采取的措施，引导消费者走出风险认知误区。

本书由狄琳娜负责全书的构思、撰写和统稿工作，由狄琳娜、于燕燕对全书内容进行修订。感谢团队成员和学院领导的大力支持，本书撰写的成员包括代文彬副教授（完成第 1 章第 3 节）、黄亚静副教授（完成第 8 章第 1、2、3 节）、赵春舒副教授（完成第 8 章第 4 节）、狄琳娜指导研究生于燕燕（完成第 7 章、第 13 章和第 14 章），孟凡璐、王雨晨、郭万欣、乔本幸、鲍金荣、傅煊、党小萱、李春亭（参与完成书中部分调查和研究工作），在此一并表示感谢。

本书为教育部人文社会科学一般项目 (17YJC79022) 行为经济学视角下食品安全风险交流"多中心"联动制度设计的研究成果。本研究进行期间得到天津科技大学食品安全战略与管理研究中心的大力支持，在此深表感谢。

目 录

理论篇

调研篇

理论篇

第1章　食品安全风险交流简介

1.1 食品安全风险交流的产生背景与内涵

1.1.1 食品安全风险交流的产生背景

食品安全问题关系到每一个国民的生命健康，然而食品安全并不是指食品的绝对安全，无论在国际上还是在国内，都存在食品安全问题。比如食品中化肥农药的残留是无法做到完全避免的，也就是说零风险是不存在的。公众需要了解食品安全风险的潜在程度、危害程度、风险源等相关信息，通过沟通解释，各相关利益主体之间达成食品安全风险共识，以更好地应对食品安全问题，这正是食品安全风险交流的目的与过程。风险交流（Risk Communication）也被称为风险沟通，风险交流源于西方国家的环境运动，其研究阵地最早始于美国。最初的风险交流仅仅是政府与专家认为的风险控制，政府仅仅针对食品安全问题进行单向的公布，公众并没有真正地参与到交流之中。1982年，欧盟委员会开始要求各成员国政府在重大灾难发生时应使民众了解防范措施。自此，西方国家逐渐开始重视风险交流。1989年，美国国家研究院在《风险交流的完善》(Improving Risk Communication) 一书中对风险交流做出了进一步的界定：系统中所涉及个体、群体等对象间对有关系统的信息进行交换和互动的过程。欧洲食品安全局将风险交流工作定义为"相关主体要在正确的时间，基于正确的方式，将正确的信息传达给正确的人"。该定义正式将风险交流定义为个人、组织、机构交换信息和意见的互动过程，而不是政府、专家向非管理人士的单向信息传递。随着食品安全问题的频发以及食品安全工作实践的不断发展，食品安全风险交流逐渐得到国内外专家学者以及其他各界的广范关注与研究。

1.1.2 食品安全风险交流的内涵

1. 食品安全的内涵

食品安全分为食品的数量安全和质量安全，其中食品的数量安全是指一个国家或地区能够生产民族基本生存所需的膳食需要，要求人们既能买得到又能买得起生存生活所需要的基本食品。食品质量安全包括两个方面的含义。一方面，是指食品中不应包含可能或威胁人体健康的有毒、有害物质或不安全因素，不可导致消费者急性、慢性中毒或感染疾病，不能产生危及消费者及其后代健康的隐患。另一方面，是指食品（食物）的生产、加工、包装、储藏、运输、销售和消费等活动符合强制性标准和要求，不存在可能危害人体健康的有毒有害物质以导致消费者病亡或者危及消费者后代的隐患。

2. 风险交流的内涵

食品安全信息只有及时准确、公开透明地公布出来，公众才能真正了解并认识食品安全的真实情况，增强公众对食品安全的信心。所以在研究食品安全方面的风险交流时，我们首先应该充分了解什么是风险交流。风险交流常见定义如下：

（1）美国国家科学研究委员会对风险交流的定义："个体、群体以及机构之间交换信息和看法的互动过程，这一过程涉及风险特征及相关信息的多个侧面。它不仅包括传递风险信息，也包括表达对风险事件的关切意见及相应反应，或者发布国家或机构在风险管理方面的法规和措施等。"

（2）世界卫生组织／联合国粮农组织（WHO/FAO）出版的《食品安全分析——国家食品安全管理机构应用指南》明确指出，"风险交流是在风险分析全过程中，风险评估人员、风险管理人员和消费者以及其他有关的团体之间就某项风险、风险涉及的因素和风险认知等交换信息和意见的过程。

（3）中国原卫生部副部长陈啸宏在2011年北京召开的食品安全风险交流国际研讨会上也曾指出，风险交流是在政府、学术界、食品行业、媒体和消费者之间进行的有关科学的食品安全信息的交流和互动。

（4）2014年，国家卫生计生委在发布的《食品安全风险交流工作技术指南》中提出："食品安全风险交流，是指各利益相关方就食品安全风险、风险所涉及的因素和风险认知相互交换信息和意见的过程"。

（5）在学术界领域，对于"食品安全风险交流"的概念也有所不同。比如中国工程院院士陈君石采用了国际食品法典委员会的定义，认为风险分析由风险评估、风险管理和风险交流三部分组成，风险交流是在风险分析的全过程中，风险评估人员、风险管理人员、消费者、产业界、学术界和其他感兴趣的各方就风险、风险相关因素和风险认知等方面的信息和看法进行互动式交流，内容包括风险评估结果的解释和风险管理决定的依据。

笔者对食品安全风险交流定义为：风险交流是政府、媒体、企业、专家、消费者等多个主体就潜在的、不确定的风险问题进行信息传递、意见交换以加强公众对风险的认知和理解，从而达成共识，降低风险影响，避免危机发生的双向动态过程。

1.2 国内外食品安全风险交流的相关研究

学者们从政府监管的宏观视角研究风险交流的体系构建、机制设计、制度细节、管理模式中存在的问题，并提出改善的建议。李长健（2018）对比欧美食品安全风险交流制度的管理部门、立法体系、交流机制三个方面，认为中国应完善《食品安全法》，增强食品安全风险交流制度的可操作性，明确食品安全风险交流的组织机构，构建食品安全风险交流信息平台，实现交流渠道多元化。陈君石（2017）认为信任和信心的建立需要耐心和时间，更需全社会的合力参与。因此，应以政府为主导，多维度地拓宽交流内容，引导公众全面了解与食品相关的各种信息。以政府部门为主导建立食品信息交流机制。A.W. Barendsz（1998）表示食品安全是一个日益引起全球关注的问题，不仅因为它对公共卫生的持续重要性，而且也因为它对国际贸易的影响。文章综述了HACCP认证的最新进展、风险评估的标准化、农产品产业链形成的必要性和全球沟通的改进。

学者们认为利用网络媒体作为风险交流的工具，可以有效地促进风险交流。许静（2018）认为媒体不仅传递信息，而且具有议程设置、涵化以及社会真实构建等功能，可以将公众的注意力引向特定的对象，并赋予报道对象以合法性。食品安全标准应具有专业性，应以策略传播的思路开展媒体交流，应充分发挥新媒体环境下政府官方网站及专业组织的传播力，形成科学传播的意见环境。Chih-Wen Wu（2015）的研究采用网络调查、多元回归分析和FsQCA 分析等方法进行研究假设。研究结果发现，Facebook 的使用与用户的食品安全、社会信任和社会支持水平呈正相关，Facebook 作为一种有效的风险沟通工具，可以促进食品安全风险的传播。

从微观企业责任和消费者认知层面，学者们对于企业的风险交流意识和消费者风险认知偏差进行了热烈讨论。丁宁（2018）认为，风险交流按时机分为日常交流和危机交流。企业沟通交流意思薄弱，仅将风险交流视为危机交流。企业应该主动培养风险交流理念，将风险交流视为一项常态化的工作，遵循风险交流的原则，建立一套风险沟通与危机处理的支撑体系。王志涛等（2017）研究表明企业保证食品安全可以看作是一种契约的履行，低层次的风险交流与较高的交易成本会削弱企业契约的执行力。如果在食品安全控制中进行互动的双向风险交流，就可以有效地改善双方信息缺失的情况，从而有效降低交易成本。Frank O'Sullivan MVB 研究表明在全球食品行业，保持消费者的信任是商业持续成功的必要条件，信息交流有助于在企业和消费者或客户之间建立或重新获得信任。Nam Hee Kim（2015）认为基于福岛核事故后消费者认知对有效食品风险交流的影响的调查，了解消费者对风险的看法、一般知识、对现有信息来源的信心以及制定战略风险沟通计划所需的信息，设计风险沟通工具，定期风险宣传和教育系统应向食品消费者提供有关食品放射性安全的信息。

学者们对于食品安全风险交流方式、风险交流渠道以及风险交流的管理体系等进行积极地探索。具体包括三个层面。1. 风险交流方式的研究，主要从风险交流的策略和风险交流的内容展开。Frewer（2012）的文章中提出在制定不同食物的风险交流策略时，要考虑技术风险评估，也要考虑公众的看法、需求和不同公众之间的差异。Mary McCarthy（2009）通过定性和定量研究，调查了爱尔兰岛食品风险沟通的各个方面。对影响有效风险交流的障碍进行了分析，得出确保有效的食品安全风险沟通需要目标受众的充分赞赏。Timothy L. Sellnow 等（2012）梳理了以信息为中心的风险交流理论和方法，并通过案例分析提出了对食品安全风险交流的借鉴和启示。李奇剑（2018）表明公众的科学意识不断觉醒，要求不断提升，交流内容应不再限于食品安全风险信息，应将监督抽检作为风险交流的重要内容之一，要推进风险交流工作向全面的信息交流转变，促进多方参与。2. 风险交流渠道的研究，主要从风险信息传播载体和传播工具的功能作用展开。张星联（2017）认为不同的交流主体又决定着交流内容及渠道的选择，通过对不同渠道特征及受众的了解，结合受众特点，有的放矢才能达到最好的交流。许静（2018）认为媒体不仅传递信息，而且具有将公众的注意力引向特定的对象，并赋予报道对象以合法性的功能。食品安全标准应具有专业性，应以策略传播的思路开展媒体交流，应充分发挥新媒体环境下政府官方网站及专业组织的传播力，形成科学传播的意见环境。3. 风险交流体系的研究，主要聚焦于系统、整体的视角进行风险交流的制度设计。Terje Aven（2018）认为，良好的风险沟通不能孤立于广泛的风险分析和管理过程，风险分析的科学性和基础性问题是风险传播成功的关键。张文胜等（2017）通过对日本"食品交流工程"的多元治理系统结构及运行机制的研究认为，中国应积极探索建立食品安全社会共治格局，构建起政府监管、企业自律、社会协同、公众参与、法治保障"五位一体"的食品安全社会治理体系。胡广勇（2016）认为与国际先进水平相比，中国食品检验和评估工作还存在不足，只有在科学而全面的风险评估和管理前提下，才能进行风险交流。

Aileen McGloin 等（2009）指出食品风险沟通是非常复杂的，其效果将直接影响其成功的因素很多，包括信息的透明度、与公众的互动、对风险的认识和及时披露。有许多个人的主观因素可能影响风险感知，如以往的经验、知识、态度和信念、个性、心理因素及社会人口因素，其中许多因素仍有待探讨。国内学者王虎（2018）指出，利用结构方程模型进行分析，相关利益方对于风险评估和风险管理过程的参与以及对风险评估过程的规范，都会对风险评估和风险管理过程的透明度产生影响，进而影响风险交流的效果。李佳洁等（2017）认为，公众对交流方的信任度、交流方的交流能力、交流方式对风险的理解深度等都会影响风险交流效果，应选择公众最信任的交流方式进行交流。陈通（2017）开发了基于消费者的食品安全风险交流质量评价量表（CFRCQ），量表包含及时性、易理解性、专业性、诚实性、响应性等5个维度，并运用该量表得出当下食品安全风险交流质量尚处于较低水平，尤其表现在易理解性和诚实性方面有欠缺的结论。

1.3 国内外食品安全风险交流的理论综述

1.3.1 企业视角的理论综述

1. 基于自利驱动的食品安全风险交流

随着企业生存环境的动态化与复杂化，企业的边界日益由封闭趋向开放，企业组织需与环境因素进行有效的交流，从而获得利益相关者的支持和组织的合法性。从企业自利的视角出发，现有研究普遍认为企业实施食品安全风险交流的动机有两个：一是获取竞争优势，二是规避合法性威胁。

（1）通过提升企业声誉、企业品牌、企业形象等获取竞争优势

这方面的文献集中探讨企业交流（corporate communication）对企业维持与成长的意义。Fombrun指出，企业声誉受企业交流（包括企业社会报告）的影响，拥有良好声誉的企业更易获取市场溢价、进入资本市场，更易吸引投资者、获得更高信用评级（意味着更低的利息率），因而声誉能为企业制造竞争优势。企业通过有效的交流活动可维持、培养和提升企业声誉和企业品牌，减少与利益相关者的交易成本从而创造一种竞争优势，能正向影响企业财务绩效和顾客及雇员的忠诚度。Saeidi 等通过实证研究证明，企业社会责任履行及其交流，通过提高企业声誉、竞争优势和客户满意度可以间接促进企业绩效提升。

（2）规避合法性威胁

合法性理论的核心是社会契约观念，它意味着一个组织的运作应在具体社会环境的边界和规范内进行。Dowling 和 Pfeffer 指出，组织能通过交流展示自己与具有强大社会合法性基础的符号、价值观和制度的一致性，也能通过交流改变社会合法性的定义从而使其符合组织目前的行为、产出和价值观。Philippe 和 Durand 证明，为减少偏离社会规范的负面影响和提升企业声誉，企业应通过交流提高自身在目标服从和程序服从两个维度上的透明度。

由上可见，食品企业基于生存与发展的自利动机，理论上存在与利益相关者进行食品安全风险交流的意愿与可能。但目前极少有文献系统分析企业实施食品安全风险交流的驱动因素，构建有解释力的激励模型。此外，在不同的规制水平、市场成熟度、消费结构等制度因素的调节作用下，食品安全风险交流对食品企业绩效的影响也应是不同的。因此，对企业食品安全风险交流的驱动机理尚需全面深入的分析。

2. 食品安全风险交流的模式与策略

食品企业与利益相关者的食品安全风险交流模式和策略在不断演进，这种演进受到双方权力关系变迁的影响。这方面研究主要从两个层面展开，一是交流模式，二是交流程序与方法。

（1）交流模式

交流模式是对交流目的、交流关系与交流方式的类型的概括。传播学、公共关系学、政治学等领域的学者对交流模式进行大量探讨，提出不同的交流模式。传统交流模式理论认为，信息以一种单向、机械和单边的方式从发出者向接收者流动。随着民主社会的进步、消费者势力的增长和政府对公民知情权的保障，企业与利益相关者的食品安全风险交流日益采取双向、对称和对话的模式。Heath 和 Nathan 指出，食品安全风险交流模式的选择应尊重公众的政治利益，支持公众高度参与交流过程。Morsing 和 Schultz 研究认为，为适应利益相关者不断变化的预期，企业社会责任交流中的意义建构和意义给赋过程都应主动和持续地吸引利益相关者参与。为此，企业应主动邀请利益相关者（如意见领袖、公司批评者、媒体等）参与交流过程，并与他们建立经常性的、系统的、积极的对话关系。

（2）交流程序与方法

为有效指导风险交流行为，一些学者提出了一些可操作的策略选择。Benoit 提出了危机交流中可供选择的 5 种形象修复策略：否认、责任推脱、减少事件危害性、矫正行为、道歉。在形象修复话语行为中，企业应正确理解说服艺术的要义，合理选择并综合运用各种形象修复策略。Jacob 等发现，瞄准细分群体并了解该群体成员的知识、态度和认知有利于有针对性地开展食品安全信息交流。此外，在食品安全危机中利用社交媒体对利益相关者进行信息传递是有用的。

食品企业如何与利益相关者开展有效的食品安全风险交流，国外相关方面的研究比较系统和深入。关于风险交流模式，国外学术界强调采用双向互动、对话参与的交流模式，对单向单边的交流模式持批判态度。但单向单边的交流模式（如食品安全广告、食品安全培训、供应链内食品安全风险信息共享等）在达成信息理解与共识方面不可或缺。因此，风险交流应是多种模式的组合运用。此外，相关成果都是基于西方发达国家的文化背景，能否运用于其他文化背景国家（地区）仍值得进一步研究。

3.食品安全风险交流管理体系的构建

为给管理实践提供理论指导与行为规范，一些文献从要素视角和过程视角对企业食品安全风险交流的管理体系展开了研究。

（1）要素视角

该方面文献试图通过识别与整合食品安全风险交流的管理要素，构建系统和有解释力的管理框架。

Foreman 和 Argenti 揭示了企业交流中 6 方面要素的重要性：交流功能与战略执行保持一致、直接向 CEO 汇报的组织结构、聚焦于品牌和声誉、内部交流、信息技术使用、艺术和科学手段的运用。Cornelissen 等通过对世界级大公司的案例研究表明，企业交流的实践框架应包括以下 4 个维度：从业者的角色和任务、交流工作的组织架构、交流的政治和文化问题、交流工作的职能定位，并指出这 4 个维度通过风险交流的战略定位和文化适应两个环节相互关联。Griffith 等指出影响食品安全交流的因素有：领导 – 成员交换关系、规劝意愿、报告制度、信息反馈、批评文化、交流政策。此外，提升食品安全文化，对企业食品安全管理与危机交流具有重大的影响。综合不同学者的观点，已有文献关于企业食品安全风险交流管理体系的要素研究。

表 1-1　企业食品安全风险交流管理体系要素构成

体系要素	定义
领导力	领导者能认识到组织内交流重叠的现状、促进相关部门间的协调、与企业员工建立高质量的社会交换关系。
企业文化	企业对食品安全风险交流的价值取向，企业员工对施行不安全行为的其他员工有规劝意愿，对潜在安全风险与不安全操作有良好的报告体系，鼓励针对错误的公开交流从而预防将来的问题。
功能定位	风险交流应紧密联系企业战略执行，聚焦于良好公司品牌与声誉的建立，对重要利益相关者进行科学定位与细分，能为公司战略制定与发展提供信息支撑。
组织结构	相应的部门负责风险交流工作，风险交流部门及其负责人在组织结构中具有较高的职级，最好能直接向 CEO 汇报工作，风险交流职能在集团总部与各事业部间进行适宜的集中与分散。
交流能力	风险交流人员应具备相应胜任力，成为管理者而非技术人员、通才而非专才，能创造性使用信息技术，掌握交流的修辞艺术和科学的管理工具。
内部交流	形成交流方法与程序的制度规范；通过综合的交流渠道向员工交流企业的使命、核心价值观和战略方向；建立完善的员工培训体系，通过培训交流使员工了解自己的角色和责任以及企业的目标。

（2）过程视角

　　该方面研究将企业食品安全风险交流划分为不同的阶段（环节），阐释不同阶段（环节）的管理方法与行为，从而试图构建一个统一的管理框架。Herrero 和 Pratt 提出了一个危机交流管理的整合对称模型，该模型将危机交流管理分为议题管理、计划 – 预防、危机中、危机后 4 个阶段，每个阶段都从议题管理、情境理论运用、双向对称交流 3 个层面开展相应管理行为。美国国家食品保护和防御中心的风险交流团队开发了一个风险交流最佳实践模式，以指导相关组织实施有效的食品安全风险交流。该模式包括 11 种最佳实践，分为事先计划、负责任交流、减少危害、持续评估和改进危机计划、承认并认真对待文化差异 5 个主要环节。

　　要素视角和过程视角的研究为企业建构食品安全风险交流管理体系提供了重要的理论指导。相较而言，过程视角的研究成果较为成熟，已形成较系统的理论模型。要素视角的研究目前尚处于探索阶段，食品安全文化、领导力等关键要素本身受多种因素影响，对这些关键要素的研究应更深入和系统，应采用更严谨的方法以增强成果的说服力。

1.3.2 与风险交流相关的理论综述

1. 社会互动理论

　　社会互动理论是由德国社会学家齐美尔（Simmel）在 1908 年提出，其主要涵盖建构主义和人本主义两大认知体系，所谓互动式是指个体与其他个体或群体、群体与其他群体相互作用的社会形态。互动的目的在于传递信息、分享意见、表达情感、产生共鸣。互动的主要形式有：交换、竞争、合作和对抗。互动在本研究中涉及到多个主体，不同主体之间交换信息、分享意见、表达情感、产生共鸣，互动的意愿与效果将直接影响各主体对于食品安全风险交流的状态与结果。

2. 信任决定理论

　　信任会直接影响到公众的食品安全风险交流意愿。信任决定理论由 Covello 等四名学者于 2001 年提出理论模型，该理论模型认为，在风险交流中信息传达者必须先建立信任，才能实现教育、达成共识。为建立和保持信任，信息传达者必须保证传达信息的诚意与专业性，只有让信息交流的对象更加愿意思考和参与交流，信息才能更易被对方接收和接受。

3. 问题解决情景理论

　　问题解决情景理论是美国学者金姆（Kim J.N.）和詹姆斯·格鲁尼格（James E.Grunig）2011 年在公众情境理论的基础上提出的公关传播理论。该理论强调当个体感知风险以及自身拥有的信息和知识不足以解决所面临的问题时，就会陷入紧张状态。在这种状态的刺激下，出于自我保护的目的，个体就会产生信息需求，接着就会产生信息或知识的寻求动机和行为，以消除紧张不安的心理状态。这与食品安全风险交流的情景比较贴合，即当消费者感知到食品安全风险的存在时，就会积极的关注与寻求食品安全信息，通过获取信息与知识，增加信心的过程。信息的关注与寻求就是本研究食品安全风险交流意愿的主要内涵。

4. 技术接受模型

技术接受模型是 Davis 于 1989 年研究用户对信息系统接受时所提出的一个模型，该理论模型主要解读、预测用户对信息技术的认同与使用情况。该模型认为信息技术接受程度受用户的感知易用性和感知有用性共同影响。该模型指出，公众对易用性和有用性这两个关键变量的感知评价，会影响公众对交流方的态度与行为，即信任与交流意愿直接受公众感知易用性和感知有用性的影响。

5. 说服传播理论

耶鲁大学教授 Hovland 和 Janis 于 1953 年提出说服传播理论。该理论认为信息来源、信息本身和信息接收者是影响风险交流结果的三个因素。（1）从信息来源的层面来讲，当信息的来源不被公众所认可时，信息的客观性和真实性也会遭到人们的质疑。（2）从信息本身的层面来讲，信息本身的真实、准确以及所传递的意见与消费者的初始态度是否一致，这种差异会引起消费者的紧张焦虑情绪，影响交流效果。（3）从信息接收者的层面来讲，作为信息接受者的消费者，其原具有的知识水平在信息的有效传播中有着重要作用，这种认知不仅会影响信息的持续传播，还会影响消费者的购买决策。

6. 社会临场感

社会临场感，又称为社会存在、社会呈现，是指消费者即使在虚拟网络平台环境中也能够体会到面对面的与真人互动的亲切感、真实感和社交感。该理论最初由 Short、Williams 和 Christie 等三位学者于 1976 年提出，其主要观点是当人们利用媒体进行沟通交流时，所能感受的其他人真实存在的程度以及与他人互动的感知程度。因此，公众对交流环境的评价诸如交流环境是否真实、舒适，交流过程是否友好等社会临场感相关的因素，将直接影响交流的效果。

综上所述，实现有效的风险交流前提是建立交流各方间的信任。低信任水平将弱化食品安全风险交流工作的整体效果，特别是发生信任危机后对彼此信任的修复，往往需要投入比最初建立信任大得多的努力，才能获得比此前有效的信任。消费者认知、对交流方的信任、传递信息的真实准确以及交流者自身的交流能力都会影响食品安全风险交流的效果，因此，交流方在风险交流中，对消费者传递出高诚意的信号，使消费者获得满意的体验会有效增加消费者对食品安全的信任感，从而影响整个食品安全风险交流的最终效果。此外，消费者自身的信息素养，对信息的选择、评价、理解能力都会影响风险交流工作的效果。笔者在后续的章节中将进一步针对上述食品安全风险交流的影响因素进行深入研究。

1.4 食品安全风险交流的研究意义

1.4.1 研究目的

风险交流是贯穿整个风险管理过程的软管理环节，风险交流在风险管理中起着重要的支撑与协调作用。风险交流的延迟、缺失、失误与不透明都可能会造成公众的身体健康危害和心理恐慌。有效的食品安全风险交流有利于提升政府的公信力，避免信任危机；企业为主导的风险交流有利于获得消费者的信任与归属感。研究食品安全风险交流有利于加快中国食品安全风险交流的发展进程，有利于提升各主体对风险交流工作的重视。

本研究将针对国内食品安全现状，明确政府、企业、媒体和公众之间的职能及责任，站在各利益相关体的不同角度，在查阅文献的基础上，借鉴国外更为完善成熟的风险交流机制，结合本国国情与问题实际设计更为科学、有效的交流制度。

1.4.2 研究意义

1. 理论意义

笔者通过对目前国内外食品安全风险交流的现状以及研究进行分析总结，针对目前环境对国内食品安全风险交流的挑战，具体问题具体分析，完善现有的食品安全风险交流理论，用理论指导实践，针对政府、企业、媒体和消费者等主体提出有效可行的措施建议，以实现有效的风险交流，更好地应对食品安全问题，提高国民对国产食品、国产企业以及对政府的信任，维护社会稳定，增强国民的安全感和幸福感。

2. 实践意义

通过理论分析、情景研究、调查研究，具体问题具体分析，笔者通过对乳制品、肉制品、药品、高校食堂、外卖平台、新媒体等具体情境进行分析探讨，提出指导建议。通过对具体问题的分析归纳，从点到面，实现理论的普适化、交流制度和系统的完整化以及交流的常态化。

（1）有助于企业、消费者等主体发挥能动性，改善风险交流模式

目前来看，国内风险交流工作更多地以政府为主导，企业和消费者对食品安全问题的重视程度不够。政府有必要在完善食品安全风险交流制度、系统的同时，加强企业、消费者对食品安全风险交流工作的重视与投入，使其发挥主观能动性，积极号召企业和消费者参与到食品安全风险交流工作中来。

（2）通过相应的风险交流工作制度设计，提升风险交流的有效性

从行为经济学的视角分析食品安全风险交流，找出影响风险交流有效性的原因，设计从政府角度、企业角度以及消费者等角度的食品安全风险交流制度。这将有利于完善现有的食品安全风险交流制度、提高风险交流工作的效率，避免与化解政府、企业等与消费者之间的信任危机，维护社会稳定和长远发展。

（3）有利于满足消费者风险交流的需求

食品安全风险交流服务机制设计与完善，不仅能够提高风险交流服务的质量和效率，对企业的自身发展和消费者风险交流需求的满足都具有重要的实践意义。

第2章 食品安全风险交流的发展现状

食品安全作为全球重视的重要问题，国内外的专家学者对食品安全的风险交流工作展开广泛研究。在对食品安全风险交流问题进行总结分析的基础上，学者们积极地利用不同方式建立许多成体系的交流运行机制、交流管理机制等，为解决目前存在的食品安全问题提出对策建议。

目前的风险交流方式按照不同作用可以分为五大类型。（1）传统媒体方式下的风险交流，其作用在于让所有人对食品安全的最新发展有所了解与掌握；（2）新媒体方式下的风险交流，其作用在于能够让所有交流方自由发言，使各个交流方能够理解不同于自己的思考方式，减少信息不对称的程度；（3）投诉或征集意见，其作用在于能够让全民参与到食品安全的管理中，提高公众对中国食品安全的信任；（4）提供信息咨询，有利于公众及时、便利地了解食品安全相关信息；（5）食品安全教育活动的方式，这种方式能够起到提高公众食品安全知识水平的作用，进而能够减少各个交流方之间的认知差异。

美国、欧盟、日本等发达地区已经建立起许多完善的食品安全风险交流机构和交流机制。欧盟的欧洲食品安全局、美国的食品药品监督管理局、德国的联邦风险评估所以及日本的食品安全委员会，这些都是政府设立的负责食品安全风险交流的专门机构。在这些官方交流机构的基础上，他们设计了完善的交流机制对食品安全问题进行全方面的分析与管理。

国内在交流方式上的研究比较全面，但是在交流机构和交流体系上的研究还相对较少。目前只有国家食品安全风险评估中心的职责中提到了风险交流，还没有建立完善的、专业的食品安全风险交流机构。国外在机构机制方面已经走到了前面，无论是风险管理方面还是风险交流方面都有专业机构负责。在这样的食品安全风险交流现状下，国内与国外可以互相学习，共同进步，为食品安全风险交流问题的解决贡献力量。

2.1 美国食品安全风险交流机制

风险交流问题从20世纪70年代开始在美国受到关注，到80年代开始出现在学术研究领域，1986年7月在华盛顿召开的"风险沟通全国研讨会"，标志着风险交流理论已经基本完善。美国高度重视食品安全风险交流问题，尤其是在法律方面，美国颁布了一系列法律法规，直接将风险交流过程作为立法的一部分。美国食品安全风险交流机制的先进之处主要体现在两个方面：一是美国在立法层面上的高度透明性。二是设立了专门负责食品安全风险交流的机构。在食品安全监管体制上，政府确定了风险交流的目标、战略，政府在食品安全风险交流中积极发挥主导作用，统领全局。在日常的信息发布工作中、政府会积极寻求公众意见，国家也会组织相关专家进行答疑解惑，以进行及时充分的风险交流。

美国根据自己联邦制国家的属性，设计采用多部门合作制的形式来对食品安全进行整体管理。各部门之间采用分工与合作的形式，即多个部门执行不同职能，互相监督，互相合作，共同掌握食品安全的管理工作。在多部门合作制方面美国已经有了相对完善的结构——以总统食品安全管理委员会为核心，各个层面的部门共同配合的运作机制。美国食品安全监管方面最大的特点是分为政府监管主体与非政府监管主体；针对不同类型的食品制定不同内容的法律体系；在食品安全整体环境方面，不但做到深入的安全教育，还建立了良好的信息服务机制。可以看出，美国的食品安全监管机制环环相扣、分工明确，整个机制相对和谐、稳定、高效。其详细内容解说如下。

2.1.1 监管方面

1.政府监管主体方面

美国的食品安全风险交流的两大优点在于立法层面的高度透明性和设立专门的风险交流机构，其中专门的风险交流机构主要包括风险分析机构、综合协调机构和监管机构。风险分析机构主要是为食品安全风险评估创造条件、提供服务的。美国的风险评估联盟 RAC 由卫生部、农业部、环保署等多个部门的 17 名机构成员组成。他们对风险评估所需的数据以及各种材料进行筛选总结，达到减少重复性研究的目的。同时多领域的参与也提高了评估的准确性。综合协调机构是指总统食品安全委员会，委员会也由多部门的人共同领导，主要职责在于食品安全各方面问题的组织规划。监管机构主要包括食品药品管理局（FDA）、疾病控制与防治中心（CDC）、食品安全检验局（FSIS），以及各州、地方政府等。

美国 FDA 负责除肉类及家禽类以外所有的国内食品和进口食品的监管，其主要是通过明确食品安全风险交流的目的和任务、与媒体建立良性沟通机制、建立消费者反应的数据收集系统、建立及时的信息发布机制、对消费者进行食品安全教育五个环节来进行食品安全事件管理。CDC 通过全国食品传染疾病监视系统与其他各部门联合分析，进行食品安全类疾病的预防与控制。FSIS 通过对肉类及家禽食品的原料进行检测与监管使其达到国家标准，并为食品生产者与消费者提供食品安全处理的方法。另外，美国政府很注重发挥食品安全监管的引导工作，充分发挥主导作用。

2. 非政府监管主体方面

仅仅依赖政府单方面的有限力量对食品安全进行监管相对来说其力度还是不够的。非政府监管主体是指公民及民间组织等除政府机构外的总和。非政府监管主体作为政府与公民的纽带，在资金和权利上独立于政府，在协调双方关系上起到粘合作用，具有不可替代的食品安全监管作用。

行业协会与消费者保护组织是美国非政府监管的两大主体，美国建立了很多以法律形式给予其权利的行业协会。这些组织不仅可以举办专业培训来为企业提供便利条件及有力的食品安全信息，还可以对公众的各种想法、意见进行总结并传递给政府，为政府的决策提供依据。例如：美国的肉类协会（AMI）是北美最大的肉类行业组织，由来自很多国家和地区的企业组成，主要负责促进肉类行业的发展，为该行业、公众、媒体等提供及时有用的信息。

美国消费者联盟是世界上第一个全国性的消费者组织，它由专业人士、工程师、科学家等组成，为消费者进行产品鉴定，保护消费者权益；同时通过对消费者进行调查，总结分析消费者的认知与建议来为政府的食品安全奖建言献策。

2.1.2 法律方面

美国的法律十分透明，监管权是由法律赋予的，无论是监管主体还是监管程序都离不开法律。美国的食品安全法采取了混合立法与分散立法的形式。也就是说，美国食品安全法律体系是由综合性法规与单行法令组成。《美国联邦法规》和《美国法典》是美国以国家的名义定义的食品安全相关法律，其中包含食品安全在内多领域的内容，除此之外还有《联邦肉类检查法》这种具有针对性的法令类型。这种综合性生物法避免了领域交叉的冲突，又对各方面的食品安全提供了全面而有力的保障。

严谨的法律法规为美国的食品安全监管提供了操作规范与标准规程，正是因为拥有了良好的卫生标准操作规程美国才能建立起完善的危害分析和关键控制点的分析系统（HACCP）。美国建立起HACCP系统的主要运转功能如下：①识别危害点，进行危害分析和风险评估：根据操作标准判断哪些是容易引起危险的危害点。②根据危害分析的结果确定关键控制点：在多个危害点中找到致命的危害，从而控制整个过程发生危险的风险。③建立每个关键控制点的关键限值：对于致命的危害点分析得出危害程度的极值。④建立起对每个关键控制点进行监控的系统：当危害程度超过极值时启动报警系统。⑤建立纠正预防措施：对发生的危害点进行修复与改正，重新进行生产。⑥建立验证程序：检验修改过后的危害点是否达标。⑦建立记录控制制度：针对已经发生过的危险进行总结记录，提高应急效率。

2.1.3 环境方面

1. 安全教育

在食品安全认知水平上公众具有明显的水平差异，对于食品的供应者及消费者进行良好的引导与教育对于整个食品安全大环境的提高是十分有帮助的。美国非常注重食品安全的教育工作，从普及教育与专业教育两方面入手对公众进行切实的食品安全教育工作。为了引起企业与民众的重视，美国专门实行"国家食品安全行动计划"，将食品安全教育提高到国家赋予的重要地位。

（1）普及教育。普及教育是针对不同受众采用不同方式以及不同内容进行针对性的食品安全教育。主要的代表性活动有国家食品安全教育月，即针对业内人士和从业人员进行培训；学校食品安全教育计划，即对在校学生进行整个食品供应流程的知识普及；食品安全对话系统，即消费者及专家可以通过对话的形式讨论大家关注的食品安全相关问题。

（2）专业教育。美国对食品行业人员的考核非常严格，拥有完善的职业资格制度，食品行业人员只有通过资格考试才能从事该行业工作，资格证与职业岗位必须严格对应。美国还专门投入巨大资金来设立继续教育与远程教育，以实现对食品行业人员的培训工作，让他们掌握行业最近动态，能够以最新的信息资源来应对食品安全风险交流工作。

2. 信息服务

美国能够拥有严谨的食品安全管理体系与它完善的食品安全信息网络有着很大的联系，不同的监管机构有着不同的信息系统。对于CDC，美国有着强大的数据库，他可以通过信息监测来判断和识别突发事件，对有危害的病原体提供早期的预防依据。对于FSIS建立消费者投诉系统，根据消费者投诉的内容及程度进行分类分析，将结果与重要信息发布给公众。针对于FDA，在紧急情况发生的情况下，可以通过咨询传真、电子邮件系统与各个部门保持联系，保证信息沟通的质量，这些方式保障了风险交流的正常运行。

2.2 欧盟食品安全风险交流机制

欧盟非常重视食品安全风险交流，其主要分为两种情形：一是风险评估者与食品安全相关利益者的交流。两者之间的交流有利于风险评估者更好地评估风险，为管理者提高决策依据，也能让公众更加充分地了解食品安全信息，做好相应的心理与预防准备。二是风险管理中与食品安全相关利益者的交流。

欧盟交流的主要目的在于使管理者能够更好地了解民众的认知与需求，也能让公众更加理解管理者的思想与工作，从而使双方能够更好地配合，共同应对食品安全问题。

2.2.1 欧盟以风险为中心的多层治理体系

欧洲食品安全局在食品安全风险交流上更加完善，其对于食品安全的监管以风险为中心。虽然是以风险为中心，但是欧洲食品安全局意识到随着科技的进步，我们不能只强调科学技术的重要性、不能将科学技术绝对化，如果我们不能合理地控制风险的话，那么科学也将变成人类的灾难。所以对于以风险为中心的治理理念更加注重的是公众的参与。面对食品安全的风险政府并没有独裁，而是把选择的权利交给了公众。在与公众进行交流的过程中让公众意识到风险的本质，让公众自主选择自主承担风险。在进行食品安全风险交流的时候特别注重公开性和透明性两个基本的原则。第一，可以让公众了解食品安全风险的基础。第二，让媒体方面可以就某一具体的食品安全事件进行理性的报道和评论。

欧盟的食品安全治理体系是由欧盟、成员国、企业共同组成的的一个多层治理体制。食品安全的风险交流也依托于监管体系形成了一种多层次的交流机制。欧盟内部的各个部门之间的分工十分明晰，避免了发生食品安全方面的事故时各部门之间相互推诿、不承担责任的问题。

1. 欧盟的食品安全风险交流的机构设置

（1）决策机构。食品安全风险交流的相关法律法规或各种规定以及对于发生食品安全事件应采取的具体措施，都是由这个机构来制定的。这也为后期的食品安全风险交流制定了规范。

（2）执行机构。其职能为执行欧盟理事会和欧洲议会的决策，保证决策的贯彻落实。

（3）咨询机构。咨询机构欧洲食品安全局（EFSA）的主要职能为咨询、风险信息的交流以及食品安全风险的评估。

2. 欧盟食品安全风险交流体系架构参与的成员国和企业

2002 年欧盟确立了以政府为主导的风险交流体系，成员国的食品安全主管部门与企业主要为 EFSA 进行前期食品安全风险交流所需的大量数据信息来源提供支撑。

2.2.2 欧盟现行的具体的食品安全风险交流系统

实际上欧盟食品和饲料快速预警系统（Rapid Alert System for Food and Feed, 简称 RASFF) 是一个为欧盟组织之外的其他食品安全机构提供决策依据的巨大食品安全数据库，包括各种食品安全信息。RASFF 系统的具体运作过程包括：当 RASFF 系统中的一个国家发现食品安全问题的时候，该国的食品安全管理中心将食品安全信息通过 RASFF 系统上报委员会，此后委员会将可能发生或是已经发生的食品安全信息通报各个成员国，但是不同的食品安全问题的通报方式是不一样的，可以明显看出 RASFF 系统是一个促进食品安全风险交流的中间沟通系统。

RASFF 对于食品安全信息的分类清晰，根据可能发生或已经发生的食品安全问题的严重程度发布不同的通告。RASFF 系统的通报类型包括预警通报、信息通报、边境信息通报及新闻，以及后续信息通报。RASFF 具体的运作流程如下：

（1）预警通报。预警的警示通报主要针对市场中正在销售的存在危害的食品，并且在要求立即行动时发出，即对有发生的食品安全隐患的相关信息有针对性地检查的关注。

（2）边境信息通报。它属于当食品安全问题比较严重时发出的边境信息通报。它主要针对的是已经发生的食品安全问题。

（3）信息通报。信息通告针对没有发生的食品安全问题，这些食品安全问题不需要相关部门采取相应的行动，实际上是对食品安全信息的一个共享。信息由发现问题的成员国发出并对其他成员国提出警示以便及时采取措施；信息通告主要针对在欧盟口岸检测认为不合格的食品，成员国市场并未销售但是危害已确定，所以未立即采取措施。

（4）后续信息通报。当前面的不同通报发出之后并不代表不在对该食品安全信息置之不理，还需要进行不断的更正，以便让有关食品安全的利益相关体作出后续的反应。

（5）RASFF系统的更新时间特别短，保证了信息的时效性。RASFF系统对食品安全信息的发布每周一次，使得信息更加有效，使信息在成员国与RASFF系统之间双向传递，并且信息的来源十分广泛。

（6）RASFF信息来源包括边境控制、官方控制、公司质检、消费者投诉、食物中毒和媒体监测。

2.2.3 借鉴欧盟食品和饲料快速预警系统的管理经验

欧洲自1979年开始建立并逐步完善其快速预警系统，欧盟关于食品安全监管是设立独立的监管部门统一监管。欧盟采用以风险为中心的交流模式进行食品安全风险交流。RASFF作为连接欧盟委员会、欧盟食品安全局和各成员国食品安全主管机构的网络，已成为欧盟食品安全监管的核心平台。经过多年经验的积累，现在RASFF不断发展与完善，已经成为现今欧洲最大的食品安全信息网络交流平台，并且与全球127个国家和地区建立了信息联系。该系统通过委员会在每年度末发布年度报告，报告涉及相关地区的食品安全问题，也成为各国检验本国食品安全状况的参考。其运作模式在保证信息时效性的同时也为欧盟的食品安全提供了有力保障。RASFF体系依据的法律条例清晰明确，监督管理部门权责分明。例如第178/2002（EC）号法规条例明确了食品生产企业和加工企业对出现的食品安全问题要承担的责任，严重者将承担相应法律责任，这将有利于减少出现的安全问题，便于更加高效地处理安全事故。欧盟食品和饲料快速预警体系的优点如下：

第一，结构清晰，层次分明，覆盖范围广。欧盟的各个国家共同拥有唯一的食品安全监管机构，同时拥有风险管理和风险评估这两个平行机构，管理和评估分开运行。为了保证风险评估的科学性不受外界因素干扰，欧盟规定在制定食品安全政策之前必须对其中的风险进行全面的测评分析，这也充分表明欧盟相关法规制定的必要性。

第二，预警体系几乎覆盖了所有与食品问题有关的领域，其中包括食品的生产、加工和销售等众多环节。例如，丹麦为增加食品生产的安全化、透明化，增加消费者的认可度，提高出口食品的质量，建立"从农场到餐桌"的全过程整体化管理体系。各行业相关部门和卫生部、农业部，食品管理局之间存在着密切的关系，它们彼此之间既有交流又有合作，各部门之间的合作交流由专门的委员会进行协调，使得欧盟的食品安全风险交流管理更加具有实际操作性。

第三、欧盟 RASFF 的顺利实行需要统一、严格的监管标准，更需要各成员国之间的积极配合。当一国发生食品安全风险事件时，根据该事件严重程度发出危害健康的警报并上报该系统，由该系统通知其他成员国，以提前做好防范预警从而防止危害的进一步扩大。该系统对各地上报的信息进行汇总并根据其风险程度实行分类筛选，将筛选的信息及时上传至数据库，这对以后事件发生时能够迅速做出具体、清晰的预判并迅速通告处理提供了大数据基础，也对成员国区域内风险交流的科学性与可借鉴性提供了保障。

2.3 中国食品安全风险交流机制

2.3.1 政府官方渠道实现食品安全风险交流

中国的食品安全风险交流主要方式包括新闻发布会、新闻通稿、食品安全预警信息发布、食品监督抽检信息发布、食品安全事件的官方解读等。独家新闻的时代已经过去，现在是信息大爆炸的时代，大家愿意通过网络进行交流，而信息量激增带给民众更多信息选择的同时也增加了信息甄别的难度。在食品安全事件发生之后，公众往往会被新媒体上一些夸大信息影响，从而导致民众的恐慌以及民众对中国食品安全的不信任。这种信息发布存在一定的弊端，公众容易受到网络上发布信息的误导感到无所适从。因此，政府及时采取有效方式进行食品安全风险交流变得非常重要。

2.3.2 开展自下而上的公开征求意见渠道

通过投诉举报渠道和公开征求意见来收集食品安全线索和消费者诉求，虽然是双向的互动交流，但是过程比较复杂。由于很难保证公众的举报消息中是否包含着一些与事实不符的信息，所以工作人员需要进一步通过调查才可以确认。再加上信息来源的不统一，收集信息的时间较长，信息很容易失去时效性。这就导致往往工作人员刚调查完，与之相关的食品安全问题却已经爆发的问题。

2.3.3 通过手机客户端 APP 提供食品安全信息咨询

新媒体是目前主流的食品安全交流渠道，新媒体具备传播速度快、传播面广、信息海量等特点，形成食品安全信息快速传播的重要契机。现在已经有一些食品安全机构开始运用新媒体方式进行食品安全信息的沟通。一些官方媒体也可以利用新媒体来了解公众的食品安全认知。但是相对于微博、微信等这些新媒体，官媒的影响度仍略有不足，这就需要我们建立更加完善有效的新媒体传播机制。国家食品药品监督管理总局建立的食品安全监督抽检信息查询平台已于 2015 年正式上线，其信息查询系统手机客户端——食安查 APP 也在 2016 年正式上线。该数据涵盖总局 2014 年以来公布的抽检信息，并根据抽检情况实时更新。定期公布食品监督抽检信息是平台的常态工作，除此之外，广大消费者、生产经营者等可通过 APP 进行模糊查询（输入食品名称；选择食品分类；扫描商品条形码等方式）。通过查询，可以很容易了解到相关产品抽检是否合格，产品标称的生产企业名称及地址、被抽样单位名称及地址、产品名称、规格型号、生产日期/批号、不合格样品的不合格项目、检验结果和标准值等内容。

2.3.4 通过双向互动进行食品安全健康教育活动

例如在学校开展的一些食品安全教育活动等，但是这种教育形式还是比较少的，而且不成体系。有效的教育路径可以总结为以下五种：（1）学校课

堂教育；（2）社区生活教育；（3）企业对客户的教育；（4）销售环节相关
人员对确定以及潜在消费者的教育；（5）科普媒体教育。

　　通过对发达国家食品安全风险交流的概括总结我们不难发现，大多数国
家都成立了专门的政府职能部门来负责食品安全风险交流工作，比如欧洲的
食品安全局。这些国家都十分重视食品安全风险交流工作，在法律、交流方
式方面都比较完善，这对后续我国的食品安全风险交流工作提供了很多宝贵
的经验。

第3章 完善中国食品安全风险交流体系

食品安全风险交流是政府、企业、专家、消费者等多个主体就潜在的、不确定的风险问题进行信息传递、意见交换以加强公众对风险的认知和理解，从而达成共识、降低风险影响，避免危机发生的双向动态过程。食品安全风险交流包含多个主体，从各个主体出发的食品安全风险交流有所不同，本章旨在从不同的主体层次对中国的食品安全风险交流体系进行架构与建设。

3.1 完善政府食品安全风险交流体系

3.1.1 构建食品安全风险交流体系的基本原则

1. 标准化原则

标准化有助于食品质量的把控。把控食品安全的质量需要依赖相应的技术指标，通过对质量监督指标体系的构建和完善，加强对食品质量安全监管的量化水平。

2. 透明度原则

通过建立食品风险信息交流系统，让各个食品部门定期可能爆发食品安全事件的风险信息通过风险交流系统上报给管理部门。政府监管部门定期公开风险信息和控制风险关键点，提示所有企业对关键控制点的质量加强监管。

3. 独立性原则

确保食品第三方质量监督机构的独立性欧洲的做法值得我们借鉴。欧盟监管食品安全的第三方监督机构为了保持其独立性，依照规定不能从各国政府和任何企业获得资助。第三方监督机构行政权力的独立性，是公众对其建立信任的保障和前提，更是在发生食品安全恶性事件时，实现第三方监督机构发布信息公信力的基础。

4. 双向交流原则

食品安全恶性事件的发生，旧有的沟通模式是单向信息发布，新型社交媒体的出现为实现双向风险交流提供了可能。食品安全风险交流具有双向特征和对话特点，以新旧媒体互补的方式促进信息交流能够使沟通顺畅。

5. 划分风险等级

通过对食品安全可能出现的各种风险划分等级，在发生食品安全恶性事件后，采用等级评分的原则，向公众发布风险等级信息，避免发生因信息不对称造成公众恐慌所引发的次生灾害。

6. 设定新闻沟通模板

传统的新闻媒体交流与新媒体双向沟通可以互为补充。为避免传统媒体在沟通时出现各种问题，政府对新闻媒体发布新闻做出发布模板并设定沟通要素，以减少因发布信息方式不当或要素欠缺造成的恐慌和误解。

3.1.2 中国食品安全风险交流体系构建

中国新修订的《食品安全法》总则开宗明义地提出了十六字原则：预防为主、风险管理、全程控制、社会共治。这是中国在食品安全基本法律里引入全新的食品安全治理理念。安全的反面是不安全，导致不安全的因素即是风险，可以说，新修订的《食品安全法》是目前最为重视风险防范的一部法律。其154个法条中"风险"一词出现了67次。本次修订法律的一大亮点是首次将"预防为主"写进了法条，要实现该宗旨，必须加强风险管理，把治理的重点从事中、事后的补漏、处罚前移到事前的预警、防范。风险交流作为一种事前防范食品安全风险的有效手段，成为政府有效监管食品安全的有力保证。

1. 食品安全风险交流体系的模型构建

风险交流框架模型的构思主要来自于食品安全风险交流各方当事人的参与，通过自下而上的风险信息采集，从事后风险交流转为事前风险交流，通过多层级、多中心的风险交流，让食品安全风险交流网络的系统风险前置，风险管理的重心前移，从以解决为主的事中、事后交流转变为以预防为主的事前交流。

　　风险交流的信息交流框架可以按照监管范围的不同分为内部框架与外部框架。内部框架包括内部风险感知信息模型。外部风险框架包括外部风险感知信息模型。内部风险感知的信息模型是以企业为主体，对食品安全生产各个环节的消费者进行风险交流。风险交流的各个环节包括风险信息的认定、评估和管理。生产者通过机制设计，实现企业各部门之间风险信息的交流。外部风险交流涉及风险交流各当事主体：政府、第三方监督机构、行业协会、消费者、政府、企业和媒体之间进行。通过全民监督的方式，加强监管与交流。

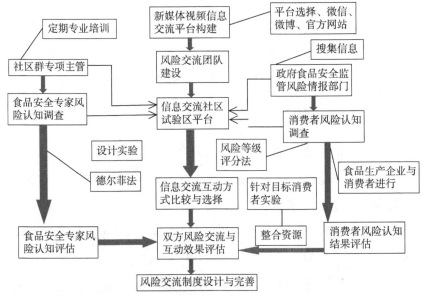

图 3-1　以风险交流和公众参与为中心的食品安全监管模型

　　风险交流是一种通过准确、及时的信息交流弥合真实风险和公众对风险认知差距的方法。新信息交流技术的发展使得信息扩散与传播更快速、更广泛，包括微信、微博在内的新型社交媒体使得每个人都可以参与到公共信息传播中去。这些新的社交媒体突破了传统媒体的公共信息发布人对信息接收者的信息传递模式。每个人都是媒体，都是信息发布者，甚至每个信息接收者之间也可以进行互动和交流。如互联网上的新社交媒体和手机上新社交媒体的应用，促进了信息的传播、分享、互动和交流，为消费者提供一种新型的获得、了解和分享信息的途径。然而，新社交媒体比如微信、微博等信息量小的特点，导致信息传递的片面性和碎片化，极易引起公众的恐慌，进而造成群体性恐慌事件。因此，政府对食品安全的风险交流工作面临着更加复杂的新挑战，对食品安全风险交流的战略和运作机制也要随之主动地进行调整。亟须在新社交媒体时代设计出一个系统且逻辑自洽的食品安全风险交流多方共治体系。这个体系应该既包括理论分析框架，也包括经验检验数据对该分析框架的支撑。

2. 中国食品安全风险交流方案的制定步骤建议

步骤 1，设计沟通目标

风险交流的开端从设定沟通目标开始。有了明确的目标，才能使风险交流工作的相关人员找准风险交流的方向，避免在风险交流中迷失方向。同时，风险交流目标的设计定应该与政府和食品生产经营企业的总体的风险管理的目标相一致。这将有助于实现政府和企业食品安全管理的总体目标。

步骤 2：界定风险交流对象

一旦明确了风险交流的目标，风险交流人员就要确定他们想要进行风险交流的对象。风险交流人员不能简单地以"公众"或者"消费者"等词语来界定受众，一般而言，界定受众对象是类似于确定某一个子集一样找到明确的沟通对象，从而便于风险交流人员分析其行为、心理特征，潜在的关注的问题和缓解潜在焦虑可能采取的方法和途径等，进行更加深入、细致和有针对性地交流前研究。

因此，界定受众的边界是风险交流人员剖析、探索最佳沟通方式和途径的基础。这将有助于风险交流人员预想受众对象的痛点和诉求，并提前做好应对的解决方案。这些解决方案应该有助于受众缓解焦虑、增加确信感和纾解不愉快的情绪。

步骤 3：风险交流的应对方案设计与内容构思

接下来是风险交流人员思考采用哪些风险交流方式，进行应对方案的规划设计与内容构思。设计的应对方案应该具有明确的服务主体、适当的沟通方式以及确保共同成功的必要激励或奖励。例如，外卖平台可以设想接到顾客差评后的应急预案，诸如风险交流人员在发现顾客差评后，要立即电话询问差评的原因，通过询问和倾听帮助顾客释放负面情绪，并在此后及时给顾客一定的物质报偿，以此来进一步地缓解顾客的焦虑、提升顾客的满意度。富有创意的传播方式会有利于食品安全风险交流目标的达成。创意具有更强的吸引力，可以引发风险交流对象的好奇心。在信息爆炸的今天，拥有创新的表达方式对于食品安全风险交流能否成功引起消费者的关注并产生交流意愿至关重要。

步骤4：风险交流内容的传递与推广

由于新媒体的兴起，导致公众获得的信息杂乱而难以甄别，在交流中明确公众的风险认知误区，成为有效风险交流的重要前提。风险交流工作作为食品安全管理的重要环节，在风险交流中风险交流人员要成为连接企业安全生产经营和消费者之间的桥梁。风险交流的传递需要通过全渠道的媒体整合方式进行发布和扩散，从而有效促进食品的安全信息的有效传达。

步骤5：反馈与改进

政府和企业可以根据风险交流对象对风险交流效果的反馈，对风险交流的内容、风险交流的方式等方面进行改进。这一步可以不断优化风险交流的方案，使得风险交流效果得到更大的提升。

3.1.3 公共安全事件下的食品安全风险交流

食品安全风险交流根据食品安全的性质可以划分为两种：一种为危机时的风险交流，即发生食品安全事件后，政府和企业对公众就事件发生的情形和干预进行交流；另一种为日常的风险交流，即对于食品安全风险信息的评估、分析和交流工作，政府和食品生产经营企业对食品安全既有的和潜在的风险问题进行内部交流和外部交流。两种风险交流的情境不同，交流的目标设定也不同。前者的关键目标是分析解决危机事件中的各种问题，具有很强的公关特性，同时也有很重要的应对紧急突发事件的紧迫性。后者的关键目标是风险的预警，即通过日常的风险交流找到潜在风险点，预防食品安全问题的发生，具有防患于未然的效果。

危机的特质决定了风险交流的目标，即应对突发事件造成公众的不确定感。政府和食品生产加工企业通过公开食品安全事件的如产生的原因，追溯的情况以及解决的最新进展等风险信息，以风险交流的方式传递给公众和消费者，减少公众的焦虑和疑惑，进而减少网络舆情的不真实传播，防止恐慌。日常的风险交流是发现潜在食品安全问题的关键。日常的风险交流是政府和企业对于生产和经营安全食品的有效监管，政府和企业要通过常态化的监管方式，让企业保持对食品安全问题管理的主动性和警觉性。公众会把日常风险交流与政府和企业潜在的日常食品安全管理工作联系起来，良好的日常食品安全风险交流，有助于政府和企业树立专业、负责任的良好的公众形象。

1. 公共安全事件与危机交流

公共安全事件包括信息安全事件、食品安全事件、公共卫生安全事件（这次新冠状病毒肺炎事件即属于公共卫生事件）等。这些公共安全事件的发展如果不能得到及时有效控制，则会从普通的公共安全事件升级为公共安全危机。政府的应急措施也从对最开始解决一般公共安全问题上升为解决公共安全危机。由于公共安全危机从事情发展的危急程度、影响幅度和可控制程度上都与普通公共安全事件存在着不同，因此，公共安全危机处理的应急预案和措施与普通公共安全事件也存在着很大差异。

（1）公共安全事件危机的界定

①界定标准。危机是一种临界状态，发生公共安全事件后并不一定达到危机状态，危机状态属于系统崩溃的边缘，因此，界定危机发生的标准至关重要。只有明确界定危机的标准，危机的各种应急预案才能有效展开。有效界定危机的标准能够使危机事件的处理者明确什么情况是危急的，哪些情况是必须马上调整的。

②确定时间点。即启动危机和终止危机的恰当时间点。只有明确时间节点，危机干预方案才能在合理的时间节点介入并启动，并在恰当的时间节点终止。

③评估当前和潜在的问题。效果评估能够有效地确定问题是否存在及其严重程度，从而能够使事态陷入全面危机之前得到有效控制。此时需要评估

以下几个问题：第一，评估危机的严重程度，对危机的干预是否能回到事情发生前原来的轨道上；第二，评估危机的最大成本是多少；第三，进行危机干预的成本是否高于放弃危机干预的成本。这需要进行盈亏平衡点的测算和确定，如果超过盈亏平衡点，则意味着干预的成本高于放弃的成本，则需停止危机干预。

④恢复的可行方案。评估可恢复方案是否可行的关键在于三点：该方案能否在系统崩溃前，以最小的成本完成系统故障的恢复；如果超过了不返回的点，项目可被回收的程度；建立明确和可实现的目标。

⑤各种相互冲突的目标之间的协调。这一点是完成危机处理的关键。由于危机往往是紧急问题，很难有一个完美实现各项目标的应急处理方案。在确定解决紧急问题的目标时，最困难的部分是如何在互相冲突的各选项目标之间进行取舍，即为了实现一些目标，不得不放弃另一些目标。

⑥确定优先目标的评估方法。在设定解决危机问题的时刻，优先追求解决的问题应该是顺利克服困难，而不是追求完美。因此，在确定优先目标的过程中一定会有所取舍，确定优先目标的宗旨。

⑦财务核算，即成本－收益评估法测算危机处理的可恢复性方案的经济成本。任何危机处理的恢复性方案都需要有成本－收益评估。在完成既定目标的前提下，需要测算财务成本，用最小的成本带来最大的收益。这些包括时间成本、金钱成本、安全成本与事故成本、质量成本与返工成本、挽救修理成本与废弃成本等。

⑧危机处理的优先级——先处理可能被挽救的价值最高的问题。危机出现时所有的问题不会按照一定的顺序逐一出现，而是棘手的问题会如洪水般一起涌现，进而导致混乱、问题的累积和各种问题的解决瓶颈。此时的关键就是确定优先处理最关键问题。

⑨列出处理危机的项目清单，集中资源解决关键问题。在既定的时间内，在人力、物力和财力等各种资源有限的情况下，只有集中资源解决关键问题才有可能顺利解决危机。

⑩隔离既有问题对系统的传导。处理关键问题的同时，应急处理危机的另一项重要任务是减少问题对整个系统的传导。如果能够有效切断已经造成损失的问题对整个系统的影响，将造成损失的问题单独隔离于系统之外，则损失能够被严格限制在可控的范围内。

修复被系统隔离的问题，同时确保系统主要功能的正常运行。修复问题的过程应该明确：被隔离的待修复部分是可以修复的，同时，系统可以在修复问题部分的过程中继续运行。

（2）公共安全事件发生的原因分析

追根溯源，较常出现的造成安全公众危机的主要原因是，未能及时识别并纠正错误、不能及时做出决定、忽视识别警示信号主观上希望问题消失、缺乏对细节的关注、未能从错误中吸取教训、拖延造成小问题恶化、缺乏问责机制、处理问题缺乏预警和应急方案等。根据上述分析，制定应对公共安全事件的解决办法包括以下内容：

①制定应对纠正人为错误的对策。值得关注的一点是，通常情况下出现所谓的公共安全"技术"问题，都可以追溯到人为原因导致的错误。人为错误产生的根本原因包括拖延、处理不果断、推卸责任、能力不足、懒惰和不作为。因为这些原因是造成出现公共安全事故的根源。因此，如何及时有效纠正人为错误就变得十分重要。这相当于打破不良的管理习惯，只有如此，方有可能消除该恶性循环。打破错误习惯的关键之处在于如何有效克服在改正过程中存在的抗拒和回避的倾向。其方法包括：第一，直接指出问题；第二，断然命令其做出改变；第三步，进一步打破回到旧有行为模式的可能性，使其没有退路，彻底改变。

②明确问题的责任人——问责制有效制止低效率决策。问责制和明确的责任人会为决策的有效性提供最大的保障。优秀的领导应该具有不自负、敢决策、勇担责的特质，能够审时度势，进行有效决策，减少不必要的损失。问责制的优点是让决策与结果直接关联，最大效果地实现民主集中制。

③应急预案准备需要充分详实。在突发公共事件面前，已有问题会不断

衍生新的问题，各种问题会不断积聚并出现解决瓶颈。因此，政府公共管理部门必须具备保持居安思危的能力，在公共突发事件发生的关键时刻沉稳有序地处理各种问题，突破问题瓶颈，确保问题的顺利解决。总结国内外历史上突发公共事件的各种问题，突发事件发生后的人员、物资的调配等各种问题不会顺次出现，往往是集中涌现出来。因此，详细、全面地准备应急预案是应对突发事件的关键。

④危机交流机制的构建、完善和常态化。公共突发事件的发生对政府各个职能部门的运行能力提出重大的挑战，通常是远超过其日常工作能力的工作负荷，更是对其行政能力的严峻考验。公共突发事件发生后，社会各界会密切关注该问题，具有很强的社会影响效果。此时政府的危机交流工作的质量对于政府的公信力而言至关重要。因此，各级政府和各级部门需要在日常积极构建危机事件的交流机制，让各个职能部门在突发公共卫生、食品安全事件发生时能够有据可依，从而快速有效地开展危机交流工作。

（3）构建针对公共安全事件政府危机交流的三元机制

危机中的信息流、公共关系处理和形象管理三个层面构成了安全事件危机交流的重要组成部分。

①公共安全事件的危机信息交流。风险交流的主体是信息。信息的失实与传递的环节过多有关。因为传递次数过多而导致信息被过滤和主观加工次数过多，因此造成对于初始信息的偏离较大。风险交流失败，究其原因主要因为渠道不畅。克服信息沟通渠道不畅的方法包括保持信息交流的流畅性、多样性和自由性。

危机危机，危中有机，是危险，也是机会。因为在出现针对偏离事实的谣言的时候，恰恰说明存在真实信息被扭曲、信息沟通不畅的问题，这为政府更好地与公众进行真实信息的交流提供了更强的针对性和突破口，是有的放矢进行风险交流的好机会。

遏制谣言的最好办法是及时、准确、公开、共享地公布真相。政府在发现社会舆论中出现负面评价时，需要及时启动危机公关与交流预案。设计危机交流预案的目标是，及时保障公众对于风险问题的知情权，以最快的速度通过权威途径发布真实信息，减小错误失实信息对社会造成的危害和辐射。危机交流机制务必采用交流－反馈－再交流－再反馈的方式，及时找到信息交流不畅和不准确的部分并加以纠正。

②危机公共关系处理。制定诸如食品、卫生等公共安全事件的危机发生后的危机应急预案，需要能够及时了解公众的焦虑、担心、恐惧的关键点，并针对这些关键点及时对公众的进行情绪疏导、给予关心、化解误会、缓解焦虑。危机中的关系管理需要危机交流的交流人具备专业的交流技能，通过真诚的沟通和交流，化解公众的负面情绪，用开诚布公的方式引导公众主动吐露心声。及时通过权威媒体向公众公布真相，化解公众的担心焦虑之处。

③危机中的形象管理。通过让政府在公众之中得到新的理解认可并形成共识，塑造政府在公众心中有担当、负责任的形象，进而得到公众真心的支持。值得注意的是，上述危机交流成功与否的关键点是，政府要能够及时兑现在危机信息交流中做出的承诺，用行动来真正解决出现的问题，从而与公众建立良好的关系，进而充分利用危机，既是"危"，也是重塑有担当的政府形象的一次难得的"机"会。综上所述，上述三点在危机交流中缺一不可，政府只有落实每一个问题，才能有效化解危机，重新树立政府公信力。

（4）政府危机交流的瓶颈及原因分析

①沟通预案准备不足，缺乏应变能力。危机交流应急预案是政府防患于未然的重要保障，只有在政府上下形成居安思危的意识，才能在危机发生时使政府机构保持井然秩序并能从容应对。危机交流的应急预警方案需要设想发生危机后出现的各种问题，问题会以爆发的形式涌出，打破正常的运转模式。因此，危机交流应急预案需要包括各种非常状态下的具体措施，此时政府最需要实施的就是如何将人力、物力、财力调配到重点集中解决的关键问题上的非常态运行方案。

②合理化建议没有得到有效地倾听。只有政府机关打破等级森严的管理系统，构建顺畅的信息交流平台，才能广开言路，使发现潜在风险的人员愿

意向上级组织指出问题隐患。

③危机交流不公开透明。公开、透明的危机交流至关重要，在信息高度传播的今天，任何尝试掩盖事实真相的做法都会对政府形象不利。正如"塔西佗陷阱"，一旦公权力失去公信力，政府的形象崩塌，将导致政府无法顺利地实现与社会各界的有效沟通。其严重后果将是无论说什么、做什么，公众都不再相信。因此，政府要认真对待危机交流，用更加具有说服力的信息对公众进行信息公开，从而在公众中形成新的认可与共识。

④没有风险预警系统。危机爆发前一定会有各种征兆，每一次的征兆如果能够被提前关注，都可以成为有效防止危机发生的契机。因此，危机的风险预警机制是政府进行有效危机交流的关键。

（5）政府危机交流的信息管理

危机交流最重要的交流载体就是信息。因此，对于信息的有效管理有助于信息的流畅。笔者从信息流通的整个过程提出有关信息管理的内容：信息搜集——信息整理——信息分析——信息加工。

①通过搜集信息的内容了解掌握危机的来龙去脉。了解危机的背景、原因、经过、损失、公众诉求等。

②通过信息整理，核实保证信息的真实性。这个阶段需要人们在获取一手信息后能够对信息进行有效地归纳整理，核实其真实性、可靠性，避免在整理中发生信息的错失、遗漏、添加和人为更改。

③通过信息分析阶段，确保信息传达的有效性。信息传播的渠道、辐射范围和时机。

④信息加工阶段，确保信息传达的准确性。避免错误的措辞和解读导致信息传达的偏误，造成误解。信息的组织加工阶段非常容易出现曲解和不准确表达，因此，危机交流中对于信息组织加工阶段应该秉持客观、中立、尊重事实和数据的原则，以让传播的信息具备更加准确地传递事实真相为目的。

（6）公共安全事件政府危机交流重塑形象的关键途径

借鉴国际社会较为通用的企业公众形象修补战略（Corporate Image Repair），

政府的公共安全事件危机交流重塑形象工作的开展可以通过以下方式：

第一，化解焦虑和敌意。具体包括六种方法：①大事化小。利用现有数据降低公共安全事件的恐慌。②比较法。诸如突出政府处理危机的全面性和认可度。③利弊分析法。用事实和数据让公众认识到政府决策带来的收益大大超过损失。④主动出击。主动公布查找到的社会舆论存在的失实现象，从而削弱其对政府造成的负面影响，并通过公开信息增加公众对政府工作能力的认可度。⑤补偿。在部分民众对政府某些举措不满意的情况下，一定的经济补偿能够相对化解政府的危机，缓解公众的敌对情绪。⑥公开既往业绩。让公众看到政府前期做的业绩，从而扭转公众对政府的负面印象。

第二，承认道歉。如果明确公共安全事件是由政府决策失误造成的，政府应尽快真诚而质朴地承认错误，让公众看到诚意。

第三，及时补救。在出现各种问题后，需要积极采取各种行动对于问题所造成的损失及时处理并采取补救行为，塑造负责任的政府形象。

第四，解释原因。①动机是善意的。②向公众解释事件的发生属于意外。③理所不能及。向公众解释，目前的状况某些方面已超出政府控制范畴，因此，不能完全归责于政府。

在发生公共事件安全问题后，政府需要从日常的风险预防转为突发事件中的危机处理。在危机处理中，最重要的一点就是查找危机产生的原因，对症下药。在查找原因的过程中，最为有效的方法就是主动查找。从日常的风险交流转变为应对危机的风险交流模式。查找和修复薄弱环节，确定解决问题的优先级。将最主要的问题剥离出来，然后针对这个问题进行解决，有效化解公共安全事件危机。

2. 新冠疫情背景下中国政府对公众风险交流的引导建议

在数字化新媒体时代，公众每天收到的信息可以用海量来形容。不真实的信息会带来恐慌。不真实信息追求的是点击量与浏览量，具有片面性和非常情绪化。当前，举国上下抗击疫情的战斗进入白热化阶段。通过媒体，大量具有正面影响的新闻和事件为公众所知晓。同时，某个热点事件能够瞬间引发公众关注与热议。一些不负责任的、带有倾向性的意见和言论也极易激发公众对于政府的质疑与抨击。因此，如何加强政府信息传播监管，有效引导公众甄别信息的真伪，是政府在当前亟需解决的问题。通过分析公众对于风险认知的误区，探讨在此次公共危机事件中政府对网络舆论的引导建议。

（1）第一时间在网上发布危机事件的核心信息，把握网络舆论的主动权。

运用人类对信息处理阶段的首位效应，加深受众对风险沟通信息的印象。受到首位效应影响，第一时间发布信息较容易获得公众的信任与支持，满足公众对于获得信息的需要，并可以有效阻止不良信息与谣言的扩散。同时加强对网络舆论信息的把关，运用先进技术分析和收集舆论信息，阻止不良信息的散布。

（2）政府在全面分析所掌握的信息的基础上做到主动公开，引导公众走出"以偏概全"的风险认知误区。

受到专业和信息来源限制，公众对于获得的信息难免会产生以偏概全的认识。事实证明，对于公共危机事件的处理透明度越高，越能得到公众的理解和支持。在信息公开的范围内，应做到主动尽可能全面地提供信息，使公众了解事件处理的进展。此外，政府应当邀请权威专家，利用公共渠道提供准确的信息与建议，有效引导网络舆论。

（3）政府利用媒体的力量，分析和把握公众心理，通过有效的风险交流策略，将各类问题按照重要次序传达给公众。

将公众的注意力引导到有利于危机解决的方向。政府应当积极发挥自身的能力，通过全面策划设计网络信息发布的规模手段与形式，确定公众关心的问题。政府应引导公众围绕其真正关心的话题和问题开展讨论，同时设置网络专题内容，有效收集公众信息，保持与公众的良性互动。公共危机事件发生后，网络上可能会出现一些失实的负面报道。面对负面舆论，政府应当及时公布事实，主动与公众沟通，即主动公布查找到的社会舆论存在的失实现象，从而削弱其对政府造成的负面影响，并通过公开信息增加公众对政府工作能力的认可度。如果明确公共安全事件是由政府决策失误造成的，政府应尽快真诚而质朴地承认错误，让公众看到诚意，并积极采取各种行动对于问题所造成的损失及时处理并采取补救行为，塑造负责任的政府形象。

（4）政府和媒体有责任引导公众不预设立场，尝试用客观的眼光看问题。

出现公共危机的时候需要及时把政府的应对措施通过媒体宣传传达给公众，并通过公开承诺的方式，提升风险交流效果。研究表明，人们会对自己确信的东西更加确信，长期处于自己的认知舒适区，从而出现回音效应。该效应也是出现公共安全事件后容易引发大规模群体恐慌等次生事件的根本原因。将出现问题的内容、如何进行追溯和处理等信息及时发布，减少公众的猜疑和恐慌。同时，增加公众在处理中的参与度。从政府的一方管理转变为全员参与，这样不仅能够提升公共安全监管的能力，更加有助于提升公众的自我效能感，增加公众对于政府进行公共安全监管难度的同理心，提升公众对政府开展公共安全事件处理的认可度。

政府需要通过对于舆论的正确引导，努力在危机中获得公众的理解、认可并形成共识，塑造政府在公众心中有担当、负责任的形象，进而得到公众真心的支持。政府需要能够及时兑现在危机信息交流中做出的承诺，用行动来真正解决出现的问题，从而建立与公众的良好关系。正如前文所述，危机，既是"危"，也是重塑有担当的政府形象的一次难得的"机"会。政府只有落实每一个问题，才能有效化解危机，重新树立政府公信力。

3.2 完善企业食品安全风险交流体系

目前，国内风险交流工作更多地以政府为主导，企业和消费者对食品安全问题的沟通重视程度不够。政府有必要在完善风险交流机制的同时，积极号召并引导企业参与到食品安全风险交流工作中来，使其发挥主观能动性。企业主导的日常食品安全风险交流有利于获得消费者的信任，加强企业对食品安全风险的控制，减少对危机交流成本的投入。

食品安全风险交流中的企业：食品生产企业是食品安全风险的第一责任人，也应该从源头上做好食品安全风险交流工作。其在食品安全风险交流工作中的作用具体体现在：发布食品安全风险交流的第一手信息，防患于未然；制定内部食品安全风险交流的制度，定期发布信息；建立内部的风险评估和风险预防机制，及时有效地控制食品安全风险。企业和消费者交流不足，会使消费者失去对国产食品安全的信心，造成信任危机问题。企业要在风险交流上投入更多精力，而不仅仅是只关注食品的营销。

企业要积极从风险交流领导力、风险交流文化和交流胜任力等影响企业食品安全风险交流的重要前置因素、内部交流（如培训、汇报、建议）与外部交流（如广告、售后服务、车间参观、媒体宣传）、日常交流与危机交流等职能模块，融合单向交流与双向交流、宣传推广与对话参与等交流模式、结合新媒体技术等方面不断进行风险交流机制的完善工作。

3.2.1 企业食品安全风险交流的目的

目前学术界主要从政府、媒体和消费者等角度研究食品安全风险交流问题，从食品企业视角研究的成果明显不足。以企业为主体的风险交流研究具有鲜明的学科交叉特点，总体上处于起步阶段。本节通过梳理国外重点文献，分析企业食品安全风险交流研究的理论观点、学科分布与研究方法。事实上，食品企业不仅应提供技术上安全的研究发展，也应公开食品生产经营的过程信息以培养消费者的信任与信心。国内一些学者在本领域的已有成果可划分为3种不同的立场，总体上研究成果、研究变量等方法论内容也不同。

由企业自利驱动的食品安全风险交流其目的在于获取竞争优势和规避合法性威胁。在企业生存环境日益竞争激烈与复杂化的作用下，从自利的角度，企业纷纷开始重视食品安全风险交流工作。有效的食品安全风险交流有利于维护企业声誉、企业品牌以及企业形象，从而有利于企业获得竞争优势以及规避合法性威胁。食品企业基于生存与发展的自利动机，理论上存在与利益相关者进行食品安全风险交流的意愿和可能。

1.通过提升企业声誉、企业品牌、企业形象等获取竞争优势

企业声誉受企业食品安全交流的影响，拥有良好声誉的企业更易吸引投资者、获得更高信用评级以及更容易获得消费者的认同。也就是说声誉能为

企业制造竞争优势。企业通过有效的风险交流可维持、培养和提升企业声誉和企业品牌，节省与其他竞争者进行市场竞争的成本投入。

2. 通过企业的合法性展示输出企业理念

规避合法性威胁合法性理论的核心是社会契约观念，它意味着一个组织的运作应在具体社会环境的边界和规范内进行。通过交流展示企业与具有强大社会合法性基础的符号、价值观和制度的一致性，也能通过交流改变社会合法性的定义从而使其符合组织目前的行为、产出和价值观。

3.2.2 企业食品安全风险交流的要素

1. 领导力

领导者能认识到组织内交流重叠的现状、促进相关部门间的协调、与企业员工建立高质量的社会交换关系。

2. 企业文化

企业对食品安全风险交流的价值取向，企业员工对施行不安全行为的其他员工有规劝意愿，对潜在安全风险与不安全操作有良好的报告体系，鼓励针对错误的公开交流从而预防将来的问题。

3. 功能定位

风险交流应紧密联系企业战略执行，聚焦于良好公司品牌与声誉的建立，对重要利益相关者进行科学定位与细分，能为公司战略制定与发展提供信息支撑。

4. 组织结构

相应的部门负责风险交流工作，风险交流部门及其负责人在组织结构中具有较高的职级，最好能直接向 CEO 汇报工作，风险交流职能在集团总部与各事业部间进行适宜的集中与分散。

5. 交流能力

风险交流人员应具备相应胜任力，成为管理者而非技术人员、通才而非专才，能创造性使用信息技术，掌握交流的修辞艺术和科学的管理工具。

6. 内部交流

形成交流方法与程序的制度规范；通过综合的交流渠道向员工交流企业的使命、核心价值观和战略方向；建立完善的员工培训体系，通过培训交流使员工了解自己的角色和责任以及企业的目标。

3.2.3 企业风险交流的过程

Herrero 和 Pratt 提出危机交流管理的整合模型，该模型将危机交流管理分为 4 个阶段，分别是议题管理、计划 – 预防、危机中、危机后。每个阶段都围绕议题管理、情境理论运用、双向对称交流 3 个层面开展相应管理行为。

企业具体发起食品安全风险交流机制的过程为，企业通过自身内部的检测发现食品安全风险后，企业可以先进行判断是否可以控制这种风险。当企业认为以一己之力无法有效控制着食品风险时，与相关专家和行业协会进行沟通，将最终获得的信息反映给相关的政府部门。政府部门与相关的企业、行业组织、专家、消费者以及其他关心食品安全的单位和个人等主体进行沟通，将获得的信息上报高级国家评估部门。高级国家风险评估部门根据上报的信息和部门内部收集的资料进行评估与交流，最终确定风险的评估结果。评估结果由国家评估专家委员会审核，评估专家委员会审核完成并生成报告提交到国家卫计委，国家卫计委通过信息平台发布信息。同时，风险管理部门根据相关信息制定风险应对的科学措施，开展相应工作，有效地帮助企业控制风险问题，与公众进行交流，安抚公众情绪，减少不必要的损失。

从企业管理领域的研究看，相关成果可细分为一般管理、公共关系、市场学、危机管理和风险管理。

关于食品生产经营企业在竞争中脱颖而出的策略建议如下：

（1）新媒体时代个人的观点和认知的选择更加依赖其社交圈中最信任的亲朋好友，网友的评价也成为个人重要的参考。在新媒体时代，互联网的移动特征和即时连通的特征使得人们可以随时随地获得信息。这使人们的注意力变得更加容易被分散，进而导致人们很难自主形成个人观点，这也就导致政府和企业针对消费者的食品安全风险信息的传递与交流的效果会受到影响。

在信息充斥且经常彼此矛盾的情况下，人们会用更短的时间来考虑各方观点并作出认知决策。这其中对于消费者对某一个商品或者某一件事情的认知以及观念的形成，他们会更大程度地受到更加信任的亲人、朋友以及大部分网友的影响，而非主流宣传媒体的影响。

（2）打造忠诚客户，通过客户间的互动与推荐，打造企业所生产食品值得信赖的安全形象。在食品安全风险交流的视角上，政府和企业应该认识到，更加频繁地信息传达与更大强度地信息沟通并不一定会转化为更大的影响力和更好的风险交流效果。政府和食品生产经营企业想在各种媒体的信息风暴中脱颖而出，需要关注风险信息的交流的关键节点——消费者在社交平台上的社群。政府和企业维护社群的根本目标是，实现客户连接和发挥客户自发宣传的力量。政府和食品生产经营企业可以通过运用社群中消费者之间的互动特性，培养客户对产品的信任感，将普通消费者转化为产品的拥护者。消费者之间点对点的互动，能够成为最有力的品牌的忠诚维护者，为此风险交流中公司需要从人群中脱颖而出。

（3）基于新媒体营销的消费者忠诚打造步骤建议。笔者根据消费者受到的外界影响将消费者分为三类，第一类消费者的自我意识较强，对事物的认知通常不受外界的影响；第二类消费者则严重依赖朋友的建议；第三类消费者更加关注其他消费者的意见。2015年尼尔森咨询公司的研究成果显示，在被研究的60个国家的对象中，83%的被测试者选择将亲人和朋友视作信息的最关键来源，66%的被测试者会将关注网络上别人的评价和意见作为重要的信息来源。

笔者根据德里克·鲁克（Derek Rucker）的理论针对消费者的食品安全风险交流的心理阶段分成唤醒食品安全风险意识（aware）、提问互动（ask）、风险交流行动（action）和主动宣传（advocate）四个阶段。①唤醒意识阶段。消费者对于食品安全相关的风险信息产生意识阶段。消费者建立的食品安全意识从被唤起食品风险意识开始。唤醒过程的流程为：接触到各种信息——创造短期记忆或者放大长期记忆——为某些信息所吸引——转化为好奇心进而提问。在这个阶段，政府和企业需要通过媒体宣传和互动驱动公众主动提问。②提问互动阶段。新媒体时代的食品安全风险交流，经过社群互动征询获得的意见，会在社群中形成一定的风险认知共识。在被唤醒的风险意识和政府、企业鼓励其沟通的驱动下，消费者进入主动提问阶段。在主动提问环节，消费者会针对其所关注的食品的风险性提出问题。③采取风险交流行动阶段。在这个阶段政府和企业需要选定沟通渠道与消费者进行食品安全的风险交流。新媒体与传统媒体时代有着不同的沟通渠。对于传统沟通渠道为，消费者会自己打电话征求朋友的建议。对于新媒体渠道为，消费者则通过社交媒体或电商平台征求社群中大家的建议，社群中大家会一起针对提问交流彼此的意见和观点。通常在经过一段时间的交流后，大家对该问题的看法会在社群中达成相对一致的共识。因此，在新媒体时代，政府和食品生产经营企业的风险交流对象从一对一转向一对多。公众之间是可以通过社群彼此交流看法的，这种新的沟通形式会给政府和企业的食品安全风险交流工作带来更大的挑战。④主动宣传阶段。食品安全风险交流的最成功的结果就是让公众认可并主动帮助宣传。消费者在针对食品安全问题和关注的风险问题与政府和企业进行充分的双向沟通后，会更加认可政府和企业所做的努力。因为风险交流中建立的参与感和多方信息公开共享的认同感，也会让消费者在后续的食品安全风险沟通中成为政府和企业食品安全监管工作的宣传者。需要注意的是，在上述几个阶段中，消费者在询问阶段最容易受到影响。因此，应该在消费者询问阶段加强沟通和强化消费者正确的食品安全风险认知。

3.3 "多中心"食品安全风险交流体系

笔者依据埃莉诺·奥斯特罗姆提出的多中心理论的设计原则，结合食品安全监管的实际情况，尝试设计出新型的多中心食品安全管理制度。多中心理论成为解决公共管理问题的重要经济学理论。本节拟运用多中心治理的设计原则，设计制定食品安全多中心共治的理论研究。多中心的核心思想是将自上而下（top to bottom）的单一中心管理理念转变为自下而上（bottom to top）的多中心共治管理理念。制度是未来竞争中取胜的新型比较优势，哪个领域在制度设计中能合理优化现有的资源，提高监管效率，哪个领域在未来的竞争中就会获得比较优势。具体步骤如下：

3.3.1 清晰的界定边界

多中心食品安全共治制度设计成功的关键，是清晰界定食品安全监管的各方的管辖范围。就现有的管辖范围而言，受人力物力财力限制，即使像美国这样的发达国家，其食品安全监管也仅仅覆盖所有食品种类的5%，大量的食品安全监管空档无人填补。新媒体时代是一个食品安全监管去中心化的时代，食品安全监管可以由传统的政府监管的单一中心，转变成每一个人都可以成为食品安全监督员的全员监管。政府通过利用新媒体点到点的扁平化沟通特征，实现食品安全监管全员参与的新型监管模式。利用每个社区作为基本单元，在社区中设立专门人员进行监管，清晰划定管辖边界，监管责任界定准确，落实到人。在社区中，买方、卖方都是利益共同体。在社区建立重复博弈，将进一步促进监管目标的实现。

3.3.2 供应规则与当地条件的一致性

第一，制度安排细化，责任到人。扁平化监管容易存在监管缺失，也就是在多中心理论中面临的公地悲剧问题。为了避免该问题发生，可以进行监管的制度性安排，比如轮流监管，定期群里例会，发现问题在社区群里及时通报。通过对监管的时间、地点、手段、负责人的逐一落实，让监管真正无缝隙。

第二，建立食品安全监管社区微信交流群，专人管理微信交流群。由于对食品安全专业知识掌握不全面，微信群可能会出现小题大做的群体性恐慌。政府需要从社区管理人员中选拔专项负责人，定期组织专项负责人进行食品安全知识培训。

第三，建立食品安全相关技术领域的专家库。专家的职能与工作包括以下两个方面：常态化普及食品安全知识，发生食品安全危机事件时，与群众进行食品安全有关风险的交流。由政府统一安排，专家通过定期参加社群讨论和定期座谈讲座的方式与社区群众就相关问题的食品安全风险认知差异进行沟通交流。如果社区食品安全专项负责人无法帮助社区内的群众解决相关的食品安全问题，则可以邀请专家进入社区群答疑解惑，避免恐慌。

第四，集体选择的安排设计。食品安全监管的制度设计过程，应该允许大多数参与者能够参与制度的设定。在实践中不断摸索、改进并完善制度。多中心治理的集体选择安排就是让建立的制度是动态的、自发的、集思广益的。现实的食品安全监管会不断发生新变化，产生新问题。只有动态的，允许大多数参与者设计规则的制度，才是真正有生命力的制度安排，社群风险交流机制通过例会制度定期讨论并修订规则。因为有新的社交媒体，开办例会的形式可以选择线下交流和线上视频会议。通过例会制度常态化，定时修订社区共治食品安全监管社群的制度，实现社群的长效运行。

3.3.3 监督机制设计

食品安全风险交流的监督作用主要来自于公众。因此，利用新媒体的信息交流渠道通畅的优势，建立风险交流社区监督微信群，有助于充分发挥公众对食品安全的监督作用。充分发挥市场、社区、政府多中心共同监督的作用，用全民监督的方式促进生产企业的生产和发展。

3.3.4 分级制裁设计

社区微信监督群使用博弈论中的重复博弈，建立一种食品安全的信用体系。每个社区都是一个独立的社群，商贩、社区消费者是实施买卖行为的重复博弈的互动主体，微信平台是实施监督的主体，能够起到减少食品安全违法行为发生的威慑和监督作用。制裁的实施由社区内的公众自发实行。这种实施是一种自治制裁。社区食品安全微信交流群是一把双刃剑，能够通过公众微信平台的信用监督机制，实现让守法经营者信任进而获利更多，不合法经营者获利更少甚至无法生存的马太效应。消费者增加购买会鼓励守法讲信用商家经营安全食品，消费者发现问题食品后会在社区的微信群公布于众，让违法无良的商贩无处遁形。同时，社区消费者如果发现守信誉的商家，可以通过多给予好评的方式，在社区交流群中发布信息，让守法商家得到更多的市场回报。分级制裁通过建立重复博弈的信用监督机制实现。社区的公众微信平台通过解决信息不对称，避免逆向选择所造成的道德风险，减少劣币驱逐良币现象发生的可能性。

3.4.5 冲突解决机制设计

第一，制定科学、精准的食品质量合格标准。埃莉诺·奥斯特罗姆指出，"如果人们想长期地遵守规则，就必须讨论和确定什么构成违规。"因此，食品质量标准是界定食品质量安全或违规的关键。政府需要调动各个领域食品专家的观点和建议，科学、精准地制定每一种食品的质量合格技术标准。

第二，发布黑名单的同时也要发布改过自新名单，给违规者改正的机会。埃莉诺·奥斯特罗姆指出，"如果那些只是坦诚地犯错误的人或因一些个人问题偶尔违反规则的人没有一种途径，能用为人们所认可的方式来对自己的过失加以补救，规则就可能被认为是不公正的，遵守规则的比例就可能下降。"因此，好的冲突解决机制还需要允许违规者补救和改正，用正向激励的方式允许其改正和修正自身的行为。

第三，搭便车者会影响认真履行监管责任者的积极性，会使得已经建立的制度失去公信力。笔者认为避免出现搭便车造成的冲突，有效的解决方法仍然是清晰界定责任，做到监督责任轮流制、监督机制常态化，做到专人定时定点地负责监督。尽管在构建食品安全社区共治体系中，建立冲突解决机制不能完全解决出现的各种问题，但是如果不能预想和尝试制定解决这些问题的措施，来解决可能发生的各种问题，食品安全的共治体系也难以维系。

本章通过构建食品安全风险交流体系和设计原则，从更加系统、全面的视角完善中国监管食品安全的问题。笔者运用诺贝尔经济学奖得主、制度经济学家埃莉诺·奥斯特罗姆的多中心理论作为理论基础，结合中国食品安全风险交流的特点，设计中国食品安全风险交流的体系，促进我国食品安全风险交流体系的构建与运作机制的完善。

第4章 新媒体视野下中国食品安全风险交流机制

食品安全风险交流机制是包含政府及监管部门、生产企业及相关部门、消费者及公众、专家及学者、媒体以及行业协会在内的风险交流主体共同或部分参与运转的管理体系。当前是新媒体蓬勃发展的时代，新媒体是实现有效食品安全风险交流的重要渠道。中国的食品安全风险交流更多地依赖于传统媒体——电视报道、官媒网站平台等，政府与企业的对基于各式各样新媒体的风险交流机制还不够完善。本章将从新媒体视角研究食品安全风险交流机制，借鉴国内外的经验，为完善中国的食品安全风险交流机制提供建议。

4.1 新媒体对食品安全风险交流的挑战

4.1.1 新媒体的特点

新媒体作为信息技术革命的后起之秀，具有信息传播的碎片化、瞬时性、个性化、开放性、互动性等特点。新媒体在促进企业快速发展的同时，也带来了许多新挑战。新媒体将引领中国进一步改进产业发展方式、转变传统商业模式和社会的公共管理方式等。

1. 新媒体打破了时间、空间的限制，满足人们碎片化和瞬时性的信息需求

以互联网为基础的新媒体满足了人们随时随地的互动、娱乐、表达诉求和获取信息等各种需求。由于现代社会生活节奏比较快，人们的休闲娱乐时间比较碎片化，新媒体传播速度的瞬时性、手机媒介的普遍性、信息的海量性以及互联网络技术的发达适应了人们碎片化倾向的信息需求。

2. 新媒体的使用和内容更具个性化

新媒体为个体的自我认同提供了新的互动环境和新途径。新一代互联网将全面而深刻地改变人们的生活方式、思维方式、互动方式。强大的新媒体促成强大的社会发展，对中国社会产生全面而深入的影响。在新媒体时代，由于海量化的信息、多元化的传播渠道，人们可以根据自己的兴趣去搜索、上传信息内容，基本不受时间和空间的限制，人们使用新媒体的目的性更强，选择性和个性化更多。

3. 新媒体使得新闻信息的生产者与发布者逐渐分离，导致信息真实性难以分辨

随着网民的参与，网民逐渐从新闻信息的接收者变为新闻信息的生产者。各种新媒体层出不穷，也开始承载一定的新闻资讯的传播功能，例如一些购物、地图导航、天气预报等专业性平台也具备新闻搜索、新闻推送和互动聊天等功能。这些平台借助用户流量、用户黏性和技术优势成为新闻信息传播的主要渠道。新媒体的开放性、互动性、融合性、免费性和操作的简单性使个体仅依靠手机互联网便可以在网上进行信息的浏览、传播和发布，信息的生产者和发布者逐渐分离。

4.1.2 新媒体给食品安全风险交流带来的新挑战

新媒体时代，互联网具有透明、公开和易于传播的性质，越来越多的个体通过新媒体成为信息的发布者和传播者。在复杂的、众说纷纭的网络环境中，如何将全面的、真实的、正确的食品安全信息及时有效地传达给公众变得更加具有挑战性。

1. 新媒体的记录特征使得政府和企业与消费者沟通的难度增大

互联网新媒体的发展促使供给侧与消费侧发生质的变化。从供给侧来说，互联网使企业可以完全不受地域和品牌的限制，小企业小商铺可以依靠独特而优质的产品获得市场份额和竞争优势。新媒体的开放性形成空前竞争激烈程度。从消费侧而言，消费者的购买和互动不再受时间和地域的限制，可以随时随地就需要购买商品进行互动交流，这为企业和商家带来更大的机遇和

挑战。消费者通过在新媒体上的评价与评分等互动交流记录留存，一方面增加了消费者选购决策的依据、拓宽了消费者交流投诉的渠道，另一方面也容易放大消费者评价及问题的作用，使得食品安全风险交流难度增加。

2. 新媒体具有互动性和开放性使得食品安全投诉问题增多

在食品安全的相关投诉问题处理中，由于互联网的互动性和开放性极强，使消费者的单一投诉问题可能演变成消费者群体想要解决的共同问题。当其他消费者看到某一消费者投诉的问题没有得到及时而圆满的解决时，部分消费者可能将会不加思考地参与到群体性攻击中。因此在新媒体的互动性与开放性极强的状态下，消费者的投诉问题很有可能演变成群体问题。

3. 新媒体传播的即时性使得消费者对食品安全问题理解容易出现偏差

新媒体不再像传统媒体那样，新闻信息的发布与传播受到时间、空间、语言、民情等因素的限制。在数字化技术的优势下，新媒体将信息的传播速度提升到一个新的高度。媒体传播的瞬时性、复杂性使得信息传播速度极快，信息的真伪难以鉴别，因此也会造成信息受众理解的偏差。

4. 新媒体的快速传播性会夸大负面新闻，造成严重的社会影响

媒体为了吸引读者、快速制造新闻热点，容易对负面信息夸大其词，进而产生信息传播的复杂性。对于政府和企业而言，消费者的食品安全投诉问题没有得到解决，消费者很有可能会通过自媒体发声，通过将事情发布到网上、引导言论，并使之成为社会热点，从而严重影响政府和企业的声誉。

5. 新媒体提出政府视角的食品安全风险交流发展新要求

（1）纳入规划。我们应首先将新媒体纳入食品安全风险交流的整体规划与策略中。新媒体在生活中的广泛使用，使得传递消息的来源更加多元化和复杂化，规范信息的来源渠道以及完善新媒体的风险交流环境必须保障要投入足够的人力、时间、技术支持和经费，使之成为常态模式。

（2）掌握新媒体技术与策略借鉴国内外相关优秀机构的制度，熟悉新媒体工具的优劣势以及传播、推广和效果评价的方法。即信息多元化的趋势已对食品安全险交流工作提出更高的要求。在新媒体时代，加强新媒体应用规范化、制度化和专业化，使之在日常与突发事件中发挥舆论主导作用，具有

十分重要的现实意义。

（3）建立机制。大量的借鉴研究结合自身国情，建立从舆情监测、热点分析、事件处置、互动交流、媒体推广和线上线下活动等一整套程序，强化各部门使用新媒体的规范和指导，坚持不懈地改进新媒体下的食品安全风险交流机制，相信通过不断的实践，在食品安全风险交流领域，中国政府与技术部门一定能制定出适合国情的新媒体应用策略。

4.2 新媒体食品安全风险交流社群建设

4.2.1 社群的构建需要有自发性

在传统媒体时代，公众会用心聆听信息，因为他们获得信息的渠道单一，别无选择。在新媒体时代，公众获得信息的渠道和途径要更加多元，这导致公众在获取信息时变得越来越有选择权。政府和传统的官方媒体发出的信息，公众可能没有选择自然也无法接收。因此，社交媒体中的社群，特别是公众自发形成的社群，将成为政府和企业与消费者进行风险交流的关键所在。在新媒体时代的食品安全风险交流工作中，政府和企业至少能够在一个基于社交媒体的社群中与消费者互动，例如微信公众号中的官方互动社群，才有机会让风险信息的交流真正为公众接收和倾听。这个社群应该是人们自发地组成，并在政府与公众长期日常的互动中逐步建立信任。

4.2.2 新媒体社群维护的工作人员需要具有同理心

基于新媒体社群的风险沟通会随时受到企业的中政府和企业的风险沟通人员的能力素质的影响。消费者对于社群的认可度来自社群的公允性，因此，在社群中政府和企业的风险交流人员对于风险的评价与交流应该更加客观，并掌握专业的技术知识和亲和真诚的沟通技巧。在社群中沟通的风险交流人员应该具有一定的社交技巧，具备人情味、幽默感、亲和力和体察被沟通对象情绪的同理心。

4.2.3 工作人员在风险交流中要重点识别社群中的关键影响者

在社群中，通常都有因在长期互动中表现出专业性、经验较丰富的受尊敬者。这些人被称为社群中的关键影响者。关键影响者在社群中具有更大的影响力和威望，他们对于某事的态度和观点将对社群中的其他人的态度产生更大的影响力。因此，在社群的风险交流中，风险交流人员应该更加关注这些关键影响者，并对他们在社群中提出的问题和质疑进行更加专业和令人信服的解答。如果在风险交流中，风险交流人员能够成功地得到社群中关键影响者的认可，那么风险交流人员对社群其他成员的风险交流工作将顺利得多。

4.2.4 将社群中的消费者培育成为食品安全的拥护者和宣传者

新媒体时代，公众更加信服亲朋好友和社交软件中社群的意见。在运营新媒体社群时，政府和企业只有通过切实的食品安全保障，才能赢得公众的认可。对于政府和企业而言，新媒体社群的食品安全风险交流工作是取得消费者信任的关键所在。政府和食品生产经营企业成功地进行社群风险交流，能够赢得消费者的认可，与此同时也将赢得社群中的消费者愿意主动为食品安全监管工作向亲友做宣传的机会，从而使政府和企业真正获得公众的信任与顾客忠诚。

4.2.5 社群有效进行食品安全风险交流的本质是讲真话

因为社群的风险沟通方式不同于传统的沟通方式，与消费者进行不真实的或缺乏客观事实证据的风险交流都会面临社群中各个聆听者随时的质疑。因此，基于新媒体的社群风险交流工作，给政府和食品生产经营企业都带来更大的挑战。社群的风险交流中，信息更加公开透明。企业在食品安全监管的各项工作中也应该更加专业和到位，真正生产安全食品的企业才能存活并胜出。只有事实和行动才能真正让公众信服并认可政府和企业的食品安全监管工作的效果。认真进行食品安全监管的企业会在社群风险交流中胜出，以实力赢得公众信服的企业将获得马太效应式的快速发展。

4.2.6 社群沟通的内容是关键，要用事实和数据做好论证

内容是风险交流的核心。只有将政府和企业对食品的监管措施、监管效果的事实和数据向公众公开，公众才能真正认可和信服。一切沟通技巧都不及有力的举措和真实的事实数据有说服力。在进行社群的沟通之前，风险交流人员应该将各项举措，如何执行以及执行效果的事实数据准备充分，并公之于众。事实胜于雄辩。

合理利用社交媒体社群进行风险交流，能够有效促进风险交流的有效性。首先，以社群为单位对消费者进行公众心理危害测评，采用德尔菲法请专家对食品安全恶性事件进行风险评估，利用社交平台、直播室等方式，就风险认知差异问题与消费者进行风险交流，弥合消费者与专家之间的风险认知差异，通过有效的风险交流促进食品安全恶性事件的形成。

4.3 新媒体促进食品安全风险交流社会共治

2015 年，中国新颁布的《食品安全法》提出"社会共治"的原则，中国的食品安全开始从政府管制模式转变为政府治理模式。政府需要构建"多中心"联动的食品安全利益相关者共同参与的食品安全风险交流制度，发挥社会各界力量，实现政府、食品企业及消费者共同治理的目标。新媒体给食品监管工作带来诸多前所未有的挑战，顺应社会发展和人民日益增长的健康安全需求，政府和企业应多措并举，设计相关利益者共同参与的风险交流新媒体网络平台，打造共建、共治的"多中心"食品安全风险交流联动体系，有效进行食品安全风险交流，从而加强食品安全监管，提升政府的公信力。

4.3.1 多中心整合式全渠道食品安全风险交流模式

政府可以通过整合各种信息传播渠道的方式，创新而统一地打造整合式全渠道食品安全风险交流的途径。全渠道囊括的传播媒介包括政府出版物、企业活动、网站、博客、在线管理社区、电子邮件、社交媒体等。政府和企

业可以随时向其拥有的媒体渠道发布食品安全的风险预警信息、食品安全科普营养信息等内容。线上线下混合式食品安全风险交流，能够有助于政府和企业最大限度地接触到沟通对象并进行有效沟通。

政府、企业共同搭建风险交流网络平台，推动相关利益者共同参与。我们应充分利用网络平台这一新媒体工具，发动社会各界的力量，做好基层的风险交流工作。网络平台可以利用自身的平台的优势建立食品安全信息交流平台，在这个网络平台中，平台可以将自身食品安全信息管理系统中相关的食品安全信息直接发布；平台、商家、专家、消费者也可以进行直接对话，对于一些集体问题也可以通过网络平台进行集中处理，进行及时、有效、充分的食品安全风险交流，避免风险问题被放大，形成不可控的局势。在技术层面，网络平台要建立自身的食品安全信息管理系统，包括食品的追溯系统、供应链风险信息、检测技术等，通过技术层面的加强更好地支持食品安全风险交流专业性平台的运行。通过构建专业性的网络平台，引导商家、消费者以及专家的广泛参与，充分发挥社会各界的力量，响应国家号召，打造共建共治共享的食品安全社会治理新格局。

4.3.2 人性化设计食品安全风险交流多方共治平台

越来越多的平台采用人格化设计来吸引公众的关注。在以人为本的时代需要通过平台的新媒体沟通优势来倾听和缓解顾客潜在的欲望和焦虑。为了有效地解决这些焦虑和欲望，营销人员应该建立他们品牌的人的一面。这些平台应该具有视觉吸引力与内容上的信服力，具有人性化和情感化的魅力，同时应该兼具人格化的道德性。

1.人格化设计平台增加风险交流的亲切感和成功感

如果政府和企业对公众的沟通方式是固定的、机械的、完美的，则会给公众一种冰冷、刻板的疏离感。政府和企业如果能在互动中尽可能低人格化，勇于承认自己的不完美，增加人性化设计风险交流方式，则会给公众一种真实感和亲近感。政府在食品安全风险交流中勇于承认工作中的不完美，这会显示出政府具有完善现有工作中的疏漏和不足之处的愿望和信心。

2. "以人为本" 的风险交流方式

风险交流的对象是人，即意味着风险交流是一种社交活动。因此，政府和食品生产经营企业在与公众进行风险交流工作中，可以更好地以公众为中心，以便及时、准确、充分地了解公众对食品安全问题的焦虑和潜在的沟通诉求。

3. 塑造企业的道德感人格

企业道德感会树立一种稳定的公众形象，让顾客产生安全感，进而提升品牌的声誉和企业的业绩。道德感强的企业会以伦理商业模式实现企业的差异化。企业的道德感也是企业内在价值观的体现。企业的生产经营活动环节多具有高度的风险性，在生产过程中不能保证完全不出现差错。在处理食品安全问题时，企业应该及时负责任地关注消费者的投诉，并表现出正面积极的道德感。企业的道德感体现在让公众对其处理投诉，以及后续生产经营安全食品的能力有信心。无论顾客跟踪与否，企业都会对于所发生的食品安全问题认真处理，并主动改正、完善企业生产经营中出现问题的环节。

4. 突出政府和企业的专业性和智慧

在食品安全风险交流中，政府和企业应该向公众展示其具有高度专业性的人格特质，在面向公众的风险交流中，注重说服力是以事实和数据呈现观点的专业特质。

5. 政府和企业在虚拟网络平台中打造良好的公众形象

善于社交的人格特质能够给人以自信、友好、倾听、同理心和有趣等特质。政府和食品生产经营企业在风险交流工作中可以增加这些人格特质，让公众产生亲切感和信任感。特别是发生食品安全问题后，政府和企业的社交能力决定了风险交流的质量和效果。要让公众有倾诉潜在焦虑的欲望，政府和企业需要在风险交流中体现出较强的人际沟通能力。

6. 打造风趣幽默故事性平台，增加平台的人格化魅力

有趣可以拉近人与人之间的距离，然而政府和企业在日常风险交流中，特别是在面向公众的食品安全教育交流中可以采用视频、游戏等形式宣传食品安全知识。但是在危机交流中则应更多地展现出同理心和倾听能力，给公

众更多倾诉的机会。

4.3.3 丰富新媒体沟通形式，加强食品安全教育

在新媒体背景下，食品安全风险交流应考虑媒体和消费者的风险认知差异。一方面，在利用新媒体进行信息传播的过程中，信息交流的参与者对食品安全风险认知的个体差异，会放大或者缩小事实真相，造成消费者的误解，进而产生信任危机。另一方面，消费者风险认知水平差异和风险偏好差异都会影响最终的食品安全风险交流效果。因此，为了减少风险交流中的阻碍，增强风险交流的效果，国家应该利用视频教育增强国民的食品安全知识素养，可以考虑将食品安全教育纳入国民教育体系。

企业可以积极参与消费者食品安全风险知识的普及工作，可以采用自身平台界面问答小游戏的形式进行，将平台优惠券与知识普及游戏结合起来，通过答题过关的形式来发放优惠券；也可以在产品配送时，为消费者赠送食品安全信息与食品安全科普知识的单页和小册子。这样不仅能向消费者传递食品营养科学知识，也能向消费者传递高质量产品信号，增加消费者的购物体验和信任倾向。

4.3.4 运用平台加强日常交流和危机预防

日常交流更多地是单向的信息传递，单向信息传递的交流模式是达成风险交流共识的重要基础。网络平台的优势在于有可以充分自我展示的独立平台以及庞大的用户群体。平台可以利用这种优势进行线上食品安全广告、食品安全培训，供应链内食品安全风险信息共享等；线下网络平台可以通过展会的形式与消费者进行直接对话。平台应定期地进行食品安全检查工作以及人员培训工作，并定期在平台界面上进行检查工作、培训工作现场图片与工作汇报内容的展示。此外，平台还要利用新媒体进行宣传，与外部相关利益者进行对话交流，提高平台信息传递和风险沟通效率。

网络平台的日常交流是危机交流的基础，如果日常信息交流工作存在欠缺，则在出现紧急情况下也无法进行有效的应急交流。网络平台应在日常交

流的基础上制定危机交流预案，才能有效合理地应对危机情况，努力做到早发现、早预防、早处置，保护人民人身权、财产权、人格权，既能防控日常的食品安全问题和沟通问题，又能够在危机情况下给消费者一个满意的答复。网络平台应该利用新媒体优势，采用大数据技术、信息化手段，建立食品安全风险排查预警体系，提高对各类食品安全风险的发现预警能力，及时排除、预警、化解和处置各类食品安全风险。

4.3.5 借助新媒体传递高质量信息

在竞争日益激烈的电子商务环境中，不诚实、不以人民利益为出发点、不考虑长远发展理念的平台和商家终将会从展示它的互联网舞台中退出。有效的食品安全风险交流能够更好地向消费者传递高质量的食品安全信息，避免信任危机，增强消费者的安全感、获得感、归属感。为了更好地与消费者进行食品安全风险交流，商家可以利用视频分享等新媒体传播工具，将食品安全监管信息相关的图片和视频在平台上展示。平台也要设计相应的窗口，在消费者购物时可以选择获取信息与观看视频，也可以在食品的评论区与店家和其他消费者进行互动。客户能够在平台上对企业或产品进行评价、评分、分享图片和视频，与商家和其他消费者进行互动。只有积极地向消费者传递高质量食品安全信息，树立安全发展理念的商家和企业才能得到长久的发展，商家和企业应坚持为自身谋发展，为消费者谋幸福的指导思想。

综上所述，新媒体背景下，网络平台、食品企业和消费者需要与政府一起，共同参与食品的安全监管，采用"多中心"联动的制度方式共同治理。笔者认为，各方当事人利用网络平台新媒体互动的特性，对食品的风险信息在平台上进行沟通，是解决食品安全信息不对称问题、实现食品安全监管社会共治的有效途径。从风险交流的视角，政府应该牵头鼓励平台、入驻商户和消费者三方主体积极就风险信息进行沟通，从而实现共同监督的社会共治目标。首先，网络平台作为食品安全的监督者通过检查、审核将食品安全安全信息在平台上展示；其次，作为食品的供应者，入驻平台的商户是食品最初的来源，是食品安全第一保证责任人，最直接了解食品的安全性；将食品安全相关信息在平台上进行展示,获得消费者信任,从而增加销量、获得收益;最后,消费者以食品安全信息的提供者以及鉴定者的双重身份在网络平台上对食品安全进行评价,提供了使用者导向的食品安全信息,作用于其他消费者。只有网络平台食品安全各相关利益方积极参与食品安全风险信息交流,才能实现食品安全监管的社会共治。

第5章 行为经济学视角下的食品安全风险交流

5.1 减少消费者风险认知误区的建议

5.1.1 消费者对食品质量的风险认知误区

根据消费者对风险信息的认知过程，可以将其对信息的接收分为信息的收集、信息的解读、信息的输出及信息的反馈四个阶段。这四个阶段均有可能存在风险沟通的误区。

第一阶段，风险信息的收集阶段。对人类的心理学研究显示，在该阶段对存在的对沟通信息容易出现的认知误区包括：①近因效应及易得性偏差。即人们的记忆会倾向于记住显著的、易记得的和近期发生的事情。对人类对信息收集过程的认知存在只关注近期发生的，容易记住和容易获得的信息误区，即人们倾向于对近期发生的事情印象深刻，而对发生一段时间的风险问题则容易忘记或忽略。例如，近期某地发生一起食品安全事件，人们会对相关该问题产生过度敏感的印象。而在事件发生过去一段时间后，人们又倾向于忘记该问题的风险，继续出现风险漠视的认知偏差。②首位效应和末位效应。即在接受信息的过程中，最先强调和最后强调的信息都容易被信息接收者记住。根据人们在信息接收中存在的首位效应和末位效应，风险沟通的信息传达者应该在沟通的开始和结尾处做最重要信息的传达，从而提升风险沟通的效果。

第二阶段，风险信息的解读阶段。在该阶段存在的对沟通信息容易出现的认知误区主要表现为显著性特征偏差，即显著信息容易引起人们关注的，往往成为人们判定事情性质的决定性因素，进而导致其忽略其他决定性因素，从而对人们对事情认知的准确性造成影响。该风险信息的认知误区产生的主要原因是，人们对小概率特征的决断会仅仅因为其比较引人注目，即出现以偏概全地对事情定性和下结论的风险认知误区问题。

第三阶段，风险信息的输出阶段。在该阶段容易出现的认知误区主要表现为过度自信。风险沟通中的认知误区——过度自信。行为经济学家对于人类对信息的认知进行分析并指出，专业人士通常会存在对自己专业能力过度自信的问题。每一位专家会随着知识和经验的积累，逐渐形成对专业领域认识和专业能力的提升。尽管知识和能力不断获得积累，然而个人能力的提升是有边界的，会出现对于自己专业过度自信的问题。解决过度自信的方法是依靠清零思维，防止出现过度自信，导致忽略食品安全问题。对企业而言，网络餐饮平台情境中的食品安全监管制度同样会出现过度自信问题，需要政府和第三方监督机构对网络餐饮平台定期进行质量监督和质量抽查，从而督促网络餐饮平台与餐饮企业始终保持对风险的警惕与关注。

第四阶段，风险信息的反馈阶段。在该阶段存在的对沟通信息容易出现的认知误区包括四种：错误归因、事后诸葛亮、无视风险和加入成见。

（1）错误归因。人们倾向于将成功的因素归因于自己，将失败的原因归因于他人。例如企业在生产经营良好，倾向于把业绩归因于自身的管理能力。然而，当企业出现食品安全问题时，则倾向于把出现问题的原因归因于外部因素，诸如销售渠道、经销商存在问题，政府对经营和运输环节监管力度不够等。针对企业这种错误归因的风险认知误区，当出现问题前，媒体和政府应该督促企业进行自身问题的查找。食品生产企业更应该针对可能发生的具体食品安全问题，查找企业内部质量管理的问题和原因。企业应该加强内部风险沟通和外部风险沟通的能力，争取在食品安全问题发生之前，提前找到问题的隐患，从而有效避免食品安全问题的发生。

（2）事后诸葛亮。很多消费者对一件事情的判断其实是基于事情发生后做出的，然而，消费者却错误地认为自己具有很强的判断力和决策能力。这会导致消费者在风险发生时无视风险，并且在风险出现时判断失误。有效解决途径是风险预警和做事前的风险沟通。

（3）无视风险。风险认知误区的另一种突出表现是无视风险。消费者、平台和餐馆作为网络餐饮平台的三方主体均存在此类的风险认知误区。无视风险的风险认知误区具体体现为对于风险视而不见，异常平静，维持原状。这种心理认知倾向被行为经济学定义为"风险损失厌恶"。普通民众对风险的反应与我们通常认为的对风险认知的反馈是不同的。普通人遇到巨大风险的反应不是影视剧中对飞机失事前机舱中的一片慌乱和大声呼救的刻画，而现实中通常是所有人都表现得异常平静，仿佛事情没有发生一样。例如，2014年发生在美国旧金山的某航空的坠机事件，飞机着陆后机尾已经起火，仍然有人在试图回机舱拿行李。比如，"9·11"事件发生后，在世贸大厦工作的人员仍然如往常一样走出办公室和其他人商讨这是什么事情，有没有逃生的必要，从而贻误了最佳逃生时间并因此丧生。大多数人在遇到风险后的反应并非我们习惯认为的情绪激动地强烈表达不满、愤怒和创伤，而是依照思维的惯性，希望维持原状，无视风险，从而置自己于真正的危险之中而不自知，进而失去最佳逃生时机或者给自己造成生命危险。

（4）加入成见。成见导致消费者倾向于关注自己相信的信息，并且强化该信息。事实上，该成见可能本身即具有片面性，从而导致信息接收者对该信息的认知更加片面，进而误导认知，造成认知误区。进而出现所谓的"回音效应"，即对自己感兴趣的事情或认定的事情，会去寻找相关信息印证它发生的必然性，这也是人们对风险认知的舒适区。

综上所述，普通人对于风险的认知是滞后、怯于反应的，倾向于劝说自己一切都没有变，事情还是维持原状的，其实危险早已存在。而最佳的反应方式应该是立即正视危险存在的事实，尽快采取行动应对风险，诸如逃离事故现场等自救措施。

风险沟通中，政府和企业应该以丰富而生动的形式主动向消费者列举相关的质量监管举措，引导消费者走出"以偏概全"的风险认知误区。"以偏概全"是指忽视大量有用的重要因素，仅以小部分特征来确定问题的主要性质。事情性质的决定不能单纯看一次事件，这样即犯了"以偏概全"的认知错误。

减少食品安全问题的发生是政府和企业都在努力做的事情。政府和企业在向消费者进行食品安全风险沟通时，需要主动而全面地呈现自己为保障食品质量安全所建立的食品质量监管体系。特别是企业的食品安全质量监管体系的健全和完善，需要食品安全事件的事中和事后危机处理，以及事前的监督预警方面能够有效而完善。

5.1.2 有效提升食品安全风险沟通的对策建议

1. 构建以事前预警为主导的网络餐饮平台食品安全风险交流体系

该体系以网络餐饮平台为中心，将消费者、政府质量监督和餐饮企业一起构建"多中心"共治的网络餐饮平台食品质量安全风险沟通体系。网络餐饮平台应该主动替消费者及餐馆等餐饮机构进行食品安全风险管理，通过实施有效地风险交流机制和交流策略，纠正消费者、餐馆等餐饮机构的风险认知问题。政府和网络餐饮平台应该加强对食品质量安全的风险管理，通过构建有效地网络餐饮平台"多中心"食品安全风险沟通体系提升网络餐饮平台各参与方的风险认知能力，减少风险认知误区。特别是加强事前预防的食品安全风险交流事前预警机制的设计和构建，将有效预防食品质量问题

2. 消费者对网络餐饮平台进行食品安全等级评分

通过消费者对平台上餐馆的食品安全性打分，促进餐饮平台食品安全等级评分大数据的形成，消费者通过该评分即可获得有效地风险信息反馈，从而引导消费者在网上点餐时加入安全性的考量。

3. 运用第三方网络餐饮平台等级评价

第三方网络餐饮平台预先设计企业食品安全等级评价指数策略，引导消费者关注相应的食品安全问题，同时督促平台上餐馆对食品安全性的关注和对食品安全质量的主动提升。

4. 运用人类对信息处理阶段的首位效应和末位效应

加深受众对风险沟通信息的印象。鉴于在处理信息过程中，人们对信息的接收存在着对沟通开始给的信息和沟通结束接收的信息印象最深刻的效应。因此，无论是口头沟通还是书面沟通，都应该有意识地把重点信息集中在开

始和结尾处，以便有效传达食品安全风险信息。

5. 设置政府和媒体书面沟通模板和要点提示

在网络餐饮平台上和网络页面的首页部分，应该明确标出有关食品安全风险交流的主要信息、警示信息和过敏信息。当发生食品安全事件后，政府或者企业与消费者进行沟通的过程中，应当给出详细的沟通模板，特别需要强调沟通的首位效应和末位效应。

6. 避免引入消费者成见型风险沟通误区

如果在网络餐饮平台上出现食品安全问题，消费者比较容易受到媒体、特别是新社交媒体的影响，从而将关注点放在搜集其不安全性证据的基础上，以印证某种食品的不安全性，对于政府、企业所做的大量的有效监管食品安全质量的事实和各种保障食品质量安全的积极努力视而不见。因此，政府和企业应主动与消费者交流食品安全质量监管的各项举措，引导消费者进行食品安全风险沟通过程中不要预设立场，尝试用客观的眼光看问题。

7. 引导消费者避免以偏概全

在风险沟通过程中，政府和企业主动向消费者列举相关的质量监管举措，引导消费者走出"以偏概全"的风险认知误区。事情性质的决定不能单纯看一次事件，如果忽视大量有用的重要因素，仅以小部分特征即确定问题的主要性质，这样就会犯"以偏概全"的认知错误。任何政府和企业都在努力减少食品安全问题的发生。政府和企业在与消费者进行食品安全风险沟通时，需要主动而全面地向消费者呈现食品质量监管体系。该体系应尽可能做到健全与完善，内容需包含食品安全事件的事前监督预警和事中与事后危机处理。

5.2 基于行为经济学研究新进展的食品安全风险交流建议

5.2.1 减少行动偏离

行动偏离理论是 Patt 和 Zeckhauser（2000）提出的。其主要思想是：人们倾向于采取行动来解决问题，即使有时采取行动与不采取行动的结果是一样的，人们为了心理安慰，也会通过采取行动（即使是无谓的行动）的方式来缓解焦虑，试图以此来促进事情的解决。

对于风险管理，它是人们对未知的事情的一种心理上的尝试解决的心灵安全感获得的方式。最理想的风险管理的方式是"自下而上"地通过事情的发展，随着时间的推移自发出现的解决方案。这种解决方案通常具有更强的稳定性，并在长时间各方利益博弈的的基础上进行调整和修正，从而对于解决该问题更加有效。这种通过"自下而上"的方式形成的解决方案虽然不是最优解，但是却具有最强的适应力和稳定性。

传统的风险管理具有较强的主观性，因此容易出现"自上而下"式一厢情愿的管理措施。较好的应对方法是先在小范围内试行解决方案，并逐步在实践中查找问题，及时调整。借用精益管理的思想，通过不断实践得到现实反馈并不断修正的循环方式，逐步优化解决方案。通过"自下而上"的方式找到各参与方相对满意的解决方案，实现解决方案的稳定性。

管理者提供准确的风险评估结果可以增强风险交流效果。在食品安全的情境中，对于风险规避具体表现在人们倾向于选择确定性，而抵制模棱两可的食品安全活动。如果通过政府公开信息而使得食品安全风险交流具有较强的确定性时，则风险交流效果会得到大幅增强。比如在食品网购中的消费者评价人数和综合评分，以及政府给企业的食品安全进行风险评估并进行等级评分。

锚定是一种特殊形式的启动效应，人们会收到管理者先行给出的事情一个重要的参考。对一件事情的初始评价成为重要的参考点，影响人们随后的决策。锚定问题是在人类无意识的情况下发生的，包括概率估计、法律判决、预测和购买决定（Furnham 和 Boo，2011 年）。管理者应当给出食品安全监管的优秀企业，设置参照点，后续会下意识跟进。在食品安全风险管理中，初始的强化食品安全的正向行为，将有助于设立标杆，成为后续企业食品安全监管的示范，从而有效增强政府整体的食品安全监管效果，减弱负向行为的负面效果。同理，政府定期披露食品企业不良的食品安全行为，列出黑名单，将直接影响企业的形象和业绩，同样具有高度的参照系作用，会对其他食品企业起到很好的警示作用。

5.2.2 避免近因效应

人类做出对某一事情的判断和决策，通常情况下仅仅是因为之前的时常采用这种经验行事，或者该信息是最易获得的，从而出现以偏概全式决策行为，导致容易产生较大的决策失误。例如，医生近期对于病人的诊断经验，会影响并增加后期病人诊断疾病的可能性。（Poses 和 Anthony，1991 年）在消费者研究中，可获得的信息会影响消费者对于商店价格（Ofir 等人，2008 年）或产品故障（Folkes，1988 年）风险判断。例如，某个食品企业发生了食品的召回事件，这将直接影响消费者对该食品企业生产食品的安全性的感知程度。根据近因效应，出现问题食品的企业需要及时把企业的改进措施通过媒体宣传传达给公众。有限理性是由赫伯特·西蒙（Herbert A. Simon）提出的概念，他指出，有限理性是因为人类的思维能力中可用的信息和时间都是有限的（1982）。有限理性概念对经济学中理性人的假设提出挑战。注重风险交流，特别是注重企业良好改进措施的正向风险交流会减少消费者有限理性。

确定性 / 可能性效应（爱冒险，风险漠视）收益或损失概率的变化不影响人们的线性主观评价（另见前景理论和零价格效应）（Tversky 和 Kahneman，1981）。赌徒往往在对损失的感知中没有偏差，而是对风险的感知存在偏差，赌徒会高估的小概率发生的可能性，即"赌赢"的可能性，从而会倾向于冒更大的风险（Ring 等，2018 年）。

食品安全问题高发企业的管理人员在对损失的厌恶程度方面通常与普通人并无差别。管理人员造成企业容易出现食品安全问题，是因为他们是爱冒险的人，对于发生风险这种小概率事件轻视乃至无视，换言之，他们低估了风险发生的概率。

5.2.3 减少选择架构与过度选择

1. 选择架构

选择架构是由理查德·塞勒（Richard Thaler）等（2008 年）提出的。通常举的例子是在选择自助餐的食物时，如果想引导人们多吃健康的食物，如蔬菜、水果等，那么采用水平于人类视线的方式会好很多。实现选择架构的方式还包括许多其他影响决策的行为工具，如默认值、框架或诱饵选项。解决的方式：对于食品安全问题通过影响人类做出决策的背景的结构来影响人类的决策，如在醒目的位置发布重要信息。

2. 过度选择

也被称为"选择过载"。通常是指消费者具备过多的备选项，从而出现选择困难与决策疲劳（Schwartz，2004年）。为了应对该问题，消费者通常会采取延迟选择、不购买商品或者使用默认选项等方式来避免做出选择的决策（Iyengar 和 Lepper，2000年）。

选择过载会发生在食品企业管理者身上，例如，在商品企业或第三方（生鲜、外卖）电商平台的管理决策层，管理者往往因为需要处理的事情过多而忽略食品安全问题。解决上述问题可以采用以下的方法：第一，采用时间限制，如制定定期检查机制；第二，采用决策问责制，必须由专人负责食品安全问题，出现问题直接问责专项责任人；第三，根据消费者的偏好不确定性（Chernev 等人，2015) 为了提升消费者的选择效率和降低其风险性，需要对于选项较多的食品，由政府进行食品风险评级，并引导消费者做出理性、健康而安全的消费决策。

5.2.4 规避风险认知偏差

1. 认知失调

认知失调是社会心理学中的概念（Festinger，1957）。它指人们在两种相互冲突的思想和感觉之间存在的不舒服的感觉。为了避免该紧张不适的感觉出现，人们会采取合理化自身行为的方式来达到自我豁免的行为。比如，吸烟者会找到吸烟有利于吸烟者的医学证据，比如一些吸烟者吸烟后仍然长寿的例子，佐证自身吸烟的行为并将其合理化（Chapman 等，1993）。Dickerson 等（1992）的研究指出，让人们因为提高节水意识而公开承诺缩短洗澡时间。结果发现做出承诺的人比没有做出承诺的人用水量少得多。通过人类不喜欢认知失调的心理特征，行为经济学给食品安全的风险管理提供了更加有效的管理方式。政府可以通过让食品生产者做出公开承诺的方式，增强食品安全的风险交流效果，有效促进食品安全风险的管理对策，强化食品安全生产与管理意识。

2. 确认偏差

确认偏差又被称为回声效应，是由 Wason 在 1960 年提出的，是指人们对于自己认定的观念会通过寻求相关佐证来印证自己的观点是正确的。这种确认偏差会导致人们只相信自己所相信的，只关注自己感兴趣的信息，从而造成观念和认知的狭窄和偏误。该认知误区并不是认知的偏见，而是人们寻找证实有关论据论证假设的方式（Oswald 和 Grosjean，2004 年）。例如，在食品安全的监管中，消费者倾向于在未发生食品安全事件之前确信所有的食品是安全的，并搜集各种证据确认这一论断；而在食品安全事件发生后倾向于认为所有的食品是不安全的，并努力搜集不安全食品的信息从而印证该产品是不安全的。干预此类食品安全风险认知偏差的方法是提供更加全面的食品安全信息，证实食品安全监管的完善可靠与食品安全风险的可控性。在食品安全的风险交流过程中，食品安全风险交流者能够提出有关该食品安全监管完备的数据和事实佐证，避免消费者因为以偏概全的锚定效应出现不必要的恐慌和风险认知误区。

3. 知识的诅咒

知识的诅咒是由 Camerer 等人于 1989 年提出的。该概念指出了人们的认知误区，即认为越是掌握较多信息的人越能做出正确的决策。然而在现实社会中，掌握较多信息的人往往因为对既有的信息不对称带来了对于信息优势的过度依赖。从而越容易造成知识依赖和信息负担，影响决策者关注更加全面的信息和开阔更大的视角，反而很难做出正确的决策。导致这样的结果，一方面是因为掌握知识的人具有过度自信，另一方面则与认知误区中代理人的信息不对称和信息依赖有关。

食品安全监管中同样存在知识的诅咒，需要监管者通过在每次决策前将思维清零，尽可能全面、客观地获取和评估食品安全风险有关信息，从而减少自己对相关风险的认知误区，进而减少决策失误。

食品技术专家需要以沟通对象为中心，注重沟通的实效。"知识的诅咒"式风险认知误区在食品安全风险交流的过程中通常发生在专家身上。作为掌握较多知识的食品领域的专家，会主观地遵从自己的认知能力去评估民众的食品安全风险认知能力，对于民众对很多食品安全的信息了解情况过于乐观。现实社会中，政府和企业要想减少"知识的诅咒"这样的认知误区，需要尽量引导食品安全技术领域的专家换位思考，并开展与食品安全风险交流的受众群体的广泛沟通，找到民众对相关食品安全风险信息的认知难点和认知瓶颈，从消费者的认知视角传递食品安全的风险信息。专家与民众的风险交流，应该注意对风险信息的沟通方式、沟通内容和沟通效果。

5.2.5 行为决策

1 决策疲劳

决策疲劳是指由于选择需要考量的因素过多，因此在做出决策的时候需要投入大量的精力进行权衡和判断，这样就会消耗很大的能量，导致精神疲惫，消耗人的意志力和决断力（Vohs 等人，2008）。消费者在购买食品的决策中，会因为需要考虑较多因素而疲劳。消费者最终的购买决策会因为"决策疲劳"而草率做出，从而可能出现劣币驱逐良币，买到不合格的产品。

政府、企业、电商平台和质量监督与检验机构可以提供诸如综合评分和安全等级评级等方便消费者识别的等级鉴定，为消费者决策提供专业风险评估的佐证。

2. 能力的欺骗

中国有"知人者智，自知者明"的古语。人们往往缺乏对自身能力准确、客观评价的自知之明。往往需要通过得到社会上其他人的反馈才能看到自身的不足。克鲁格和邓宁（1999）观察到人类在感知自身能力和其实际能力之间存在差异，在缺乏有效反馈的情况下，一个人没有能力做出合理准确的决策并采取行动。我们看到很多不健全的决策都与邓宁－克鲁格效应有关。在食品安全的监管规则的制定与执行过程中，同样存在决策者"自上而下"制定政策的认知误区。决策者可能会因为过度自信和高估自身的政策设计能力，而高估政策效果。

管理部门应该尽量设计食品安全监管规则制定的"自下而上"的决策程序机制，从而促进规则制定和有关决策的做出得到真正的实际效果。

3. 多元化误区

多元化误区是由 Read 和 Loewenstein 于 1995 年提出的，是指人们会高估其对多样性需求的认知误区。因此，在食品选择的问题上，人们倾向于考虑诸如口感、味道、色泽等很多因素后作出选择。

政府应该对消费者的食品选择进行教育，作出购买食品决策的影响因素并非越多越好，而是应该选择健康、安全、营养的食物。

4. 双系统理论

心理学中的双系统理论认为，人类大脑具有两套决策系统。系统 1 具有快速、自动和无意识的决策特征，通常是依靠人类的本能反应或者既往经验进行直觉性决策；系统 2 则具有理性、缓慢和有意识的决策特征，通常会加入更多的理性思考，斟酌考量各方面因素后作出决策（Strack 和 Deutsch，2015）。丹尼尔·卡尼曼在其 2011 年的研究中指出，行为经济学研究中许多认知偏差产生的原因是系统 1 的直觉、印象或自发式反应。

通常在食品的销售中，商家会营造热烈而刺激的促销手段激发消费者非理性的冲动型购物。在食品安全的监管环节，政府与质量监督机构等第三方机构可以引导消费者在购买食品决策时放慢决策的速度。如果消费者能在购买食品时慢一点做决策，则大脑将启动双系统中的系统 2，进而做出健康、安全、营养的更加理性的食品消费决策。

对于决策者而言，如何避免双系统的认知偏差，可以根据 Samson 和 Voyer 在 2012 年和 2014 年的研究成果中的建议，即采用"谁决策、谁负责"的追责机制。决策者因为追责机制，将会慎重地制定食品安全的监管规定，并慎重完成所有的监管任务，从而避免决策者因为认知忙碌而使用系统 1，导致做出错误的决策（Samson 和 Voyer，2012，2014）。

5.2.6 消费者情感

1. 禀赋效应

由丹尼尔·卡尼曼等人于 1991 年提出的禀赋效应，是指人们会对某件其拥有的商品倾注喜爱并赋予意义，从而对其价值做出远高于市场价值的评估。在食品安全事件发生后，通常消费者会产生利益受到损害的受伤感。作为处理食品安全问题的商家或企业，可以考虑给予消费者优惠券等方式进行补偿。最佳的营销手段是让顾客成为推广人员，心甘情愿地为企业宣传产品。由于会员制会使顾客产生归属感，商家和企业可以引导消费者成为本企业的会员，通过享有更多的优惠卡或者年卡使得消费者对于企业产生归属感和依赖感。

2. 羊群行为

羊群行为属于一种从众行为，这种行为在人类的发展历史中很早就出现了。该理论认为人们倾向于参考其他人的判断和决策信息来做出决断，而非依靠自己的信息独立做出判断。Bikhchandi 等于 1992 年指出，羊群行为在其他如政治、科学等决策领域，被称为"信息升级"。Banerjee 于 1992 年指出，股票市场上非理性的股民集体购买和卖出股票的行为属于典型的羊群效应。羊群行为的引发因素包括恐惧（如 Economou 等，2018）、不确定性（如林，2018）。

在食品安全事件发生时，人们会因为群体的不确定性而形成羊群效应，甚至导致恐慌。政府和企业可以采用针对问题食品的风险信息及时进行风险交流的方式，将不安全食品的信息、如何进行追溯和处理等信息及时发布，减少消费者在购买同类或者类似时的不确定性，从而减少民众的恐慌。

3. 启发的局限性

丹尼尔·卡尼曼于 2003 年发表的论文中指出，启发式的认知决策是一种依赖经验法则的认知捷径，该方法的优点是能够在不确定性条件下简化决策，简便快捷的认知决策，让决策变得更加容易。然而，启发式决策也存在明显的缺点和不足，即启发式决策容易导致认知偏差，形成偏见。在需要快速决策的情况下，管理者运用启发式决策是最佳的决策方式，它能够运用人们既往的检验，能够最大限度地使用个人所获得的有限信息（Goldstein 和 Gigerenze, 2002）。然而，站在决策效果增强的角度，则应该通过大量搜集信息，尽量减少启发式决策由于信息不够充分导致的决策偏向不足。

在食品安全管理视角，制定加强食品安全监管效果规则的管理人员，在决策制定规则中应该尽量多收集影响决策的各方面信息。同时，管理人员应该在决策中尽量忽略过往经验给决策造成的主观与经验主义的影响。

4. 后视偏差

后视偏差又称为"无所不知效应"，其含义类似于中文表达中的"事后诸葛亮"，是基于既定获得信息而认为自身具备超前预测能力的认知判断偏见。Mazzoni 和 Vannucci 在 2007 年发表的论文中指出，根据可获得信息，做出事后判断，这种偏见有可能导致人们对事情发生概率的判断偏差，因为事后诸葛亮会让他们认为事情的结果是可预测的，这使得人们在决策时出现决策判断的扭曲，高估自己的判断力，从而导致决策失误。

在食品安全监管的决策中，决策者应该更加注重基于事实和数据的判断，减少主观判断，更应该警惕后视偏差所造成的高估自身决断力的认知误区。在决策中，决策者应该深刻领悟决策的不确定性，以及事情结果的不可预测性，克制并尽量杜绝决策者的主观判断，特别是对自身主观判断的过度自信和高估。

5. 宜家效应

诺顿等人于 2012 年的研究指出，诸如宜家这样的家具企业，能够通过增加私人定制的商业模式给消费者带来参与感，由消费者共同参与创造出的产品也更加容易获得消费者的青睐，因为这其中有消费者自己的产品思想、创意、智慧乃至劳动。对于宜家效应可以从 Marsh 等人于 2018 年发表的论文中得出解释，他们在论文中指出了消费者的创造与自我概念之间的联系。这种消费者参与产品设计、组装的宜家模式，能够带来消费者在心理上的主人翁意识（Sarstedt 等人，2017 年）。

政府在食品安全的监管中，应当发挥宜家效应，增加公众在监管中的参与度。从政府的一方监管转变为全面参与共同监督的食品安全多中心监管模式。这种方式不仅能够提升食品安全监管的能力，而且有助于提升公众的自我效能感。与此同时，因为是公众与政府等机构共同参与完成的食品安全监管，因此，也会增加公众对于政府进行食品安全监管难度的同理心，提升公众对政府食品安全监管水平的认可度。

此外，政府和企业在制定食品安全监管的政策与规则时，要积极运用宜家效应，吸引公众参与政策与规则的制定。政府和企业可以采用听证会、访谈和社会调查等方式广泛听取群众的意见，并在此基础上研究制定相关的制度法规。这种自下而上的决策方式，一方面会增加政府和企业获得更多事实、反馈的机会，为决策提供更好的佐证；另一方面，会增加民众对决策的认可度，提升民众对于政府监管的满意度。

6. 激励效应

任何经济行动都需要激励，激励是通过内在或外在条件，鼓励人类改变其行为的方式，激励可以帮助人们克服行为改变的障碍（Gneezy 等，2019）。激励分为内在激励和外在激励两种，外在激励中金钱是一种常用的激励方式，而内在激励的作用则往往被忽视和低估。注重引导和唤醒人们的内在驱动至关重要。

激励效应在食品安全生产中的应用——政府公开优秀食品企业白名单。食品企业的监管可以通过政府公开安全食品生产优秀企业白名单的方式，给企业品牌打造知名度和美誉度，激励其他食品企业模仿白名单示范企业，安全生产。同时企业需要引入竞争机制。企业的发展如果缺少竞争，就缺少内在的动力。引入竞争将有助于焕发企业自身的内在源动力。

5.2.7 消费者厌恶

1. 信息回避

在行为经济学的研究中，信息回避是指人类在信息获得中因为注意力不集中、对信息的解释有所偏颇（又称为"确认偏差"），乃至对信息的遗忘（Golman 等，2017）。如 Karlsson 等人于 2009 年发表的论文中提出"鸵鸟效应"。该效应指出，在股票市场出现股指下跌的情况下，投资者通常回避这一事实，不愿意认真审视自己的投资组合的现象。人类具有回避负面信息的心理本能。因此导致人类在决策中忽略掉潜在有用信息的可能性，特别是对于事情的处理失当以及带来更加严重的后果，比如由鸵鸟效应和信息回避而产生的问题食品生产以及经营企业不积极应对和着手处理问题的情况。在食品安全监管的情境中，当发生严重的食品安全事件时，食品企业的负责人会假装事情没有发生，不采取任何的应对行动，继续进行日常工作和生产。

政府应当积极引导出现食品安全问题的厂家和企业正视问题，及时采取应对措施，通过信息公开，报道最新动态。不积极应对只会让食品问题因为信息不对称，引起公众猜疑，媒体的偏见和两极分化，导致事态恶化，局面难以掌控。

2. 损失规避

卡尼曼和特沃斯基在研究中指出，人类对损失的痛感感知大于对获得收益的快感感知（Kahneman 和 Tversky，1979）。有实验研究成果显示，损失的痛感是同类收益带来快乐感受的两倍。损失厌恶是与前景理论相关的一个重要概念。在面临潜在损失时，为了避免损失的发生，人们更愿意铤而走险，乃至做出不诚实的举动（Schindler 和 Pfattheicher，2016）。损失厌恶已经被用来解释禀赋效应和沉没成本谬误，它也可能在现状偏见中发挥作用。损失厌恶能够解释从激励的效果而言，惩罚有时比奖励更有效（Gachter 等，2009）。人们的文化背景可能会影响他们对损失厌恶的程度（Wang 等，2017）

政府通过企业想保持荣誉称号的动机实现企业长期的安全生产和经营。政府可以正向激励安全生产和经营的食品企业和商家，通过颁发荣誉证和类似流动红旗的方式，激励企业持续生产经营安全合格的食品。当体验到企业的荣誉感以及产品知名度和美誉度给企业带来的良好的经济效益后，因为损失厌恶效应，企业不愿意失去已经获得的这些精神和物质上的奖励和收益，从而更加努力做到更好，走向良性循环，实现企业长期安全食品生产和经营的目标。

3. 交易效用

交易效用是由理查德·塞勒于 1985 年发表的文章中提出的,人们不仅从交易的产品价值中获得乐趣,同样会从交易的交流质量中获得乐趣,这是一种沟通和人际互动的体验的乐趣(Thaler,1985)。

交易效用可以提升消费者的购物体验,增加产品附加价值,提升企业的业绩。因此,作为基于互联网和移动手机等新媒体的食品电子商务平台,无论是生鲜电商还是外卖电商平台,都需要在人际互动和交易乐趣方面更加用心。基于交易效用的沟通和充满人情味的销售方式,将直接提升消费者的用户体验,提升用户的评价,并最终提升企业的销售业绩。

4. 自然分配效应

自然分配效应,是基于消费者的分区依赖,让人们倾向于根据类别均匀地选择商品。例如分成 N 类的食品,人们更喜欢在一组可能性上均匀地分配有限的资源,即各选 1/N 的分量。

政府在对公众食品健康与营养的消费倾向中,可以将资源进行分类,然后引导人们做出正确的选择。消费者的购买决策往往取决于商品选择架构人员的产品陈列和架构方式。例如,当销售人员把食物分为蔬菜、水果和热量高的食物(如汉堡、披萨等)三大类时,自然分配效应会引导消费者消费和购买更多的蔬菜和水果,即让消费者购买更多的健康食物而非不健康食物的食品,从而达到影响消费者购买决策的效果。通过把蔬菜水果放在更加便于拿到的与消费者视线水平的位置时,影响消费者的选择和采购倾向。

5. 乐观偏见

人们倾向于高估积极事件发生的可能性,低估负面事件发生的概率(Sharot,2011 年)。例如,人们可能低估了自己罹患癌症的风险和高估未来在就业市场上的成功。许多因素可以用来解释这种不现实的乐观,包括感觉到的控制和心情愉快(Helweg-Larsen 和 Shepperd,2001 年)。

乐观偏见会导致食品的生产经营企业高估安全性,并低估食品安全事件发生的可能性。针对这种倾向,企业应该具有防微杜渐的认知能力,根据 HACCP 体系,严格把控各个生产环节的风险点和安全性。HACCP 体系是

Hazard Analysis Critical Control Point 的英文缩写，表示危害分析的关键控制点。HACCP 体系是国际上共同认可和接受的食品安全保证体系，主要是对食品中微生物、化学和物理危害进行安全控制。国家标准 GB/T15091-1994《食品工业基本术语》对 HACCP 的定义为生产（加工）安全食品的一种控制手段，是对原料、关键生产工序及影响产品安全的人为因素进行分析，确定加工过程中的关键环节，建立、完善监控程序和监控标准，采取规范的纠正措施。

5.2.8 监管理论

1. 预先承诺

预先承诺是一种有效规范人们按照规定行事的方法。这起因于人类的心理状态，即人们倾向于保持稳定的自我一致的形象（Cialdini，2008）。为了调整未来的行为，保持一致最好是通过做出承诺来实现。因此，预设一个目标是实现积极变化的最常用的行为工具之一。在食品安全监督管理的过程中，激发被监管的生产经营企业的内驱力更加重要。作为监管者，应该引导企业，激发食品生产经营企业主动采取行动提升食品安全的自我管理能力和效能。

企业应拟定食品安全承诺书，设置食品安全企业专项责任人（通常是企业的负责人）。通过责任到人，运用专项责任人签署承诺书的方式，促进食品销售的重要变化，实现该产品的安全预期效果。

2. 监管焦点理论

监管焦点理论是由心理学的调节焦点引发的，该理论是指，人的动机包括希望获得快乐，而尽量回避痛苦（Florack 等人，2013 年；Higgins，1998 年）。人类通过以渴望为源动力取得成就和实现目标获得快乐，而通过以尽量警惕和规避危险和痛苦为源动力来自我保护。

政府和企业在食品安全的质量的监督管理中，可以运用监管焦点理论设计监管措施。根据人们趋利避害的心理倾向进行监管，从激励措施和惩罚措施两个维度设计监管的规则，增强食品质量安全的监管效果。发挥其食品安全风险管理的主体作用，以风险交流为手段，促进企业主动地完善食品安全监管措施，促进食品安全监管效果有效增强。政府以激励为手段的风险交流措施可以包括定期公布表彰优秀食品安全生产经营企业的白名单、发放荣誉证书等措施；政府以惩罚为手段的风险交流性措施包括定时公开发布不合格食品生产经营企业的黑名单，并督促其限期整顿改造。通过正向激励和负向惩戒，政府能运用企业负责人趋利避害的心理特征，积极加强食品安全质量管理制度的完善，实现食品生产经营企业质量安全的提升。

3. 社会规范

社会规范是一种行为准则。它通常是指他人对我们行为会产生影响，因为人们渴望得到社会的认可和接纳，更渴望被喜爱（Aronson 等人）。人们希望知道怎样的行为方式会得到社会的接纳以及他人的喜爱。受到上述动机驱动，人们希望寻求相对稳定的行为方式。这种相对稳定的信息能够给人们带来更加明确的目标，也增加人们的确定感，我们称其为"社会规范"。Cialdini 等人于 1999 年的研究显示，人们依照社会准则的行为方式能够带来被集体主义文化接纳的好处，社会准则的不足之处在于是一种信息影响（或称描述性规范），并可能导致羊群效应（Cialdini 等，1999）。

政府在食品安全监管中应该制定规范生产质量安全食品的行为准则，给企业带来广泛的社会认可度和业绩提升的正向影响。通过不断推进和强化安全食品生产的社会认可度，形成稳定的监管食品安全的社会规范。此外，政府应主导设计实施食品安全风险信息预警机制。构建和打造质量安全是企业生产经营成败的关键，政府可以通过各种媒体积极传播和交流潜在的风险信息点，及时发布可能出现风险信息的关键点，利用政府信息公开的权威性，通过公开、透明地推进食品安全风险交流预警信息的发布，更加高效地促进食品的质量安全的提升。

4. 现状偏见

现状偏见是由萨缪尔森和泽克豪斯于 1998 年提出的，是指人们倾向于依照惯性维持现状，这种惯性思维也会导致人们缺乏进行改变的内在驱动力（Samuelson 和 Zeckhauser，1988）。改变意味着成本，意味着风险，在损失厌恶和信息获得不全面等障碍的影响下，企业管理者会倾向于选择坚持现有的规则或管理者前期作出的决策。这是一种风险相对较小的决定。根据现状的变化进行必要的调整和改变，是企业能够适应变化，并在变化中生存下去的必然选择。然而，管理者倾向于规避改变所带来的风险和成本，在决策中选择不变，这即是现状偏见。选择职业经理人作为主要管理者的企业，企业管理者倾向于以不变应万变，因为所承担的责任与企业损失造成的后果不相匹配，导致企业管理者在决策中缺乏改变现状的必要的勇气。

当决策者的每一个决策都与自身的身家密切相关时，管理者会在决策中更加愿意为企业长久高效的发展选择改变和面对改变所带来的风险和成本。这个问题可以通过芬兰诺基亚公司和韩国三星公司的真实案例得到很好的诠释：在同样面对发展困境和生存危机时，诺基亚轰然倒塌，而三星却能绝处逢生。这其中最重要的原因就是诺基亚采用的是职业经理人制，即使企业倒闭也可以继续去其他企业另谋高就；相反，三星是一家家族企业，企业的倒闭就是家族基业的倒闭，由此带来的企业决策和顽强生存下去的意愿可谓天差地别，结果自然也会截然不同。当然，三星走出困境的原因有很多，这里只是针对现状偏见进行讨论。

5. 胜利者的诅咒

1998 年理查德·塞勒在其发表的论文《反常：赢家的诅咒》中首次指出，在学生中做拍卖一罐硬币的实验，结果拍卖的最终价格远高于硬币的实际价值。按照传统经济学的理性人假设，人们能够大致估算出一罐硬币的最高价值，按照这个推断，人类就不会花超出这一罐硬币的钱赢得拍卖。然而拍卖实验结果恰恰很好地诠释了行为经济学中人类有限理性的假设。这与人类的认知偏差和不完全信息有关。在想赢怕输的情况下，人们会高估商品的实际价值，做出非理性决策，从而蒙受经济损失。

胜利者的诅咒在食品产业领域典型的问题表现在，企业为了在竞争中最终胜出，往往会从食品的口感上下功夫，从而造成食品生产企业过量使用食品添加剂而忽视了食品的营养价值和质量安全。由此会产生食品质量安全问题，并会威胁消费者的身心健康。同时，根据劣币驱逐良币的解释，消费者在信息不对称的情况下会从口感和价格上进行挑选，消费者会在购买决策中考虑买既好吃又便宜的食品。事实上，恰恰是没有更多食品添加剂的食品采用真材实料，并对于消费者的营养和健康有利。当越来越多的消费者了解到健康饮食的重要性以后，他们会改变购买行为，这使得那些通过过量使用食品添加剂而在短时间竞争中取胜的企业，在长期的竞争中面临倒闭的风险，即企业会面临胜利者的诅咒。

　　一方面，政府需要加强对消费者食品安全与食品营养的教育，打破信息不对称，给短视的企业一定的心理压力；另一方面，政府要通过信息公开的方式，奖励优秀的安全食品的生产企业，让生产货真价实的合格食品的企业能够在市场竞争中获得正向业绩反馈，积累声誉，打破在食品生产业界胜利者的诅咒。

情景篇

第6章 中国进出口食品中添加剂质量监管

随着食品工业的发展，中国食品添加剂在创新中不断前进，食品添加剂的种类也愈加繁多。生产企业为食品合理增添食品添加剂，不仅可以改善食品的色、香、味和品质，还可以防腐保鲜。然而，近年来国内外频频爆出由于滥用食品添加剂导致的食品安全事件。滥用食品添加剂现象不但对国民的身体健康造成诸多不良影响，也给中国食品进出口领域造成一定的冲击。因此，为了保障中国国民的身体健康、降低国外关于食品添加剂频繁且多样的技术性贸易措施对中国食品贸易的影响，完善中国对进出口食品中食品添加剂的监管刻不容缓。

6.1 概念的界定

参照《中华人民共和国食品卫生法》第54条、《食品添加剂卫生管理办法》第28条、《食品营养强化剂卫生管理办法》第2条、《中华人民共和国食品安全法》第99条对食品添加剂的定义，可对食品添加剂做出如下定义：食品添加剂是指以改变食品外在和内在（颜色、气味、品质等）为目的，或以改变食品防腐保鲜程度为目的，在食品中加入的上述所需的天然及人工合成物质。

世界贸易组织（WTO）对技术性贸易壁垒（TBT）做出以下定义：技术性贸易壁垒指的是国际贸易中商品进出口国在实施贸易进口管制时通过颁布法律、法令、条例、规定，建立认证制度、技术标准、检验制度等方式，对外国出口产品制定过分严格的技术标准，卫生检疫标准，商品包装和标签标准，从而提高进口产品的技术要求，增加进口难度，最终达到限制进口的目的的一种非关税壁垒措施。因此笔者认为，技术性贸易壁垒是指在国际贸易中，进口国出于保障国家安全、国家人民的身心健康，保护本国生态环境和产业经济等目的，对出口国的产品采取技术法规、技术标准、合格评定程序、产品检验检疫等一系列严格的技术性措施。由于这些措施会在国际贸易中对商品的自由流动产生影响，如果这种影响对出口国造成障碍，那么这种技术性贸易措施对于出口国形成的壁垒即为技术性贸易壁垒。

6.2 中国进出口食品中添加剂质量安全存在的问题及原因

关于中国进出口食品中添加剂问题的描述及部分问题原因分析，作者首先从进口与出口两个角度进行数据的搜索和整合，将这些数据以产品类型、具体食品添加剂种类、产地作为三个主要变量进行比较分析。归纳总结中国在食品进出口过程中遇到的与不合格食品添加剂有关的问题。具体内容如下：

6.2.1 中国进口食品中添加剂质量安全存在的问题

根据进出口食品安全信息平台统计，2014 年至 2018 年中国累计拒绝进口 18985 批不合格食品。如图 6-1 所示，在这些不合格食品中，因"不合格食品添加剂"和"非法添加"造成食品不合格的批次共占不合格批次总数的 17.7%，在所有不合格原因中占比最高，是影响中国进口外国食品的重要影响因素。

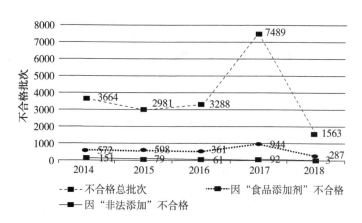

图 6-1 2014-2018 年中国进口食品不合格批次

数据来源：进出口食品安全信息平台。

首先，将以上因"不合格食品添加剂"和"非法添加"的拒绝进口批次以产品类型进行分类。如图 6-2 所示，在这些不合格食品中，饮料、糕点以及糖果和巧克力制品因存在食品添加剂不合格现象被中国拒绝进口的批次数最多。

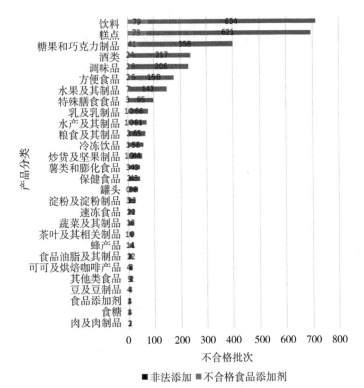

图 6-2 2014-2018 年进口食品因食品添加剂不合格的产品分类统计

数据来源：进出口食品安全信息平台。

其次，将因"不合格食品添加剂"和"非法添加"被中国拒绝进口的食品以具体不合格的食品添加剂进行统计。由图 6-3 我们可以看出，目前中国拒绝进口食品中不合格原因频率最高的三个食品添加剂分别是苯甲酸及其盐、山梨酸及其盐、二氧化硫。综合来看，不合格的食品着色剂也成为主要的不合格因素。色彩纷繁的食品为了提高食品的美观性会添加大量色素添加剂，而这些添加剂的过量使用或非法添加会对人体造成伤害，所以国家需要对其严格要求。

结合图 6-1 反映出的问题来看，饮料、糕点以及糖果和巧克力制品都存在一个共性的问题——色彩丰富，这与图 6-2 反映出的现象得到了对应。笔者认为，最主要的原因是中国与贸易出口国对食品着色剂的使用标准存在较大差异，后文将针对这个问题进行详细分析。

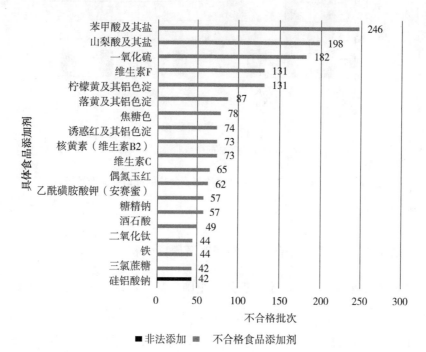

图 6-3　2014-2018 年拒绝进口食品所含具体食品添加剂不合格统计

数据来源：进出口食品安全信息平台。

最后，将因"不合格食品添加剂"和"非法添加"被拒绝进口的食品按其产地进行比较。根据图 6-4 可以得出，这些因为食品添加剂问题被中国拒绝进口的食品大部分来自于中国台湾、美国以及日本。

但这些数据尚不能直接表明进口这些国家 / 地区食品的风险比其他国家 / 地区高，因为中国台湾地区、美国和日本都是中国的主要进口国家 / 地区，进口数量较其他国家 / 地区高，即使进口风险比其他国家 / 地区低，拒绝进口的不合格食品批次相较于其他国家 / 地区可能也会高。相反，可能存在某些国家 / 地区的食品被中国拒绝进口的批次少，但实际进口风险较高的现象。对于这些国家/地区进口风险的确定值得进一步深入研究探讨。

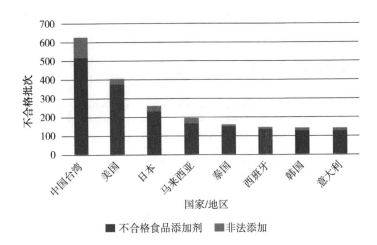

图6-4　2014-2018年因食品添加剂不合格的进口食品产地统计

数据来源：进出口食品安全信息平台。

6.2.2 中国出口食品中的添加剂问题及原因分析

据中经网数据库统计显示，近几年中国食品及活动物出口额呈稳步上升趋势，2018年出口额达到654.71亿美元。食品出口现状虽然较为良好，但在出口过程中大量因食品添加剂不合格被进口国拒绝进口的问题仍不容忽视。

与上文对中国进口食品中食品添加剂问题研究的方法类似，作者首先对中国五个主要出口国家/地区2012-2018年因食品添加剂不合格的对华预警总数进行了统计。

首先，如图6-5所示，在食品添加剂使用不合格问题上，近年日本和韩国对中国拒绝进口的批次较多。这可能是因为日韩两国对食品添加剂的进口标准较为严格，对中国出口商品在一定程度上形成了技术性贸易壁垒。

其次，这些国家/地区因为"非法添加"拒绝进口中国食品的批次统计。由图6-6可以看出，从2012年至2018年，美国在"非法添加"问题上对中国的预警最为频繁，日本、韩国的对华预警数不高。这是因为美国与日韩对进口食品中添加剂的标准侧重点不同。例如，日本虽然对食品中添加剂的使用量的要求十分严格，但是可允许使用的食品添加剂种类十分多；相对而言，美国 FDA 允许使用的食品添加剂种类不如日本多，且这些食品添加剂被允许使用的范围不如日本广泛，造成许多食品添加剂对于美国 FDA 的标准来说不是过量使用或含量不达标的问题，而是根本不被允许使用于某些食品中。因此比较来看，美国因"非法添加"问题而拒绝中国食品进口的批次数量较高。

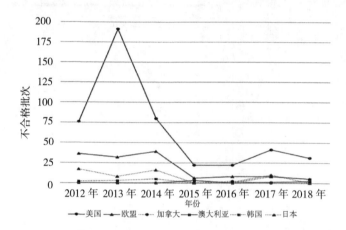

图 6-5　2012–2018 年中国主要出口国 / 地区因不合格"食品添加剂"对华预警总数统计

数据来源：进出口食品安全信息平台。

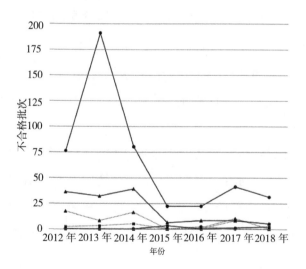

图 6-6　2012–2018 年中国主要出口国 / 地区因"非法添加"对华预警总数统计

数据来源：进出口食品安全信息平台。

本文挑选中国主要出口国之一的美国为例,将美国因"不合格食品添加剂"和"非法添加"对华预警的所有批次食品进行具体分析。

如图 6-7 所示,近几年中国在对美国出口食品时,因三聚氰胺、色素添加剂和甜蜜素被美国 FDA 拒绝进口的食品数量居高。

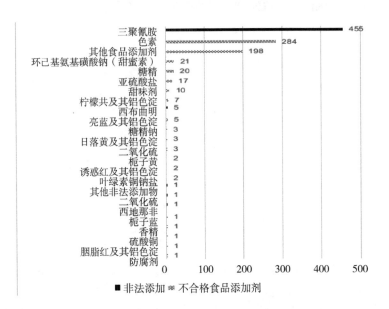

图 6-7　2012–2018 年中国出口美国食品部分食品添加剂不合格批次

数据来源:进出口食品安全信息平台。

由图 6-8 所反映的信息来看,糕点、水果及其制品、水产及其制品、糖果和巧克力制品属于出口美国的高风险产品,分别占比 29.52%、14.56%、12.03%、8.80%。

综合来看,因甜蜜素、糖精、糖精钠被 FDA 拒绝进口的产品几乎全部来自自于这三类产品——水果及其制品、糕点、糖果和巧克力制品。284 批因色素添加剂问题被拒绝进口的食品中,也有高达 195 批来自于这三类产品。由此可见,这些口感较甜、色彩丰富的食品是中国对美国出口时的高风险产品。

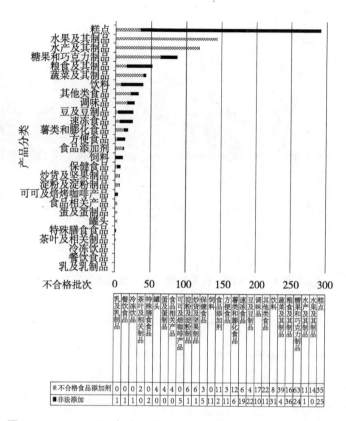

图 6-8　2012-2018 年中国出口美国不合格食品产品分类

数据来源：进出口食品安全信息平台。

	乳及乳制品	餐饮食品	冷冻饮品	茶叶及相关制品	特殊膳食食品	罐头	蛋及蛋制品	食品相关产品	可可及焙咖啡制品	淀粉及淀粉制品	炒货及坚果制品	保健食品	饲料	食品添加剂	方便食品	薯类和膨化食品	速冻食品	豆及豆制品	调味类食品	其他食品	饮料及其制品	蔬菜及其制品	粮食及其制品	糖果和巧克力制品	水产及其制品	水果及其制品	糕点
※不合格食品添加剂	0	0	0	2	0	4	4	4	0	6	6	3	0	11	3	12	6	4	17	22	8	39	166	63	11	14	35
■非法添加	1	1	1	0	2	0	0	0	5	1	1	5	11	2	11	6	19	22	10	11	31	4	36	24	1	0	25

6.3 中国进出口食品中添加剂监管问题概述

如图 6-9 所示，作者将中国在进出口时对食品添加剂的监管分为四大部分，分别为进出口监管部门、相关技术标准、具体监管措施、监管措施保障机制。四者相互协调、共同作用，保障着中国进出口食品中食品添加剂的安全添加。但在具体运行过程中也存在着一定的问题。下文将对这些方面中存在的主要问题进行阐释。

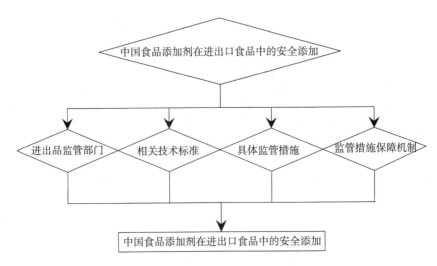

图 6-9　中国进行国际贸易时对食品添加剂监管的框架

6.3.1 食品添加剂监管部门职能划分不清晰

在 2018 年国务院机构改革中，中国将原本质检总局下属的出入境检验检疫管理职能划入到海关总署中。此外，部分省市开始开展"三合一"行动，将原国家质量监督检验检疫总局、国家食品药品监督管理局及国家工商行政管理总局合并为一个新的部门——国家市场监督管理总局，由此形成当前中国多主体分段式的进出口监管模式。

因为此阶段进出口食品的监管工作从中央到地方在短期内都发生了很大改变，所以新旧监管部门之间的交接存在很多需要协调的地方。除此之外，在这些监管职能调整后，能够在实际进出口监管中参与到食品添加剂监管的部门仍较多，对于食品中添加剂的生产、加工、流通、消费等环节分别由不同部门进行分段监管，职能的划分存在部分重合。这种职能的重合交叉不仅浪费了有限的监管资源，也导致监管不能有效快速进行，容易出现进出口时某一环节监管空白和相关部门互相推诿责任的现象。

6.3.2 相关进出口技术标准有待完善与更新

第一，存在无检测标准的食品添加剂，进出口监管时缺少具体参照。由于发生了关于三聚氰胺的重大安全事故，中国自 2008 年开始专项整治打击违法添加非食用物质和滥用食品添加剂的企业。国家专项整治领导小组先后发布了六批《食品中可能违法添加的非食用物质和易滥用的食品添加剂名单》，这中间涉及到 69 种非法添加剂。而这 69 种非法添加剂中约一半的添加剂缺乏其对应的检验检测标准，进而导致后期对进出口食品抽样检验工作来说困难加倍。

第二，食品添加剂的使用标准与产品贸易国 / 地区存在较大差异。食品添加剂的使用品种、范围和使用量差别是影响贸易国之间进行食品贸易的重要因素。就是对同一种允许使用的食品添加剂，中国与其他国家 / 地区在使用范围及安全要求方面也有一定差别。以中国和欧亚联盟对于着色剂的不同规定为例，比较中国和欧亚联盟所允许使用的着色剂，中国列入的允许使用着色剂共 78 种，欧亚联盟列入的允许使用着色剂共 41 种。其中很多中国批准使用的着色剂被欧亚联盟限制使用，包括栀子黄、栀子蓝、茶绿色素、茶黄色素、番茄红等。其他国家 / 地区也有类似情况，如在饼干、膨化食品中添加铝、在饼干中使用色素柠檬黄、诱惑红（中国国家标准虽然允许添加柠檬黄、诱惑红，但使用范围不包括饼干）等。这种使用标准的差异使中国食品在出口时受到输入国相关技术性贸易措施的影响。

第三，技术标准修订不及时，不能适应国际贸易新形势。目前中国唯一一个现行有效的，对进出口食品中添加剂的使用标准等具有强制性的 GB 2760《食品安全国家标准 食品添加剂使用标准》已经是 2014 年颁布并开始使用的，距今已有六年之久。目前现行有效的 SN/T 3257《出口食品添加剂生产企业 HACCP 应用指南》所参照的食品添加剂使用标准也是 GB 2760。在这六年间，世界各国食品工业发展迅速，创新科研成果众多，并且对某些添加剂的使用标准进行了修订。虽然中国在此之间于 2016 年和 2018 年对进行了部分补充，但现行的食品添加剂使用标准依然很难适应国际食品添加剂发展潮流，导致中国标准不能及时与国际标准接轨，出现技术性贸易壁垒。其结果就是中国食品因食品添加剂问题出口受阻。

第四，存在部分国家标准与地方标准不统一的现象。中国于 2014 年发布的 GB 2760《食品安全国家标准 食品添加剂使用标准》强制规定了食品添加剂使用品种与数量的使用标准。但在原卫计委公告明确之前，各省出台的地方标准也有一定合理性。所以，对原来地方标准中与国家标准有冲突的规定应自行废止，相关监管部门也应当及时发布通报对标准的变更情况进行说明，否则即便及时更新了国家标准，但在地方生产过程中没有得到很好的落实，生产企业依然按照地方标准进行生产后出口，很有可能因达不到进口国／地区的标准被拒。

6.3.3 进出口食品抽查制度力度有待加强

目前，中国实行的检查和抽样检验制度是指由县级以上人民政府食品药品监督管理部门对食品进行定期或者不定期的检查和抽样检验。但由于监管部门人力有限，食品添加剂的种类繁多，使用范围又极其广泛，所以抽样检验的数量极为有限，监管效果并不理想。根据中国《食品安全国家标准 食品添加剂使用标准》界定，许多进口食品中包含的食品添加剂，或是直接有害于人体，或是有致病风险，均是中国禁止或限量添加使用的。如果这些食品没被抽查到，就可能导致大批量的具有食品添加剂问题的进口食品在中国市场流通，成为中国进口食品安全领域的隐患和风险。

6.3.4 风险预警对于食品添加剂监管的保障力度尚弱

第一，政府风险预警不到位，消费者对进口食品存在认知误区。中国消费者目前对于进口食品中添加剂有一大思想误区，即认为进口食品的品质更好，所以其中的食品添加剂使用更为安全。但基于作者对实际情况的分析发现，即便是外国出口到中国的一些知名品牌也会存在使用食品添加剂不合格的现象，例如美国雀某品牌多个产品出现超范围使用硫酸锰的葡萄糖酸铜等食品添加剂、澳大利亚百某某品牌夏威夷果稀奶油超范围使用山梨酸钾、美国吉某某品牌糖豆超量使用咖啡因、日本宅某品牌无核梅干超量使用阿斯巴甜添加剂等等。

第二，某些日常用品的风险预警力度较弱。由国务院食品药品监督管理部门统一发布的大多是宏观层面和重大食品添加剂安全事故的信息，对于寻常百姓经常使用的食品类型及品牌的食品安全信息比较少。例如中国出入境检验检疫部门曾通过检测进口食品成分，发现了多个中国消费者青睐的食品品牌都存在不合格食品添加剂，这些品牌的风险预警力度与品牌知名度呈正相关。但存在许多小众品牌在中国颇受欢迎，即便中国消费者购买的频率很高，但是这些品牌却得不到相应的高力度风险预警的现象。

6.4 美国食品药品管理局有关食品添加剂进口监管的经验借鉴

美国可以说是国际公认的，对食品安全监管十分严格与科学的国家之一。作为头号发达国家，美国本身对食品添加剂监管的概念形成比较早，经过长年的积累和发展，如今已经形成十分成熟、适合自身发展情况的进出口食品的食品添加剂监管体系。目前，美国对食品中添加剂的安全监管分别由美国食品药品管理局（FDA）、农业部（USDA）、酒精和烟草税务贸易局（TTB）以及食品香料和萃取物制造者协会（FEMA）负责。在实际监管方面，FDA 的作用尤为突出，因为它直接负责了食品添加剂违法使用的监督与执法。下文主要对 FDA 在对食品中添加剂监管方式中的优势进行经验借鉴。

6.4.1 有效分配资源，重点监管食品添加剂高风险领域

由于食品添加剂种类繁多，使用范围广泛，国家在食品添加剂监管方面的人力、物力、财力投入有限。如何在严格技术标准的前提下将有限的资源进行合理分配以达到最大效能，是一个十分重要问题。美国 FDA 通过对进口食品拒绝数据的整合，将这些进口食品按照国别、产品分类等进行分析，划分进口食品风险等级。这样可以向高风险领域投入较多资源，对低风险领域投入较少资源，达到一种资源利用的平衡。同时有针对性地加强高风险领域的监管措施改革，提高自身的监管水平。除此之外，FDA 还通过实施自愿性

合格进口商项目（VQIP）、与他国达成体系互认协议等措施节约对符合美国进口标准的食品的监管资源，将这些监管资源倾斜到进口高风险领域之中。

6.4.2 对检查员进行严格的理论与实践相结合的培训

美国的食品添加剂检查员需要经过严格培训才可以参与执法。这些食品添加剂检查员首先要在两年内完成全部理论培训课程。这些培训课程范围十分广泛，从相关法律法规、公共健康原则、危机管理、沟通技巧，到HACCP、过敏原管理、食品标签、食品防护意识、采样技巧等11个方面的课程。其次，在完成理论培训基础上，必须完成最低限度的实践训练后，才能对相关生产企业和仓库进行独立的检查。而且之后还要在三年内继续接受食品添加剂安全教育。食品添加剂本身就是一个专业性极强的领域，检测标准与检测方法都需要很强的专业知识和很高的操作水平。美国这样的培训方式十分有效地确保了培训的深度和广度，全面提升了检查员的工作水平，为进出口食品中添加剂监管过程中规范执法行为、提高执法水平都打下了坚实基础。

6.4.3 重视进出口监管科研活动，定期推出创新战略

FDA对监管科学研究活动十分看重，会定期推出全局层面战略规划，对FDA监管科学研究工作进行顶层设计。FDA定期提出相关战略重点与大的目标，再对大的目标进一步提出小的分目标，层层递进，确保每一步战略能够有效实施。其中监管科学研究的新方向是FDA开展工作的关键，食品添加剂相关研究中心可以据此结合工作职责制定自己的研究计划，再围绕自身的工作重点，积极开展监管科学研究和创新。

6.4.4 召回不安全食品迅速有效，尽可能减小损失

在食品中过量添加食品添加剂或是添加根本不被允许使用的食品添加剂会对使用者的健康产生多种损伤，甚至危及使用者生命安全，所以及时召回不安全的进口/出口食品十分重要，它体现着一个国家的风险应对速度，迅速有效地召回已出口不安全食品可以提升一个国家在国家层面上的信任度。美

国的不安全食品召回制度本身不仅有一套健全的法律法规作为支撑，而且确立了连接十分流畅的各个监管部门作为指导，更是有一套较为成熟的召回程序来保证召回行动的顺利进行。事实上，不安全食品召回的过程也是一个信息共享的机会，由此各国／地区可以做好准备以应对不安全的进口／出口食品。

6.5 中国进出口食品中添加剂监管对策建议

6.5.1 硬性监管对策建议

1. 推动与其他国家的体系互认和相关国际证书认证

世界进出口食品贸易的各个国家都存在许多关于食品添加剂好恶的不同，这些不同导致了他们对食品添加剂监管标准的不同。两个不同国家／地区间的体系互认是其中一种建立伙伴关系的合作机制，是两个食品安全管辖机构之间的执法合作。通过体系互认，中国可以依靠其他国家食品安全体系和监管活动来提供中国监管部门认为水平类似的公众健康保护。这样一来，中国相关监管部门便可以将有限的进出口监管资源投入到食品添加剂高风险领域上。

推动国际证书认证是一种变相的体系互认，如果一批出口产品获得了其他国家认可的国际认证证书，就代表这批产品符合此进口国的进口监管标准，得以顺利出口。以某些穆斯林国家为例，由于其宗教信仰强烈，在某些食品领域是拒绝进口没有清真认证（Halal 认证）证书的食品的，即使这些食品符合其国家食品添加剂标准。这些通过认证的食品对食品添加剂的要求十分严苛，其中不可含乳化剂、脱模剂、动物性添加剂、防腐剂等一系列添加剂。中国目前虽然已有 Halal 认证机构，但只有少数企业的产品进行了认证。因此政府应该发挥作用，鼓励目标出口国为相关国家的企业进行此类国际认证，尽量避免因缺少国际认证证书而向穆斯林国家出口受阻的情况，扩大中国出口的食品种类和食品数量。

2. 划分进／出口食品存在不合格食品添加剂的高风险领域，进行重点监管

明确食品中过量／违规食品添加剂所带来的相对风险，并对减轻这一系列风险的不同措施可能产生的影响进行深入了解，是中国进行相关政策决策

有效实施的技术依据。为此，中国应该向美国 FDA 借鉴经验，不断探索与开发相关数学模型来模拟食品添加剂安全问题，评估和量化特定的食品添加剂安全风险。随着食品添加剂的危害和剂量反应数据等的更新以及中国建模技术的进步，相关部门应不断改善风险评估、排序的模型及工具来提高模型的稳定性。中国应以国内大宗消费食品、易含不合格食品添加剂的甜食等重点食品为对象，进一步将风险进行比较并排列出优先级别，进／出口高风险领域可以根据产品类别、进口国别／地区、具体食品添加剂等进行多方面划分。相关监管部门便可由此确定和实施有效的风险管理策略和监管资源配置，将监管资源倾斜到高风险产品上，最有效率地利用有限的监管资源，形成合理的抽查体系。这样一方面可降低进口食品中食品添加剂对中国国民健康造成危害的可能性，另一方面可以降低外国实施食品添加剂的技术性贸易措施对中国的影响。

从进口方面而言，以产品类别划分中国需要加强对饮料、糕点、糖果和巧克力制品的进口监管。以具体食品添加剂划分，需要加强对苯甲酸及其盐、山梨酸及其盐、二氧化硫以及某些着色剂的进口监管；从出口方面而言，高风险领域划分需要根据不同国家／地区进行差异化划分，比如对美国需要以产品分类划分。中国出口监管部门需要加强对水果及其制品、糕点、糖果和巧克力制品的出口监管。以具体食品添加剂划分，需要加强对三聚氰胺、部分色素添加剂和甜蜜素的出口监管。

3. 定期修改并完善食品添加剂的技术标准，与国际接轨，与时代接轨

首先，国家应规定三至五年更新一次中国食品添加剂使用标准，并随时对某些特定的食品添加剂技术标准进行补充。食品添加剂使用标准作为一个国家标准，虽然需要与时俱进，但也不宜频繁更新，造成混乱，每次更新与补充可以经各方专家部门讨论通过。同时在此基础上需要配套的检查人员培训定期开展。食品添加剂本身就种类繁多且使用范围广泛，相较于其他产品检查难度大，不同的检测方法对检查员的要求不同。借鉴 FDA 理论与实践相结合的培训可以帮助检查员尽快学会更新的检测方法，对于新修改使用标准的食品添加剂进行及时有效的进出口监管，尽量避免国内外生产企业钻空子

的现象。

其次，通过对比其他国家／地区对食品添加剂的技术标准规定，结合前文所述中国食品进出口现状，建议尽量禁止或减少某些合成色素添加剂和一些不必要的甜味剂的应用。

再次，在国家规定的使用标准中，关于食品添加剂使用量的表述方式应尽量与国际上其他国家／地区标准保持一致。尽量避免在技术标准解读时的失误，减轻进出口食品中食品添加剂检测的工作量。例如对磷酸盐的计量方式应以磷为单位。

4. 建立网络进出口食品监管平台，对高风险食品添加剂实施有效监管

随着网络交易的迅速发展，中国消费者十分喜欢网购各种国外进口食品，其中包括与中国来说进口风险较高的糕点、糖果和巧克力等等。目前外国食品网络销售发展程度与中国存在一些差距，准入门槛较低，不合格食品混杂其中，导致这些食品更容易出现非法添加不合格添加剂的问题。于是网络便成为整个进出口食品监管的薄弱地带，是食品添加剂监管的新盲区。国家应进一步强化网络食品添加剂的立法工作，建立网络进出口食品监管平台，进行专门治理，更好地打击网络上的违法添加食品添加剂的行为。如此一来，中国消费者便可以尽量购买到品质合格的进口食品，国内生产企业也可以得到对应的监管，提升自身产品品质，顺利出口。

5. 针对频繁出现食品添加剂不合格的外国企业设立"黑名单"制度

对于一些屡次因食品添加剂不符合中国食品添加剂使用标准被中国拒绝进口的企业，相关进口监管部门可以设立一个进口企业"黑名单"，规定这些企业的这些类食品于一定期限内不可出口到中国。此举可以有效降低不合格产品进入中国消费者手中的概率，节省部分监管资源到高风险领域的食品上，保护中国消费者的食品安全。

6.5.2 软性监管对策建议

1. 食品添加剂监管战略小组定期推出和调整进出口监管战略

国家可以拟成立食品添加剂监管战略小组，对食品添加剂的监管策略进

行专项研究。战略小组可以通过中国与不同国家／地区进出口食品中与食品添加剂相关问题的研究分析，定期发布与进出口食品中食品添加剂监管有关的监管策略，从总体目标到具体分目标，一步一步下放到职能相关的具体监管部门。此举不仅可以及时、有效地解决在这一时间段内中国进出口在食品添加剂方面的问题，还可以避免监管职能的错位、职能重叠监管部门间的责任推诿。

2. 加强政府、企业、消费者之间对食品添加剂的风险交流及其效果评估

监管部门首先需要加大进出口食品中食品添加剂相关的风险预警力度，增强公众理解度。从进口方面来看，调查显示中国消费者对于食品添加剂的认知程度尚浅，又形成对进口食品中食品添加剂的使用过分信任的风气，此种情况十分需要监管部门进行有效引导。从出口方面来看，不合格食品信息的有效披露以及食品添加剂监管全过程信息的定时定期发布，可以有效推动出口食品生产企业的自律和规范。其次，政府在强化风险预警制度时还需要注重企业和消费者的反馈。监管部门可以定期进行食品添加剂安全的调查问卷，对生产企业和消费者对这些预警的感知力以及理解度进行调查，进行效果评估，找到自身的不足后有针对性地对风险预警机制进行完善。

3. 提高信息及风险交流媒介的使用率，保持媒体对进出口食品的中立性

相关负责人提高进出口食品安全信息平台的使用形式的多样性。目前中国已经建立进出口食品安全信息平台，但平台的功能并没有得到充分地利用。针对这种情况，平台运营部门可以将其转化为微信小程序等形式，在国家生活类公众号定期发布以食品添加剂为专题的小文章，提高平台的曝光率和利用率。

强化媒体的监管作用，进行正确有效的舆论监督。媒体作为一个重要的监管媒介，需要平等对待进出口中与食品添加剂有关的安全问题，既不能过分夸大也不能隐瞒。无论是传统媒体（新闻、报纸等）还是新媒体（微博、微信公众号等）都应以自身的力量引导消费者对食品添加剂形成正确的观念，引导出口生产企业规范自身的产品质量，形成良好的品牌形象，促进产品的出口。

4. 加强相关监管部门的合作交流，沟通协作机制覆盖进出口全过程

依据当前中国进出口食品监管部门的多主体分段式监管模式，国家必须加强海关、进出口检验检疫部门、市场监督管理部门等相关监管主体间的沟通与协调，建立部门协作执法信息网络，积极地开展食品添加剂监管的综合治理，增强各部门之间的合作力度。

进口监管部门之间的沟通协作机制需要覆盖到进口食品从国外采购到中国消费者手上的全过程，包括市场监管、检验检疫、追溯召回等环节。而出口监管部门之间的沟通协作机制必须覆盖出口食品从企业生产到外国消费者手上的全过程。这个机制尤其要加强部门之间的信息沟通能力，实现进出口食品监管信息的共享，在任何环节检验时，相关执法部门都能快速有效地搜索到待检商品的全部信息，作出迅速有效的反应。如果后期检测到已出口食品存在食品添加剂安全隐患，也可以流畅迅速地完成不合格食品的召回程序，减小损失。

5. 在政府引导下，最大限度发挥出口企业的自主性

为了促进中国食品出口贸易，政府相关部门及行业协会应加大对出口相关食品生产经营行业的帮扶力度。政府监管部门应及时收集、研究并发布国际上关于食品添加剂安全性评估、允许进口和使用的食品添加剂类别目录等内容的技术法规，帮助出口企业掌握出口食品时对食品添加剂的技术规范要求。针对不同国家/地区对不同食品中的食品添加剂成分含量及使用范围等，在与中国标准法规要求不一致时，应该选择性地开展产品出口贸易，最大程度地避免因食品添加剂使用标准不同造成的被目标出口国拒绝进口现象。

结语

中国对进出口食品中食品添加剂监管的完善可以从硬性监管约束与软性监管约束两方面进行。

首先，从硬性监管对策完善来看。在整个食品进出口有关食品添加剂的监管资源分配上，中国可以通过划分进/出口高风险领域、促进与其他国家/地区进行体系互认、推动国际证书认证、针对频繁出现食品添加剂不合格的

企业设立"黑名单"。在相关技术标准方面，中国需要定期修改并完善中国食品添加剂的技术标准，使其及时与国际标准接轨，促进中国食品的顺利出口以及避免食品添加剂不合格食品的进入。中国可以建立网络进出口食品监管平台，对网络跨境销售中准入门槛低、易含有不合格食品添加剂的进出口食品进行有效监管，尽量避免食品添加剂不合格食品流入到中国市场上，也避免不合格食品的流出。

　　其次，从软性监管对策完善来看。在大的战略领导方面，中国可以拟成立食品添加剂监管战略小组，专门对食品添加剂的监管策略进行研究。在如何保障监管工作高效进行问题上，中国应加强各利益相关主体的信息交流，不仅要加强政府、企业与消费者之间的信息以及风险交流及反馈，还要加强各相关监管部门之间的协作。除此之外，国家还要提高风险交流平台的使用率，确保新闻媒体发布的文章内容的准确性。最后，政府需要对相关出口企业进行有效地引导，为这些企业提供更多其他国家／地区食品添加剂技术标准信息，引导出口企业结合自身产品的成分选择国别开展出口贸易。

第7章 网络餐饮平台的食品安全风险交流

新媒体的兴起促进了网络餐饮平台的快速发展，外卖正逐步改变着人们的生活方式。同时，外卖食品的安全问题亦亟需引起人们的注意。有效的食品安全风险管理，特别是针对外卖食品风险的交流能够避免公众与企业和政府之间产生信任危机。目前，国内网络餐饮平台外卖食品的安全监管存在重视程度不足、食品风险信息单向传播、平台与消费者的沟通不及时，安全问题处理缺乏有效性等问题。借助新媒体的力量进行全面、有效、互动性的外卖食品风险信息交流，是政府和企业构建网络餐饮平台"多中心"联动食品安全风险管理制度的有效途径。这将有利于消费者行使对外卖食品安全的知情权、参与权、监督权等基本权利，促进网络餐饮行业健康发展。

7.1 中国网络餐饮平台发展现状及问题

7.1.1 中国网络餐饮平台发展的现状

2018年，中国的外卖用户规模达到3.58亿人。2019年，中国的外卖用户规模达到约4亿人。网络餐饮平台的外卖食品购买具有如下特征：一方面，网络餐饮平台具有独有的大数据优势，线上购买外卖食品便捷高效，有口味偏好、外卖用户评价等消费者反馈数据；同时，线上外卖同样具备线下餐馆的体验优势，消费者可以事前了解到其他消费者对外卖食品的味道、卫生等体验的评价和反馈，打破先购物后感知评价商品的购物体验模式。另一方面，在网络餐饮平台订餐，由于缺乏触、听、嗅、尝等感官体验机会，消费者很难对食品的安全性作出判断。再加上外卖食品安全事件时有发生，引起消费者的严重不满，使消费者与平台之间产生信任危机。低效率的食品安全风险交流不仅不能解决食品安全事件本身的风险问题，长此以往还会影响外卖平台以及政府在消费者心中的形象，产生严重的信任危机。

7.1.2 实现外卖食品安全社会共治目标，需要"多中心"联动制度

党的十九大报告从推进制度建设的角度提出打造共建共治共享的社会治理格局的思路和要求。报告强调指出，要积极建设一个政府负责、社会协同、公众参与、法治保障的社会治理体制。自 2015 年中国新颁布的《食品安全法》以来，以"社会共治"原则的提出为起点，中国的食品安全开始从政府管制模式转变为政府治理模式。政府需要构建"多中心"联动的食品安全利益相关者共同参与的食品安全风险交流制度，发挥社会各界力量，实现政府、网络餐饮平台、餐饮企业及消费者共同治理的目标。

7.2 构建网络餐饮平台食品安全风险交流体系的必要性

网络餐饮平台虽然目前发展规模较大、速度较快，但缺少完整有效的食品安全风险交流体系。食品安全风险交流工作相关利益方参与性不足，平台、商家、消费者都存在对食品安全风险交流工作重视严重不足的问题。具体表现为以下四个方面：

7.2.1 平台商家对风险交流工作重视不足

目前的网络餐饮平台存在着对食品安全风险交流工作重视不够、从事风险交流的专业人才队伍及交流机制缺乏、交流的及时性和专业性不足、书面沟通的交流形式效果不够理想等问题。对于商家来讲，为了吸引更多的消费者，商家需要营造食品安全合格的外在形象，并且如果消费者的投诉并未得到政府的足够关注，被诉者就不会受到严厉的惩罚，所以商家也会选择性忽视食品安全风险交流工作。

7.2.2 消费者忽视食品安全风险交流的重要性

一方面，消费者忽视外卖食品风险信息的事前交流。比起外卖的制作环

境是否干净、食品包装是否合规、常吃外卖对身体有哪些不健康的影响等问题，消费者更加在意外卖的送餐速度、食用方便、味道等问题。只有产生了食品安全问题才会与商家和平台进行沟通。另一方面，消费者存在认知努力节省问题。认知努力节省是指在有限理性的框架下，人们在决策情境中是认知吝啬者，人们往往会选择节约心智成本，尽可能地降低决策所需要的认知努力，并作出最大化收益的决策选择。也就是说消费者为了获得快捷的外卖而不愿意付出努力去了解所吃外卖的食品安全问题。

7.2.3 外卖食品安全的监管制度亟待完善

自 2018 年以来，中国政府制定出台了更为严格的法规来明确外卖平台的责任，并提出更加严格的法规要求。目前关于网络餐饮平台的法规要求更多的是强调平台责任，要求平台加强自身食品安全监管等方面。食品安全风险管理中，控制食品安全风险本身十分重要，有效的食品安全风险交流可以缓解食品安全事件本身能够造成的危害，避免信任危机。目前平台对食品安全的监管力度明显不足。完善食品安全监管，构建"多中心"联动的网络餐饮平台食品安全风险交流体系，有利于增强人民的获得感、幸福感和安全感。

7.2.4 外卖食品风险信息不对称

网络餐饮平台、餐饮企业和消费者需要与政府一起，共同参与外卖食品的安全监管，采用"多中心"联动的制度方式共同治理。笔者认为，各方当事人利用网络餐饮平台新媒体互动的特性，对外卖食品的风险信息在平台上进行沟通，是解决食品安全信息不对称问题、实现食品安全监管社会共治的有效途径。

从风险交流的视角，政府应该牵头鼓励平台、入驻餐饮企业和消费者三方主体积极就风险信息进行沟通，从而实现共同监督的社会共治目标。首先，网络餐饮平台作为食品安全的监督者通过检查、审核将食品安全信息在平台上展示；其次，作为供应者，入驻平台的餐饮企业是外卖食品最初的来源，是食品安全保证第一责任人，最直接了解食品的安全性；将食品安全相关信息在平台上进行展示，获得消费者信任，从而增加销量、获得收益；最后，消费者以食品安全信息的提供者以及鉴定者的双重身份在网络餐饮平台上对食品安全进行评价，提供了使用者导向的食品安全信息，作用于其他消费者。只有网络平台食品安全各相关利益方积极参与食品安全风险信息交流，才能实现食品安全监管的社会共治。

7.3 新媒体给网络餐饮平台带来新挑战

新媒体视野下，网络的透明、公开和传播性质使得越来越多的个体通过网络、手机等媒介变成信息的发布者和传播者的主体之一。在复杂的、众说纷纭的网络环境中，如何将全面、真实、正确的食品安全信息及时有效地传达给公众变得更加具有挑战性。

7.3.1 新媒体的传播记录性使企业必须重视食品安全风险交流

互联网新媒体的发展促使电商平台的供给侧与消费侧发生质的变化。从供给侧来说，互联网使入驻电商平台的企业可以完全不受地域和品牌的限制，小企业小商铺可以依靠独特而优质的产品获得市场份额和竞争优势。网络电商平台的开放性，使得千万家企业在平台上竞争，形成空前的竞争激烈程度。从消费侧而言，消费者的购买和互动不再受时间和地域的限制，可以随时随地购买商品，进行互动交流，这为电商平台和其合作企业、商家带来更大的机遇和挑战。评价与评分等互动交流通过网络的记录保存，增加了消费者选购决策的依据、拓宽了消费者交流投诉的渠道，也容易放大消费者评价及问题的作用，使不重视消费者意见的企业难以在激烈的网络平台竞争中生存。

7.3.2 新媒体的互动性和开放性使投诉对象增多、投诉问题被放大

在网络餐饮平台的投诉问题处理中，由于网络的互动性和开放性极强，使一个消费者的单一投诉问题可能演变成一群消费者想要解决的共同问题。当其他消费者看到某一消费者投诉的问题没有得到及时圆满的解决时将会产生两种做法：一是出于对权利的尊重与维护和对受到利益损失消费者的同情，

与该消费者站在同一战线，呼吁商家和平台给出满意答复解决问题。二是自动带入情景，如果自己也遇到同样的食品安全问题时，也会遭遇到商家或者平台的不重视，进而可能会选择另一商家或者另一平台。因此在新媒体的互动性与开放性极强的状态下，一个消费者的投诉问题很有可能演变成一个群体的问题，不诚实、不注重消费者投诉问题的商家和平台，终将失去消费者的信任，被市场所淘汰。

7.3.3 新媒体传播的瞬时性和复杂性使得政府与企业难以应付风险信息

媒体传播的瞬时性、复杂性使得信息传播速度极快，信息的真伪难以鉴别，政府与企业难以在短时间内有效应付如此复杂的风险信息。

第一，新媒体传播的瞬时性导致不真实的外卖食品风险信息的传播即时完成，影响广泛。与传统媒体不同，新媒体的新闻信息发布与传播受到时间、空间、语言、民情等因素的限制。在数字化技术的优势下，新媒体将信息的传播速度又提升到一个新的高度。食品安全风险信息仅凭借网络就能实现瞬间传播并得到不断地扩散和加深。

第二，媒体为了吸引读者、快速制造新闻热点，容易对负面信息夸大其词，进而造成信息传播的复杂性。对于网络餐饮平台来说，一旦消费者的食品安全投诉问题没有得到解决，消费者很有可能会通过将问题发布到网上引导舆论，并使之成为社会热点，这将严重影响企业声誉。一方面，由于网络的开放性和空前的自由性使得个体可以几乎不受限制地在网上制造和发布食品安全信息，一般的消费者很难辨识信息的真伪。另一方面，受到认知偏差和焦虑心理的影响，消费者很容易相信一些不实言论，形成社会压力。

7.3.4 新媒体的开放性使消费者更加倾向信任其他消费者

在凭借手机互联网便可以随时随地利用新媒体工具发声的时代，相较于专家、平台和商家，消费者更倾向信任其他消费者，具体原因包括以下三点：

第一，公众对专家的信任程度降低。在新媒体背景下，经常会有一些专家学者通过博客、微信、微博以及视频平台就食品安全热点事件发表个人观点。

然而，由于受众群体存在风险认知差异，在辨别内容真伪方面存在一定困难，随着消费者和网友们的曲解和盲目转发，很有可能变成一种夸大其词、观点扭曲的谣言，形成对专家的误解。

第二，网络餐饮平台监管不到位引发公众质疑。外卖食品安全事件时有发生，在消费者眼中，外卖平台更多地只是在考虑盈利问题，并没有太多食品安全监管工作的投入。这已经使消费者与平台之间产生信任裂痕。"三聚氰胺"事件虽然已经发生多年，但目前国民仍然没有完全恢复对国产乳制品的信任。网络餐饮平台应该借鉴"三聚氰胺"事件的教训，尽早地加大对食品安全监管工作的投入，加强食品安全风险交流，避免信任危机。

第三，平台上的餐饮企业对投诉处理力度不够。商家忽视消费者投诉亦不会受到什么惩罚，所以常常忽略食品安全风险交流的重要性，消费者自然会认为商家很有可能在食品安全事件上掩盖事实。

第四，报团取暖和羊群效应。一方面，消费者认为其他消费者与自己所属于一个利益群体，他们会站在消费者利益而不是商家以及平台的利益角度上发声；另一方面，其他消费者具有消费体验，直接接触和食用过网络平台上的食品，拥有最直接的发言权，可信度更高。

7.4 网络餐饮平台食品安全风险交流体系建构

当前，网络餐饮平台快速发展的同时，存在食品安全事件的频发、风险交流各方参与不足和交流效果的有效性欠佳等诸多问题。同时，新媒体也给网络餐饮平台的食品监管工作带来诸多前所未有的挑战。政府和企业应顺应社会发展和人民日益增长的健康安全需求，多措并举，组织相关利益者共同参与"多中心"联动的风险交流制度体系，打造共建共治共享的社会治理格局。为了进行有效的风险交流，避免信任危机，网络餐饮平台食品安全监管的多个相关利益方可以在以下几个方面开展工作：

7.4.1 政府、企业共同搭建风险交流网络餐饮平台，推动相关利益者共同参与

习近平总书记指出，基层是一切工作的落脚点，社会治理的重心必须落实到城乡、社区。实践证明，只有充分发挥基层的力量，社会治理的基础才会愈加牢固。网络餐饮平台的风险交流工作亦是如此，应充分利用网络平台这一新媒体工具，发动社会各界的力量，做好基层的风险交流工作。网络餐饮平台可以利用自身平台的优势建立食品安全信息交流平台，在这个网络平台中，外卖平台可以将自身食品安全信息管理系统中相关的食品安全信息直接发布。外卖平台、商家、专家、消费者也可以进行直接对话，对于一些焦点问题也可以通过网络平台进行集中处理。通过及时、有效、充分的食品安全风险交流，避免风险问题被放大、谣言四起，形成不可控的局势。在技术层面，网络餐饮平台要建立自身的食品安全信息管理系统，包括食品的追溯系统、供应链风险信息、检测技术等，通过技术层面的加强更好地支持食品安全风险交流专业性平台的运行。通过构建专业性的网络平台，引导商家、消费者以及专家的广泛参与，充分发挥社会各界的力量，响应国家号召，打造共建共治共享的食品安全社会治理新格局。

7.4.2 政府和企业要利用新媒体，通过视频教育、游戏答疑等形式，加强食品安全知识教育工作

在新媒体背景下，食品安全风险交流应考虑媒体和消费者的风险认知差异。一方面，在利用新媒体进行信息传播的过程中，信息交流的参与者对食品安全风险认知的个体差异，会放大或者缩小事实真相，造成消费者的误解，进而产生信任危机。另一方面，消费者风险认知水平差异和风险偏好差异都会影响食品安全风险交流的最终效果。因此，为了减少风险交流中的阻碍，改善风险交流的效果，国家应该利用视频教育、互动答题等方式增强国民的食品安全知识素养，可以考虑将食品安全教育纳入到国民教育体系。企业也应该积极参与消费者食品安全风险知识的普及工作：第一，可以采用自身平

台界面问答小游戏的形式进行，将平台优惠券与知识普及游戏进行结合，通过答题过关的形式来发放优惠券；第二，也可以在外卖骑手送餐时，为消费者赠送食品安全信息与食品安全科普知识的单页和小册子。这样不仅能向消费者传递食品营养科学知识，也能向消费者传递高质量产品信号，增加消费者的购物体验和信任倾向。

7.4.3 平台企业应加强日常交流和危机预防，线上展示与线下活动并举

日常交流更多地是单向的信息传递，单向信息传递的交流模式是达成风险交流共识的重要基础。网络餐饮平台的优势在于有可以充分自己展示的独立平台以及拥有庞大的用户群体。平台可以利用这种优势进行线上食品安全广告、食品安全培训，供应链内食品安全风险信息共享等；线下网络餐饮平台可以通过展会的形式与消费者进行直接对话。平台应定期地进行食品安全检查工作以及人员培训工作，并定期在平台界面上进行检查工作、培训工作现场图片与工作汇报内容的展示。此外，平台还要利用新媒体进行宣传，与外部相关利益者进行对话交流，提高平台信息传递和风险沟通效率。

网络餐饮平台的日常交流是危机交流的基础，日常信息交流工作存在欠缺，在出现紧急情况下也无法进行有效的危机交流。网络餐饮平台应在日常交流的基础上制定危机交流预案，才能有效合理的应对危机情况，努力做到早发现、早预防、早处置，保护人民人身权、财产权、人格权，既能防控日常的食品安全问题和沟通问题，又能够在危机情况下给消费者一个满意的答复。网络餐饮平台应该利用新媒体优势，采用大数据技术、信息化手段，建立食品安全风险排查预警体系，提高对各类食品安全风险的发现预警能力，及时排除、化解和处置各类食品安全风险。

7.4.4 商家要借助新媒体主动分享食品安全的视频、图片、文字等，传递高质量食品信息

在竞争日益激烈的电子商务环境中，不诚实、不以人民利益为出发点、不考虑长远发展理念的平台和商家终将会从退出竞技的舞台。有效的食品安

全风险交流能够更好地向消费者传递高质量的食品安全信息、避免信任危机、增加消费者的安全感、获得感、归属感。为了更好地与消费者进行食品安全风险交流，商家可以利用视频分享等新媒体传播工具，将每日食材留样并以图片和视频的形式在平台上展示。外卖平台也要设计相应的窗口，在消费者订餐时可以选择获取信息与观看视频，也可以在食品的评论区与店家和其他消费者进行互动。客户也可以在平台上对商家或产品进行评价、评分、分享图片和视频，并与商家和其他消费者进行互动。只有积极地向消费者传递高质量食品安全信息，树立安全发展理念的商家和企业才能得到长久的发展，商家和企业应坚持为自身谋发展、为消费者谋幸福的指导思想。

结语

网络餐饮平台、餐饮企业和消费者需要与政府一起，共同参与外卖食品的安全监管，采用"多中心"联动的制度方式共同治理。笔者认为，各方当事人利用网络餐饮平台新媒体互动的特性，对外卖食品的风险信息在平台上进行沟通，是解决食品安全信息不对称问题、实现食品安全监管社会共治的有效途径。从风险交流的视角，政府应该牵头鼓励外卖平台、入驻餐饮企业和消费者三方主体积极就风险信息进行沟通，从而实现共同监督的社会共治目标。首先，网络餐饮平台作为食品安全的监督者通过检查、审核将食品安全安全信息在平台上展示；其次，作为食品的供应者，入驻平台的餐饮企业是外卖食品最初的来源，是食品安全第一保证责任人，将食品安全相关信息在平台上进行展示，获得消费者信任；最后，消费者以食品安全信息的提供者以及鉴定者的双重身份在网络餐饮平台上对食品安全进行评价，提供了使用者导向的食品安全信息，作用于其他消费者。只有网络平台食品安全各相关利益方积极参与食品安全风险信息交流，才能实现食品安全监管的社会共治。

第8章 农产品的食品安全风险交流

近年来，农产品质量安全事件的相关报道频繁出现，这其中有生产、流通等环节违规作业的因素，也有农产品产业链主体之间沟通交流不够，风险被夸大的问题。因此，加强农产品产业链相关主体之间的风险交流，是农产品质量安全管理的重要内容。随着新媒体的广泛应用，新媒体为农产品安全风险交流提供了更加快捷、受众面更加广泛、成本更加低廉的交流平台，也为农产品安全风险交流带来了巨大的挑战。因此，正确认识新媒体对农产品风险交流的影响，分析目前在新媒体环境下进行农产品安全风险交流存在的问题，并将新媒体与日常管理相融合，构建和完善农产品安全风险交流系统，对于促进中国农产品安全风险交流工作的有效开展具有积极作用。

8.1 新媒体环境下农产品质量安全风险交流的意义

8.1.1 风险交流是解决农产品质量安全问题的重要手段

农产品质量安全风险交流是农产品质量安全利益相关方之间就风险因素和风险认识进行双向交流和沟通的过程。通过有效的风险交流，可以将农产品的相关信息传递给公众，促进公众对风险信息的理解，调和政府、企业、专家、公众等相关主体之间信息不对称的矛盾，避免公众由于主观认知偏差而放大农产品质量安全风险，提高公众的食品安全信心。同时，通过交流互动也有利于农产品生产经营主体获取市场关键的信息，为其做出正确决策提供依据，并有利于在农产品产业链主体之间建立信任关系，实现农产品市场长期健康发展。

风险交流作为食品安全风险分析框架的重要构成部分，已经受到世界各国的普遍关注和重视，日本、欧盟、美国等国家和地区对农产品质量管理和风险交流的研究起步较早，在健全立法、信息公开等方面都形成了比较完善的经验模式。中国对农产品质量安全风险交流工作非常重视，在《中华人民共和国农产品质量安全法》和《中华人民共和国食品安全法》中均提出农业相关部门要及时发布农产品质量安全相关信息，风险交流在农产品质量安全管理中的重要作用受到普遍关注。

8.1.2 新媒体加大了风险控制的难度

美国学者卡斯帕森等提出的风险的社会放大框架理论指出，风险信息在传播中会被"放大站"加工而被放大或缩小。新媒体的兴起改变了信息传播、储存、应用的方式，但同时也提升了风险放大的概率，增加了风险控制的难度。

首先，以互联网为核心的新媒体打破了传统媒体信息传输地域的限制，可以实现信息的即时发布、即时传输，一旦发生风险事件，风险信息会瞬间实现全球范围的传播，受众范围广泛，信息传输速度快，加快了危机暴发的速度。

其次，新媒体具有开放性的特点。在新媒体环境下，任何人都可能成为信息的发布者，可以通过微博、微信、论坛等随时对信息进行选择、评论、转载、补充和反馈。新媒体开放性的特点导致媒体把关人的作用弱化，加剧了流言的传播，网络环境下的信息良莠不齐，且存在信息超载问题。因此公众很难判断出信息的真伪，也会被一些虚假信息误导，对食品消费产生顾虑，失去信心，甚至引发信任危机。

第三，新媒体环境下，信息是以零散、无序的碎片化形式存在的，是不成体系的，信息的专业化和深度受到了限制，公众无法把握农产品质量安全风险的完整知识。而公众本身在个人能力、知识储备等方面存在有限性，因而难以客观准确地对风险进行评价，在某些食品安全问题并不是特别严重的情况下，往往会扭曲或放大农产品质量安全风险。

第四，新媒体是把双刃剑。新媒体已经成为人们获取信息的重要途径，其开放性、匿名性等特点加大了风险控制的难度，因此迫切需要通过有效的风险交流减少信息不对称和信息失真的问题，增强公众对农产品质量安全的客观认识。新媒体在农产品风险交流中具有积极作用。新媒体如同"双刃剑"，新媒体比传统媒体更容易放大风险，但同时也为农产品风险交流工作的有效开展带来了新的机遇。一方面，风险交流强调交流主体之间的双向沟通。传统的报纸、杂志、电视等媒体主要是单向的信息传播，信息无法进行反馈，利益相关者的意见被忽视。而新媒体具有交互性的特点，信息的传输是双向的，甚至是多向的，每一个主体都可以选择是否接收信息，以及接收哪些信息，并随时对信息进行反馈和互动。另一方面，新媒体提供了多样化的交流途径，形式多样化，其高效、便捷的特点更有利于及时准确地开展风险交流工作，可以实现农产品产业链相关主体的直接沟通，内容可以通过文字、图片、视频、动画等多种形式呈现，有利于增强交流效果。

8.2 新媒体环境下农产品质量安全风险交流存在的问题

8.2.1 对农产品质量安全风险交流认识不足

随着人们对农产品产品质量安全的关注程度不断提升，农产品质量安全风险交流越来越多地受到了社会各界的重视，交流的形式呈现多样化的特点，既包括农业部门通过官方网站发布农产品质量安全相关信息，农业生产经营企业等主体通过网站、微博等发布农产品信息，相关专家学者通过博客等发布个人观点等，又包括农产品知识的科普宣传和热点问题解读等活动，如电视、网络等媒体开展的专家访谈活动、农业部门发放的实体科普材料等，以提升公众的农产品质量安全相关知识能力，提高风险认知水平。但总体来看，中国农产品质量安全风险交流主要以单向告知为主，宣传和传达信息的成分比较多，双向的互动交流相对较少。而风险交流是一个双向甚至多向沟通的过程，是多元主体之间相互交换信息和意见，并在交流的基础上形成"共识"的过程。单向的告知、教育或说服，缺乏信息的反馈，难以建立真正的信任关系。此外，由于中国食品安全风险交流起步相对较晚，一些企业在认识上还不够深入，往往将风险交流的工作重点放在危机应对上，并认为风险交流是危机发生后用以平息事态和安抚公众的工具，这直接导致在风险交流问题上的短视。也有一些企业对风险交流的重要作用认识不足，缺乏沟通的主动性和积极性。

8.2.2 新媒体在农产品安全风险交流中的应用不足

在农产品风险交流中运用新媒体技术，与传统媒体互为补充，能够非常快速、便捷地实现相关主体之间的交流互动，减少由于信息不对称而造成的误解，也有利于农产品生产经营主体更好地了解市场需求，获取更多的市场机遇。国外一些政府机构在食品安全风险交流中都非常重视新媒体的应用，比如欧洲食品安全局 (EFSA) 通过官方网站发布评估报告、电子期刊，并提供在线咨询等服务；美国食品监督管理局 (USFDA) 建立有官方微博，并在社交网络建立账户与公众进行互动沟通。但目前新媒体在中国农产品安全风险交流中的应用不足，主要体现在以下几点：第一，在新媒体环境下，中国一些从事农产品生产和经营的企业也都纷纷建立了网站，开立了微博，但关注度较低，缺乏统一、权威的交流平台，没有能够形成交流效果；第二，在新媒体的应用中，主要借助新媒体进行信息发布，却忽视与公众之间的沟通，在交流理念、交流的规划设计等方面没有能够转变传统思维，缺乏创新，没有能够将新媒体很好地融合到日常的交流管理之中；第三，目前中国农村通信水平不断提高，电视、广播、手机以及互联网等都是农民获取信息的重要渠道，但农民的媒体应用能力和对信息的分析处理能力相对较弱。作为农产品风险交流的重要参与主体，农民的新媒体应用不足。此外，在风险交流中，没能合理利用新媒体的优势，缺乏合理的规划和设计。

8.3 新媒体环境下农产品质量安全风险交流的策略

8.3.1 发挥新媒体的优势，构建统一的风险交流平台

明确新媒体在农产品质量安全风险交流中的作用，熟悉新媒体工具的优劣势以及传播、推广和效果评价的方法，把握现代传媒特别是新媒体的基本特征，提高新媒体在农产品质量安全风险交流中的应用，发挥新媒体的优势

作用。加大农产品质量安全风险交流平台建设，构建具有权威性、统一性的交流平台，提升风险交流效果。

8.3.2 完善农产品质量安全风险交流机制

农产品产业链涉及政府、专家、农户、企业、媒体等多个参与主体，农产品质量安全风险交流应在科学客观、公开透明、及时有效的基础上，建立多方利益主体参与机制，构建主体之间互动式的交流沟通模式，并建立评价和反馈制度，对交流的效果、交流对象的接受度和行为等进行及时的评估，对交流中的经验和存在问题进行及时的总结和改进，同时关注传播渠道的特点及变化，不断改进交流方式方法，提升风险交流的效果。

8.3.3 遵循风险交流的原则

农产品质量安全风险交流要遵循公开透明、即时准确、真情沟通等原则。新媒体时代信息传输速度非常快，这要求政府、企业等相关主体要具备快速响应能力，在风险事件发生后，要及时地提供准确的信息，避免媒体信息先入为主，影响公众的判断和认知。此外，要做到真情沟通。风险交流并不是简单的信息传输，而且要在沟通中达成共识，增强理解，提高信任度。而在沟通中所表现的真诚、共情的行为和态度，则更有利于提升交流的效果。

8.3.4 加强媒介素养教育

媒体是公众获取信息的重要途径，媒体作为农产品产业链的重要参与主体，在农产品质量安全风险交流中发挥着重要的作用。但一些媒体从业人员缺乏职业素养和专业素养，在报道中存在不科学、不客观的问题，影响了公众对风险的认识和判断。因此要加强对媒体的监督，加强对媒体从业人员的职业素养教育和农产品专业知识的培训，并加大科学家与媒体的沟通，为媒体提供权威的科学信息。贫困户拒绝还款时，其损益取决于金融机构的选择。金融机构有追责和不追责两种选择，只有在 $\rho1 < S(1+r)$ 条件下追责才有利。受贫困户贷款额度与偿债成本增加致使其还债能力变弱等因素的影响，金融

机构追回资金小于 S（1+r），且再次损失 ρ1。因不可抗力造成的延期还款时，其中延期时长不超过半年，金融机构收回本息但损失贷款利息在延期时间内的再流通所带来的收益。贫困户获得比按时偿还的较多的现金流 SV，SV 即按时偿还银行的现金在延期时段内的时间价值。延期后违约，金融机构的选择取决于 ρ1 与 S（1+1.5r）的大小关系。

ρ1 ≥ S（1+1.5r），放弃追责；

ρ1 < S（1+1.5r），选择追责。

基于成本最小化，金融机构选择追责的概率较小，且实际追回资金小于 S（1+1.5r），因贫困户需支付违约增加的额外费用，令有限的投资所得难以弥补债款。贫困户对于能否按时还款，并无过多担忧。其次，贫困户因投资不慎遭受损失、无力还款时，获得资金 S 一年的无偿使用权，最终支付是以其手中可变现资产为基础的 V×α（趋近于 0），依然是受益的一方。金融机构所得赔偿 V×α 可忽略。实际上由于贫困户的生活条件较差，各类基础设施不完善以及传统观念的影响，其投资基本上集中于种植业和养殖业。种植业靠天吃饭，受自然环境的影响，养殖业前期投入较大且受销售渠道和运输等因素的影响，贫困户的生产性投资面临的不确定性较多，取得收益的概率很小，亦反映了取得资金后贫困户还款的可能性低。

基于信息不对等导致的贫困户的高贷前成本、高违约风险、无法确定可靠还款来源等问题，金融机构选择转移资金的流入对象，寻找更可靠的放贷目标，迫使贫困户寻找例如民间借贷等方式筹集资金，造成了"富愈富、穷愈穷"的尴尬局面。

8.3.5 严格划分等级，区别贫困人群

构建双向模式，利用"政府 + 村长"双管模式精准定位贫困对象，做好等级划分，以减少金融机构的贷前审查和信息搜集成本。政府成立工作小组"向下入乡"，定期走访负责区域，了解农户真实生活情况及需求，在镇政府建立农户档案，比如国务院提出的建档立卡模式，按农户的生活状况定期更新；身处民间的村干部随时了解村民动向，定期"向上汇报"，两者相互配合，

做好贫困户的等级分类和信息更新，以便金融机构准确定位，设计金融产品和相应策略。打造"政府+村长"双管模式提供农户信用情况和其他基本资料查阅平台，做好等级划分，提高金融机构积极性。

8.3.6 注重风险控制，做好风险防范

在国家扶持下农户的违约风险有所降低，但依然存在着违约的可能性，金融机构需要寻找合适的管理方法并转移风险。首先，建立系统的贷前审查、贷后追踪机制。依靠政府的信息查阅平台初步定位，按需进一步调查；贷后进行不定期监察，关注资金流向和运用情况，以便及时发现潜在风险加以规范。其次，成立村民互助小组，成员包括经济基础良好的农户和贫困户，以富代贫。贷款时由互助小组为贫困户提供担保，一方面保证了还款来源，另一方面加强小组成员对贷款贫困户资金运用的监督，降低风险发生的概率。

8.3.7 加强方式创新，提供还款保障

贫困户受技术、知识、发展方向、投资渠道等的限制，很难在短期内以最低的成本消耗实现富裕，有必要探寻新的发展思路。可以建立一个"贫困户基金池"，即贫困户贷款将资金聚集起来，以资金入股当地企业（企业到期偿还本息）并享有到期获取红利的权利，形成一个"贫困户+"模式，进而改变资金利用率低和回收困难的问题。

8.4 日本技术性贸易壁垒对其农产品贸易的影响

日本人均耕地水平较低，但是人口密集，对农产品的需求大多依靠进口。在开放的市场环境中，为了保护本国消费安全及国内生产行业免受国外产品冲击，日本对进口农产品设置了大量的技术性贸易壁垒。作为重要的战略资源，大量的农产品进口也使得日本成为农产品市场保护最多、农产品问题政治化倾向最严重的国家之一。2006年肯定列表制度的实施，更是将高标准的技术性贸易壁垒推向了极至。较高的技术性贸易壁垒对农产品的进口和出口都产生了不可忽视的影响。

从理论上来看，进口国设置的技术壁垒会对进口产品带来直接的数量限制和价格效应。一方面，技术性壁垒是指各种类型的技术法规、准入标准，不符合要求的产品拒绝入境。这一强制性措施改变了正常的贸易流向，直接减少了进口产品的数量。另一方面，获得准许进口的产品必须满足一系列检测规定，对于出口企业而言这意味着认证费用、检测费用、原材料等生产成本的增加，导致出口价格上升，即价格效应。由此可见，技术壁垒对进口贸易有不利影响。但与此同时，技术性贸易壁垒也可能对贸易产生积极影响。技术性贸易壁垒的最终目的是保护消费者健康和产品安全。部分条件虽然较为苛刻，但是总体而言，技术性贸易壁垒的实施必然导致进口产品质量提升。

实证方面，20 世纪 90 年代以来，随着技术性贸易壁垒在国际贸易中的大量涌现，技术性贸易壁垒的贸易效应也受到研究者的广泛关注。Disdier 等使用涵盖 154 个进口国家和地区，以及 183 个出口国家和地区的农产品贸易截面数据，发现实施卫生与植物卫生措施（SPS）和技术性贸易措施（TBT）对贸易有不利影响。Jongwanich 使用 1990 年 –2006 年的面板数据，发现美国的技术性贸易壁垒阻碍了进口。鲍晓华和严晓杰使用中国农产品出口数据，发现进口国 SPS 通报数量的增加阻碍了中国农产品出口。以上研究使用不同层面的数据，从不同角度证实了技术性贸易壁垒对进口贸易的阻碍作用。但是，也有学者得出不一致的结论。Artecona 和 Grundke 使用美国农产品进口数据，发现美国设置的技术性贸易壁垒对拉美地区的出口没有显著作用，提出技术标准和规制不是影响农产品贸易的决定因素。还有学者认为，进口国的技术性贸易壁垒短期来看对农产品出口起阻碍作用，但长期来看则是起促进作用。

8.4.1 计量模型构建

1. 样本选取和数据来源

本文旨在研究日本技术性贸易壁垒对农产品进口及其自身农产品出口的影响。首先，关于农产品范围的选择。使用《国际贸易标准分类》SITC 编码和《协调商品名称和编码制度》HS 编码进行农产品类别的划分与统计是最常见的方式。其中，SITC 编码依据产品和产业特征对贸易产品进行划分，属于生产口径的统计；HS 编码除考虑商品的原材料属性、用途和功能外，还按产品的加工程度进行划分，更倾向于贸易口径。其次，关于贸易对象的选择。由于研究涉及进口和出口两个贸易流向，因此，贸易对象必须是与日本同时有进口和出口往来的国家和地区。根据表 8-1 给出的日本与其主要贸易伙伴国的贸易数据，美国、中国、泰国、澳大利亚、加拿大、韩国、法国和越南 8 个国家在与日本的贸易往来中进口与出口均占有较大比重。并且，这 8 个国家涵盖了日本农产品近 60% 的进口和 53% 的出口，具有较好的代表性。第三，关于技术性贸易壁垒的选择。技术性贸易壁垒数据来源于 WTO 网站。在进口配额、反倾销、反补贴等众多非关税壁垒中，SPS 和 TBT 是较为典型且占比较大的非关税壁垒。

2. 计量模型

本文研究日本技术性贸易壁垒对进出口贸易的影响，借鉴 Jongwanich、董银果等人的相关文献，运用传统的引力模型，加入技术性贸易壁垒代理变量进行分析。在引力模型中，因变量一般为进口额或出口额，自变量为经济总量、两国地理距离、人口、汇率、共同语言等变量。本文在设定引力模型时加入年份固定效应、目的国固定效应、目的国 – 时间双重固定效应以及产品种类固定效应，以此控制上述影响因素以及其他无法观测到的与目的国相关，或者随时间变化的因素对估计结果的影响。模型设定如下：

$$\ln(\text{trade}_{iht}) = \alpha_1 \ln(\text{sps}_{iht}+1) + \alpha_2 \ln(\text{tbt}_{iht}+1) + \text{FE} + \varepsilon_{iht}$$

式中，i 代表贸易伙伴国，h 代表 H 两位码层面的产品，t 代表年份。trade 代表贸易流量，分别用贸易总额、进口额和出口额代替；sps 和 tbt 分别表示当年日本对从 i 国进口的产品 h 发起的 SPS 和 TBT 通报数量。FE 表示上述一系列固定效应，ε 为方程的残差项。

有关技术性贸易壁垒对进口产品影响的文献较多，根据已有文献的结论，技术性贸易壁垒的加强短期内会阻碍进口，因此预计 SPS 和 TBT 通报数量的估计系数为负。对于出口而言，日本设置的技术性贸易壁垒对其自身出口的影响效果尚未明确。一方面，可以假设，日本对进口产品规制的加强无疑会提高其出口产品质量。Dou 等在研究中国的最高残留限量（MRL）规制水平对蔬菜出口的影响时，假设中国对出口产品实施的标准与对进口产品实施的标准一致，因而用针对进口产品的 MRL 规制水平衡量中国自身 MRL 规制水平对蔬菜出口的影响。本文借鉴这一假设，认为日本对进口产品规制水平的加强无形中提升了其对自身产业链的规制，提高了自身出口产品品质，因而有利于贸易。但是，另一方面，日本加强进口规制这一行为实际上有损出口国利益，可能引发双边矛盾和贸易纠纷。若技术性贸易壁垒对他国贸易损害较大，则有可能引起他国的报复性措施，从而影响日本出口。因此，日本技术性贸易壁垒的加强对其出口贸易的影响是不确定的，有待实证检验。

8.4.2 特征事实

1. 进出口贸易概况

日本经济较为依赖进出口贸易。2017 年，日本农产品出口总额为 63 亿美元，进口总额为 699 亿美元，进口额大约是出口额的 11 倍，进出口贸易差额达到 636 亿美元。表 8-1 是 2017 年日本与其主要贸易国家和地区的贸易往来概况，表 1 中列出了与日本贸易往来最为密切的 21 个国家和地区。这些目的地涵盖的农产品出口额占当年日本农产品出口总额的 91.2%，进口额占农产品进口总额的 81.1%，是日本最主要的贸易国家和地区。从表 8-1 可以看出，日本最大的出口目的地是中国香港，2017 年日本出口到中国香港的农产品占农产品总出口的 25%。中国香港是中国最大的自由贸易港，由于奉行的是自由贸易的政策，对一般的进出口商品都免征关税，报关手续也较为简便。由于其自由贸易的性质，中国香港已成为很多转口贸易的中转地。

美国和中国是日本最大的两个贸易伙伴国。除去中国香港之外，日本出口最多的目的地分别是美国和中国，分别占农产品出口总额的 16.31% 和 12.90%。进口方面，日本最大的进口来源国仍是美国和中国，分别占进口总额的 20.64% 和 12.86%。进出口额都比较多的国家还有泰国、澳大利亚、加拿大、韩国、法国和越南。

表 8-1　2017 年日本主要贸易国家和地区进出口概况　　　单位：亿美元，%

贸易对象	进口额	进口占比	排名	出口额	出口占比	排名
美国	142.4	20.64	1	9.11	16.31	2
中国	88.68	12.86	2	7.21	12.9	3
泰国	42.28	6.13	3	2.53	4.52	6
澳大利亚	41.18	5.97	4	1.31	2.34	8
加拿大	39.36	5.71	5	0.83	1.49	10
巴西	26.69	3.87	6	0.14	0.25	30
意大利	25.28	3.66	7	0.21	0.38	24
韩国	24.01	3.48	8	4.79	8.57	4
智利	19.59	2.84	9	0.04	0.07	43
法国	17.74	2.57	10	0.59	1.06	13
越南	15.82	2.29	11	3.33	5.97	5
新西兰	13.66	1.98	12	0.17	0.3	27
印度	13.55	1.96	13	0.5	0.89	18
俄罗斯	12.01	1.74	14	0.33	0.59	21
菲律宾	11.58	1.68	15	0.61	1.1	12
马来西亚	9.55	1.38	18	0.66	1.18	11
荷兰	6.75	0.98	22	1.13	2.03	9
新加坡	4.61	0.67	28	2.26	4.04	7
英国	4.44	0.64	29	0.59	1.06	14
中国香港	0.43	0.06	61	14.03	25.11	1
阿拉伯联合酋长国	0.07	0.01	102	0.57	1.02	15

数据来源：UN Comtrade 数据库

2. 技术性贸易壁垒设置概况

由于技术性贸易壁垒更为隐蔽，设置也更为灵活，因此日本对于技术性贸易壁垒的使用更为积极。日本的技术性贸易壁垒主要包括技术法规和标准、产品质量认证和合格评定程序、商品检疫和检验规定、绿色技术壁垒等。其中，以保护人类以及动植物的生命和健康为主旨的 SPS 和 TBT 措施是最为常见的两种。SPS 主要是针对食品安全、动物与植物卫生相关的检验检疫措施；而 TBT 覆盖的范围更广泛，包括技术法规、标准等一系列技术规制。图 8-1 为 2008 年 -2017 年日本技术性贸易壁垒设置概况，用日本针对贸易伙伴国家和地区发起的 SPS 和 TBT 通报数量表示。从图 8-1 可以看出，技术性贸易壁垒呈现出波浪形变动趋势。2008 年国际金融危机之后，日本对伙伴国家和地区发起的 SPS 和 TBT 通报数量明显增加，经过短暂几年的周期后又下降，近年又呈现上升趋势。从这一变化趋势可以看出，技术性贸易壁垒的设置会受到其他因素的干扰。日本技术性贸易壁垒的加强，如果损害了伙伴国家和地区的利益，则伙伴国家和地区也会采取相对应的措施反击，例如，以同样的手段阻碍日本产品的出口，从而迫使日本不会无限制地采用技术性贸易壁垒干预贸易。由此可知，日本对进口产品设置的技术性贸易壁垒除了影响进口外，还可能会影响自身出口，具体影响效果如何有待实证检验。

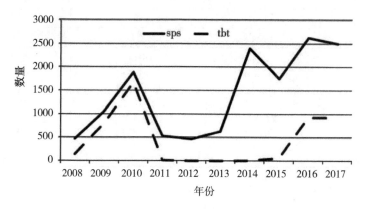

图 8-1　日本技术性贸易壁垒设置概况

8.4.3 实证结果

本文构建了 2008 年 -2017 年日本农产品进出口贸易的平衡面板数据，以 SPS 和 TBT 通报数量为例，估计日本的技术性贸易壁垒对进口产品及其自身出口的影响。表 8-2 给出了基本的回归结果。第（1）列是技术性贸易壁垒对进出口总额的影响。结果表明，SPS 措施和 TBT 措施均对进口产生不利影响，这一结论与预期一致。从回归系数的检验来看，SPS 的系数在给定 α 为 0.01 的显著性水平下与零有明显差异，通过检验；而 TBT 的系数通过 0.05 显著性水平的检验，两者均较为显著。从经济意义上分析，日本向 WTO 提交的 SPS 通报数量每提高 1%，出口额将下降 0.042%；TBT 通报数量每增加 1%，出口额将下降 0.024%。针对进口的回归结果得到了同样的结论，而技术性贸易壁垒对其自身出口则有显著促进作用。通过 SPS 和 TBT 通报量估计系数的比较可以发现，SPS 措施对进口的阻碍作用更强，作用效果也更为明显。这一差异化结果可能与 SPS 和 TBT 自身的性质不同有关。SPS 措施是为了更明确有关食品安全和动植物健康安全而设立的措施，涉及的技术检测更为复杂，是更为隐蔽也较难克服的贸易壁垒，因而对进口的阻碍作用更大；而 TBT 措施则是针对技术法规、标准和合格评定程序而制定的一系列措施，较为公开和透明化，容易被执行，因而虽然短期内对进口有负面影响，但是阻碍作用更小。

表 8-2 基本回归结果

变量	（1）	（2）	（3）
	贸易总额	进口	出口
Lnsps	−0.0420 ***	−0.0414 ***	0.947 **
	（0.0141）	（0.0155）	（0.440）
Lntbt	−0.0248 **	−0.026 **	−0.188
	−0.0124	（0.0133）	（0.293）
常数项	2.805 ***	2.784 ***	10.06 ***
	（0.0426）	（0.0515）	−1.347
固定效应	有	有	有
样本量	1920	1920	1920
R 方	0.436	0.416	0.548

注：括号内为稳健标准误，*、**和***分别表示系数在10%、5%和1%的水平上统计显著。

SPS 和 TBT 通报数量的多寡与一国的经济技术发展程度有关，一般而言发达国家技术水平较高，对进口产品的规制较容易形成对其他国家的技术性贸易壁垒。尤其是与经济水平存在差距的国家之间的贸易，更容易受到技术性贸易壁垒的影响。SPS 和 TBT 的通报数量越多，表明对国内市场的保护程度越高，越有利于本国农产品出口到国际市场，尤其是与本国发展程度相当或者经济水平较低的市场。同时，一国的保护水平越高，越容易阻碍保护程度较低的国家的出口。为检验贸易伙伴国的发达程度对估计结果可能带来的影响，本文将样本国家分为两类：一类是发达国家组，包括美国、澳大利亚、加拿大、韩国和法国 5 个国家；另一类是发展中国家组，包括中国、泰国和越南 3 个国家，回归结果见表 3。估计系数证实了上述结论，发展中国家组的 SPS 和 TBT 变量的系数符号与基本回归结果一致，而发达国家组的 SPS 和

TBT 估计系数不显著。

由表 8-3 可见，技术性贸易壁垒主要阻碍了来自发展中国家的进口产品，促进了向发展中国家的出口，但是对日本与发达国家之间的贸易没有显著影响。

表 8-3　贸易伙伴国发达程度对估计结果的影响

变量	发展中国家		发达国家	
	进口	出口	进口	出口
lnsps	−0.0617 ***	0.0849 ***	−0.00878	0.111
	（0.00508）	（0.0164）	（0.0232）	（0.126）
lntbt	−0.102 **	0.773	−0.000626	−0.0418
	（0.0492）	（0.621）	（0.0180）	（0.0860）
常数项	2.677 ***	2.428 ***	2.806 ***	2.348 ***
	（0.0485）	（0.131）	（0.0525）	（0.137）
固定效应	有	有	有	有
样本量	720	720	1200	1200
R 方	0.814	0.646	0.464	0.562

注：括号内为稳健标准误，*、**和***分别表示系数在 10%、5% 和 1% 的水平上统计显著。

考虑到 SPS 和 TBT 通报数量对农产品出口的长期影响，在基本回归的基础上加入滞后项。同时把短期影响和长期影响纳入模型，得到进口、出口方程的回归结果，如表 8-4 和表 8-5 所示。当期通报量的回归系数始终与预期一致，SPS 通报数的增加短期内会阻碍进口，并且阻碍作用较为显著。加入滞后项后，滞后一期和滞后二期的 SPS 通报量的估计系数为正，在 10% 的统计水平上显著；TBT 通报量的滞后项不显著；滞后三期时，SPS 和 TBT 通报量的估计系数均不显著。可见，SPS 和 TBT 对进口产品的作用效果主要集中在短期。如果当期日本技术性贸易壁垒的增加对伙伴国出口的负面影响较大，给贸易伙伴国带来较大损失，则贸易伙伴国必将更关注双边贸易，采取有效的应对方案，一段时间后可能会促进伙伴国的出口；如果当期日本的技术性贸易壁垒对伙伴国出口的负面效果不明显，则长期来看对贸易伙伴国出口的提升作用较弱，甚至没有显著影响。这可能是导致 SPS 和 TBT 措施对进口贸易长期作用效果明显不同的主要原因。

表 8-4　技术性贸易壁垒对进口的长期影响

变量	（1） lntrade	（2） lntrade	（3） lntrade	（4） lntrade
lnsps	−0.0414 ＊＊＊ （0.0155）	−0.0764 ＊＊＊ （0.0233）	−0.132 ＊＊＊ （0.0394）	−0.161 ＊＊＊ （0.0486）
lntbt	−0.0262 ＊＊ （0.0133）	−0.0470 ＊＊ （0.0223）	−0.0705 ＊＊ （0.0358）	0.0749 （0.0480）
l1sps		0.0323 ＊ （0.0168）	0.0305 ＊ （0.0181）	0.0234 ＊ （0.0141）
l1lntbt		−0.0183 （0.0161）	−0.0181 （0.0170）	−0.00159 （0.0147）
l2lnsps			0.0556 ＊ （0.0285）	0.0483 （0.0319）
l3lntbt			−0.0327 （0.0256）	−0.0285 （0.0277）
l3lnsps				0.0452 （0.0280）
l3lntbt				−0.0236 （0.0300）
常数项	2.784 ＊＊＊ （0.0515）	2.607 ＊＊＊ （0.197）	2.970 ＊＊＊ （0.298）	2.914 ＊＊＊ （0.0811）
固定效应	有	有	有	有
样本量	1920	1728	1536	1344
R 方	0.416	0.409	0.400	0.394

注：括号内为稳健标准误，＊、＊＊和＊＊＊分别表示系数在 10%、5% 和 1% 的水平上统计显著。

　　从表 8-5 可以看出，在只加入当期变量时，SPS 的估计系数显著为正，表明短期内 SPS 通报数量的提高有助于提升日本的出口；但是加入滞后变量后，一期滞后的 SPS 和 TBT 通报量的估计系数显著为负，滞后二期和滞后三期的通报数量不显著。可见，日本设置技术性贸易壁垒，当年虽然会由于间接提高了对自身产品质量的要求而促进出口，但是第二年却极容易遭遇其他国家的贸易保护壁垒，影响出口。总体而言，技术性贸易壁垒对出口的作用效果也主要集中在短期，长期影响不显著。在国际贸易规则瞬息万变且日益复杂化、多样化的今天，单一技术性贸易壁垒的作用效果极易被其他贸易政策稀释，导致其长期效应不明显。

表 8-5　技术性贸易壁垒对出口的长期影响

变量	（1）	（2）	（3）	（4）
	lntrade	lntrade	lntrade	lntrade
lnsps	0.947 *** (0.440)	2.739 *** (0.656)	2.885 *** (0.949)	3.055 ** (1.309)
lntbt	−0.188 (0.293)	1.082 ** (0.441)	−1.014 (0.623)	−0.688 (0.853)
l1lnsps		−1.247 *** (0.427)	−1.615 *** (0462)	−1.190 ** (0.535)
l1lntbt		−0.574 ** (0.289)	−0.780 ** (0.307)	0.457 (0.350)
l2lnsps			−0.320 (0.463)	−0.410 (0.519)
l2lntbt				0.0926 (0.358)
l3lnsps				−0.767 (0.484)
l3lntbt				−0.0326 (0.339)
常数项	10.06 *** (1.347)	9.764 *** (1.315)	8.786 *** (1.669)	8.417 *** (1.948)
固定效应	有	有	有	有
样本量	1920	1728	1536	1344
R方	0.548	0.708	0.724	0.718

注：括号内为稳健标准误，*、**和***分别表示系数在10%、5%和1%的水平上统计显著。

结语

本文使用 2008 年 −2017 年日本农产品进出口数据，实证研究了日本技术性贸易壁垒对其农产品进出口的影响。研究结论：①进口方面，日本 SPS 和 TBT 通报数量的增加阻碍了农产品的进口，并且 SPS 措施的进口阻碍作用更强；此外，主要阻碍的是向发展中国家的农产品进口，对向发达国家农产品进口的影响较小。②出口方面，SPS对出口有促进作用，并且主要增加的是向发展中国家的出口，对向发达国家出口的影响不明显。③ SPS和TBT规制的作用效果主要集中在短期，长期效应不明显。SPS措施短期来看阻碍了进口，促进了出口；但是滞后一期后发现，通报量的增加反而会阻碍日本自身农产品的出口，而有利于进口。

第9章　乳制品的食品安全风险交流

　　全球各国政府及公众对食品安全问题均非常重视，作为餐桌上的重要的食品，乳制品的安全更是备受关注。2008年在国内爆发的"三聚氰胺毒奶粉"乳制品安全事件，使得中国乳制品的出口遭受沉重打击。在之后的十余年里，虽经政府、乳制品企业及乳制品专家等多方的协调努力，中国的乳制品出口额有所回升，但是出口数量和金额与2008年前状况相比仍存在较大差距。如何在各国政府与公众等多个利益相关体之间重拾信任，减少信息不对称程度，更好地缓解担忧，对于促进中国乳制品出口显得尤为必要。

　　在促进中国乳制品的出口问题上，在积极完善乳制品安全检测验收和各环节监管机制的基础上，在严格立法与明确乳制品质量标准的前提上，关于从软治理角度促进中国乳制品出口则显得尤为必要。即如何在各国政府、公众与中国乳制品出口企业等多个利益相关体之间重拾信任，减少信息不对称程度，更好地缓解担忧，从而更好地规避由于信息不完全与信任危机给中国乳制品出口带来的困难与阻碍。在各方之间探寻合理有效的交流方式并建立风险交流机制则可以有效降低交流风险，找寻各国政府、消费者与中国政府、乳制品出口企业及媒体等多个利益相关体之间的不同诉求，运用恰当的沟通方式与交流机制展开有效的双向交流，最大程度地降低信息不对称以缓解风险交流危机。在乳制品安全事件发生的事前、事中和事后进行积极地预警、通报、沟通以减少公众对乳制品安全的恐慌，使外国消费者重塑对中国出口乳制品的信心，从而有效促进中国乳制品出口。

9.1 概念的界定

9.1.1 风险交流的定义

世界卫生组织 / 联合国粮农组织 (WHO/FAO) 对风险交流做出如下定义：
"风险交流是在风险分析全过程中，风险评估人员、风险管理人员、消费者、
企业、学术界和其他利益相关方就某项风险、风险所涉及的因素和风险认知
相互交换信息和意见的过程，内容包括风险评估结果的解释和风险管理决策
的依据。"是指首先建立在国内外政府、乳制品企业、乳品科学专家和外国
消费者、全球媒体等各个利益相关体之间，并且在风险事件发生时通过全球
媒介向各国政府和公众及时、有效地说明风险事件在通过科学判断后的真实
情况和评估结果，同时也要传递给公众有关政府对风险问题的关注及采取的
相关处理、控制措施等信息。

9.1.2 乳制品的定义

乳制品也称为奶油制品，即经过对以鲜乳及其制品为主要原料的加工制成
的各种食品。国内通行的标准将乳制品分为液态奶和干乳制品，其中液态奶包
括以生鲜牛羊乳为主的鲜奶和酸奶，干乳制品即包括乳清、奶粉、炼乳、奶油
和奶酪。联合国粮农组织（FAO）和联合国商品贸易数据库（UNCOMTRADE）
各自具有不同的分类标准。笔者采用联合国商品贸易数据库采用的 SITC（国际
贸易标准分类）的分类标准，将乳制品和禽蛋（02）分为牛奶、奶油和乳制品（除
黄油和奶酪外）（022）、黄油和牛奶中的其他脂肪（023）和干酪凝乳（024）。

9.2 中国乳制品出口的现状与问题原因分析

9.2.1 中国乳制品出口的现状与问题

伴随着全球各国食品安全意识不断提高，乳制品安全问题更是受到世界
各国公众的密切关注。中国乳制品出口贸易在 2008 年之前发展势头良好，但
是中国乳制品安全的"三聚氰胺毒奶粉"恶性事件给中国乳制品出口带来巨

大打击，该事件也引发了国际市场的广泛关注，公众在选购中国乳制品时产生很大抗拒情绪，很多国家开始限制甚至禁止进口中国乳制品。中国乳制品出口贸易额骤减，出口规模严重萎缩。目前中国的乳制品出口仍维持在相对较低水平，较 2008 年之前依然存在一定差距，乳制品出口以干乳制品为主，出口品种相对单一，出口目的国家/地区较为集中，出口贸易往来主要集中在中国香港、澳门及周边亚洲和非洲国家。

1.食品安全事件导致中国乳制品出口骤减，出口规模持续低迷

中国乳制品出口贸易在 2008 年之前表现出逐年增长态势，并且出口额在 2007 年得到大幅度增长，相较于 2006 年乳制品出口额增长 139.15%，并在 2008 年达到峰值近 3.2 亿美元，2007 年乳制品出口总量达到 14.7 万吨。之后世界各国消费者因经历中国乳制品安全恶性事件，对中国乳制品产生严重的不信任和忧虑，乳制品出口贸易量和贸易额急速萎缩，2009 年较 2008 年中国乳制品出口量下降 65.28%，出口额下降 77.11%。之后中国便开始通过多种方式力求最大限度降低乳制品事件的不良影响，并积极采取多种措施力求恢复乳制品的出口贸易。

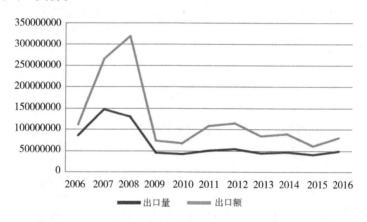

图 9-1　2006 年 -2016 年中国乳制品年出口量与出口额

数据来源：联合国商品贸易统计数据库

中国乳制品出口贸易在乳制品安全事件后近 10 年间发展趋势较为平缓，乳制品出口额和出口量变动幅度较小，出口量曲线几近平直，受到交易货币汇率及乳制品出口价格等因素影响，出口额曲线表现出稍许上下波动，出口

规模持续低迷。经过多方数年的共同努力，中国乳制品出口已开始出现逐步好转态势，2016 年较 2015 年出口量增长 20.19%，出口额增长 31.45%。但距离 2008 年之前的贸易水平仍存在一定差距，截至 2016 年中国乳制品出口量较 2008 年下降 62.39%，出口额下降 74.99%。

2. 中国乳制品出口的乳品种类较为单一，以干乳制品出口为主

从 2006 年至 2016 年中国乳制品主要类别年出口量折线图中可以看出，中国乳制品出口的品种较为单一，出口乳制品以牛奶和奶油为主，平均占据乳制品出口量的 95% 以上，明显高于黄油及牛奶中其他脂肪和干酪凝乳的出口量，在 2006 年牛奶和奶油出口量占比高达 99.2%。目前，中国乳制品出口量最大的为"牛奶和奶油"这一类别。

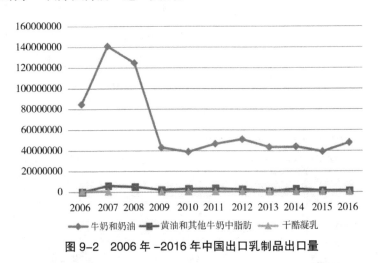

图 9-2 2006 年 –2016 年中国出口乳制品出口量

数据来源：联合国商品贸易统计数据库

中国各类乳制品出口量均受到 2008 年乳制品安全事件的影响而大幅下降。尤其是液态奶出口受到的影响最为严重，出口规模下降幅度剧烈，2010 年牛奶和奶油出口量较 2007 年下降 72.48%，干乳制品出口逐渐成为中国乳制品出口的主要品种。牛奶和奶油分类中面向消费者受众人数较多，因此受到乳制品安全危害事件的影响更为明显。自 2009 年至今中国乳制品出口量波动幅度较小，出口量仍然保持低水平的平稳发展。

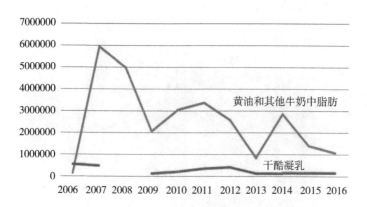

图 9-3　2006 年 -2016 年其他两类乳制品中国出口量

数据来源：联合国商品贸易统计数据库

其他两类主要出口乳制品"黄油及其他牛奶中脂肪"和"干酪凝乳"的出口量较低，在乳制品事件前后存在下降趋势，但波动幅度远小于"牛奶及奶油"。黄油及其他牛奶中脂肪在 2007 年出口量达到峰值，约为 5928.9 吨。2009 年，受乳制品事件影响，黄油及其他牛奶中脂肪的出口量下降 65.5%，至今近 10 年出口量存在较大幅度的震荡趋势。2011 年出口量回弹较 2009 年增长 64.2%，在 2013 年大幅下降，仅为 824.8 吨，降低 75.44%。2014 年黄油出口量回弹至接近 2011 年水平，2016 年较 2014 年下降 63%，2016 年出口量下降至 1051.5 吨。"干酪凝乳"分类 2006 年至 2016 年出口量波动甚微，折线图趋于平直，长期保持较低出口量。

3. 中国乳制品出口的目的国家 / 地区相对集中

乳制品出口目的国 / 地区主要集中在中国香港、澳门地区和印度尼西亚、缅甸、韩国等周边亚洲国家，2016 年，中国牛奶和奶油出口至中国香港及周边亚洲国家出口量占比超过 85%，并且目前已与尼日利亚、委内瑞拉等部分非洲和拉美国家建立起乳制品出口贸易往来关系。中国乳制品出口目的国家或地区的数量不断地呈现较快增长的态势，但其中超过 90% 的出口目的地仍然为中国香港、印度尼西亚和澳大利亚等国家和地区。出口贸易国家 / 地区过于集中也会带来一定的弊端，比如贸易状况受到对方国家 / 地区贸易政策变动的影响较大，存在依赖度过高等问题。

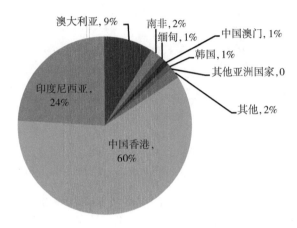

图 9-4　中国牛奶及奶油 2016 年主要出口国家（地区）占比

数据来源：联合国商品贸易统计数据库

根据 2016 年中国牛奶及奶油出口目的国家 / 地区占比图可以看出，中国牛奶及奶油出口量的 60% 出口目的地为中国香港，出口量为 28522.4 吨，出口量的 24% 销往印度尼西亚。中国牛奶及奶油出口目的国家或地区前 7 位分别为中国香港、印度尼西亚、澳大利亚、南非、缅甸、中国澳门和韩国，占据中国牛奶及奶油出口总量的 98%。

9.2.2 中国乳制品出口受阻的原因分析

目前中国乳制品出口状态从上述乳制品现状来看并不乐观。从国际贸易的角度分析，阻碍中国乳制品出口的原因主要包括：中国进口关税不断下调；国内消费者更青睐选择进口乳制品；外国为促进本国乳制品出口所实施的出口补贴等保护政策使出口价格下调；外国消费者受乳制品安全事件负面影响，对中国乳制品信心不足等。

1. 中国乳制品的进口需求扩大给乳制品出口带来较大压力

中国加入世界贸易组织 (WTO) 之前进口税率较高，因履行 2001 年的加入 WTO 的承诺，自 2002 年起，中国逐步下调乳制品进口关税。在世界乳制品市场中，中国现在已经成为开放程度最高的国家之一。由于进口关税的大幅下调，以及国内乳制品安全问题的发生，致使国内消费者对于国内乳制品的质量信心大跌。此外，政府对乳制品的出口补贴政策不够完善，也导致中国国内对进口乳制品需求急剧扩大。中国进口乳制品数量激增，也给中国乳制品出口带来巨大压力。

2. 中国乳制品由于价格过高导致市场竞争力较低

国外传统乳制品生产企业为促进乳制品出口，逐步降低出口产品价格，使之在国际乳制品市场上表现出较大的价格优势，这也给中国乳制品出口造成巨大的压力。同时，为保护本国乳制品出口，乳制品出口国也制定了政府乳品补贴、实施奶业配额等贸易保护政策。这些政策也对中国乳制品出口具有一定的影响。虽然目前很多国家已经逐步取消了此类贸易政策，但是长期不平等的贸易地位也给中国乳制品出口带来了很大冲击。

3. 食品安全事件造成的信任危机是阻碍中国乳制品出口的最大问题

在技术标准、出口检验等硬性指标达成的基础上，乳制品安全问题成为中国乳制品出口受阻的主要原因。乳制品安全危害事件的发生给国内的消费者带来巨大伤害的同时，也引起了国外消费者的恐惧与抵触，各国政府和公众对中国乳制品的信任度大幅降低。因此，既要保证中国出口乳制品自身安全，也要符合出口目的国家海关进口检验标准的基础上，如何恢复消费者信任，缓解公众不必要的恐慌首先成为促进中国乳制品出口的必经之路。

综上所述，中国乳制品在加强自身监管保证出口质量的基础上，政府也应加大对出口乳制品的政策保护，使之在国际市场竞争中拥有更强的竞争力。在出口过程中有效的风险交流能够用来恢复外国消费者对中国乳制品的购买信心，防止由于信息交流障碍而导致的信任危机，最终达到促进中国乳制品出口的目的。

9.2.3 风险交流促进中国乳制品出口的必要性分析

中国乳制品安全事件发生，导致世界各国消费者对中国乳制品的信心大减，信任修复成为促进中国乳制品出口优先需要考虑的问题。在中国乳制品出口的本国乳制品企业、外国政府、外国消费者与各国专家、媒体等利益相关体之间进行科学有效的风险交流，最大程度地避免由于信息不对称导致的外国公众对中国乳制品质量安全的恐慌，通过新媒体等手段及时准确地传递信息，实现乳制品企业与各国政府和消费者之间的双向交流，同时专家也有了受众更广的渠道来传播科学知识与风险信息。有效的风险交流能够减少公众不必要的恐慌与担忧，并在发生乳制品安全事件时能够避免恶性信息扩散风险。因此建立有效的风险交流机制促进中国乳制品出口十分必要。

9.3 建立促进中国乳制品出口的风险交流机制

9.3.1 国际风险交流经验总结与借鉴

国际上早已存在很多关于食品安全层面进行风险交流的优秀案例和成熟经验。笔者基于广泛阅读和研究，并结合中国当前出口乳制品的安全状况，对国际上食品安全风险交流的经验进行总结与借鉴。

1. 风险交流过程中要针对不同公众采用不同交流标准

在风险交流过程中，尤其是对于国际交流时针对交流主体繁杂、文化背景差异大等情况，需要对不同交流对象采用不同的交流准则。如面对各国政府和不同媒体需要采用对方感兴趣的切入点和交流方式，面对普通公众和面对具有一定科学专业素养的专家就需要进行不同角度和深度的交流。"因地制宜，因人而异"的交流方式有利于满足不同交流主体的差异化需求，对于乳制品安全等科学问题，公众和媒体具有不同层次的科学认知水平，更需要不同的交流标准，从而实现更有效、更有针对性的沟通。

2. 更多公众参与是风险交流成功的前提

向公众提供更多直接交流与信息交换的机会，而不局限于让公众了解乳制品行业及相关的科技信息。更多的公众参与有利于更清晰地使中国政府及乳制品企业了解各国消费者更真实的心理想法和对风险的认知，同时可以让更多的公众参与到与专家的直接交流中，更直接有效地解答公众对科学的困惑与疑虑，从而有利于缓解由于信息不对称问题存在而带来的公众无谓的忧虑与恐惧。

3. 培养公众的科学素养，增加对乳制品科学知识的了解

公众对于科学的信赖与支持，需要以对科学领域的广泛理解为基础。尤

其是在乳制品这样的特定领域，各国消费者都有自己的需求和利益，所以不应只通过从科学家到普通公众的单向传播知识的方法应对风险，而应实现专家和消费者之间的双向交流和开放对话。同时利用企业社会宣传和校园教育等方式，提高公众对乳制品科学的了解与认识，公众具备一定的科学基础有利于提高风险交流的有效性。

4.各环节加强风险交流，做好事前预警工作

及时有效的风险交流和事前风险预警，可以帮助乳制品产业利益方在事前准确识别食品安全风险，并在企业生产前和生产过程中有效降低乳制品质量风险，并能在乳制品事件爆发前做好风险控制准备，力求在事件风险交流中将事件影响尽可能降低。从而在乳制品出口过程的各个环节做好风险交流工作，恢复国外消费者信任，避免公众恐慌，促进中国乳制品出口。

9.3.2 建立促进中国乳制品出口的交流机制

为促进中国乳制品出口的风险交流机制建设，可搭建由国家食品药品监督管理总局为主、多种媒体渠道(移动媒体端、网络、电视、报刊等)相结合、世界公众广泛认同的信息发布和交流平台。该平台作为系统的核心负责接收和发布中国与其他乳制品出口目的国之间的安全信息。在其中任一区域发生乳制品事件时，多国多地区可通过该平台进行预警通报和信息共享，并以平台为基础建立共同的乳制品安全共享信息库，对信息进行分类、筛选和上传。食品安全监督管理局对数据库信息进行定期更新，以提高后期预警、借鉴的准确性。

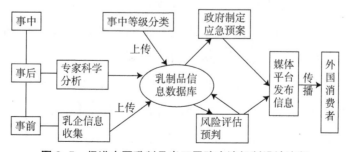

图9-5 促进中国乳制品出口风险交流机制设计流程

1. 乳制品安全事件发生中，风险分类、协同评估和通报

国家食品药品监督管理总局应按照风险等级分类，政府通过新媒体等平台及时、准确地向公众传递真实信息，要求责任明确，态度明朗，让公众对事件发展有清晰准确的认识。这要求各地各级食品安全管理部门通过交流平台将风险事件按照发生的频率及风险等级进行分类并上报，针对不同信息采取不同通知方式，将信息的真实情况进行判断并及时做出信息发布。从而在做到在保障时效性的同时，将信息准确传达各给乳制品进口国。

2. 事件发生后的政企配合与专家分析

对于事件已经发生并且问题比较严重时，平台发出警示通告来引起其他国家和地区的注意，在增强后期预防意识的同时还能对信息库信息进行补充，为以后风险交流提供借鉴。信息数据库会针对乳制品安全的不同问题以及不同风险程度对乳制品安全信息进行细致分类，以使信息真实有效地传递。结合实际国际市场情况，由专家进行实际科学分析，如乳制品出口量变动等，并寻求全球公众的真实反应。政府及乳品企业制定紧急预案，分别在政府、企业官方网站或官方媒体平台等发布最新结果和专家分析，最大程度稳定公众情绪并提升公众对乳品企业及乳制品行业的信心。政府也可以采取直接交流的方式降低信息不对称。

3. 建立事前风险信息上报、汇总、预判和预警通报制度

在信息通告之前，国家食品药品监督管理总局需将国内各乳制品企业的乳制品安全风险信息进行收集和汇总，并对尚未发生但是发生可能性高的信息进行有针对性的评估和预判，并将危害信息经由官方媒体传递公布。中国乳制品安全监管机构对于数据库内的风险信息的风险分级发布并通报，以保证各乳品进口国针对已发布信息提高对食品质量风险信息的警示和关注。形成"确认风险点——对风险事件进行评估预判——总局发布通报"的乳制品质量风险预警体系。有效规避事件后期不利的状态，将风险扼杀于萌芽状态，提高乳制品企业的乳品整体质量，促进乳制品产业质量升级。

4. 依据科学技术指标，使用世界认可度更高的表达方式进行双向交流

无效的风险交流只是单方面的信息发布，进行有效交流更应是公开、及

时、准确的双向信息与观念的沟通交流。对于世界范围内的风险交流，由于文化背景与表达习惯的不同，需要寻找广泛认可的语言和方式，对不同国家的媒体和公众应更有针对性地进行交流。关于乳制品出口的风险沟通要以科学的证据为依据，对乳制品安全问题进行科学的反馈和及时精确的传播。科学普及有利于分析导致乳制品安全问题的不确定因素，避免公众受到谣言和常识性错误的干扰。在科学有效的双向交流中，可以同时提高公众科学素养，并向公众传递降低风险的具体举措，避免对乳制品安全的非必要担忧和不良信息的传播。

5. 重视乳制品行业协会等第三方交流，如乳制品行业协会、科学团体等社会组织

第三方的社会组织是与宏观调控的政府机关和受制于政府压力的专家独立的存在，属于相比于公众更专业的独立科学团体组织。作为独立的第三方对乳制品安全的风险交流发言更客观，与公众可以用通俗的语言解释科学问题，更容易贴近公众获得公众信任，使风险交流保证科学性的同时更能安抚公众担忧。

6. 及时准确互换信息，谨慎选择传递媒介

乳制品安全风险交流是外国政府、乳品专家、外国消费者、乳制品企业和媒体等就某项乳制品安全风险相互交换信息的过程。由于面向世界多国媒体和消费者，应选择更广且更权威的大众传递媒介，避免由于媒体专业性不强对相关科学信息传递有误或断章取义所带来的交流风险，同时媒体的选择对发布信息的科学性、表达的准确性和公众的认可程度都有直接关联，对乳制品安全成功的风险交流十分关键。

总之，为规避外国的贸易壁垒和出口检验检疫标准等硬性障碍，最大限度地减少由于缺乏行之有效的风险交流机制给外国消费者带来的不必要的恐慌甚至信任危机，因此笔者从乳制品安全软治理层面进行风险交流机制设计，建立科学有效的风险交流机制来有效促进中国乳制品出口。中国在乳制品出口安全的风险监管与交流机制升级中应该秉承"及时、准确、科学、有效"的双向交流原则，在中国与各乳制品出口目的国之间搭建自上而下与自下而

上相结合的乳制品出口交流平台。该机制要求多国多地区的政府、社会团体与消费者的多方配合、协同合作，应主动、及时、准确地上报风险信息，做好风险事件发生前的上报、汇总、评估、预判和预警通报工作，并在事件发生过程中实现实时交流与信息的科学公布，事后政府和相关乳制品企业应该总结经验并积极与公众进行反馈沟通，落实完善整改计划做好风险预警等。该风险交流机制的建立保证在乳制品安全事件发生全过程实现有效的风险交流，尽快恢复中国乳制品在国际市场上的信任，提高中国乳制品的行业水平和国际信誉，促进中国乳制品出口。

9.4 从贸易视角完善中国乳制品质量监管的对策分析

9.4.1 概念界定

乳制品的定义与分类——乳制品是指以鲜牛乳或鲜羊乳为主要原料，经一系列加工制成的产品。乳制品包括七大类：第一类是液态乳制品；第二类为乳粉制品；第三类是炼乳制品；第四类是乳脂肪制品；第五类是干酪制品；第六类是乳冰淇凌制品；第七类是其他乳制品等。

9.4.2 中国乳制品监管的现状

1. 国内乳制品的监管现状

中国乳制品行业发展历史悠久，乳制品生产经历了从新中国成立至今60多年的快速发展。如图9-6所示，新中国成立之初，中国奶畜养殖业相对薄弱，产量低。在建国之初奶类产量和牛奶产量仅为21.7万吨和20.0万吨；1978年奶类和牛奶产量分别达到97.1万吨和88.3万吨；从建国初到改革开放之前这几年的奶类和牛奶产量增长率十分缓慢，主要原因在于乳制品生产资源特别是资本和技术极度匮乏，政府长期实行低价奶和"剪刀差"政策等体制，导致乳制品企业缺乏积极性，影响了整个行业的发展。1978年以后，中国的奶类产量和牛奶产量快速增长。2008年的奶类产量和牛奶产量达到了最高，分别为3781.5万吨3555.8万吨。2008年的奶类产量是1978年的38.9倍，牛奶产量是 1978 年的 40.3 倍。可见在这 30 年里中国的乳制品行业发展之迅猛。

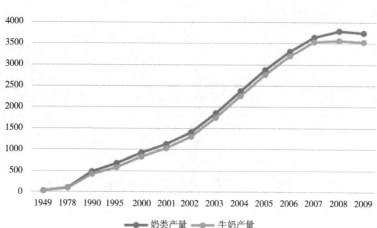

图 9-6　1949-2009 年中国奶类及牛奶产量（万吨）增长

数据来源：《中国奶业年鉴》2010 年。

　　新中国成立至今，中国奶类产量在很长一段时期内保持了较快速度的增长，但 2009 年出现了 60 年以来首次的负增长，主要是因为 2008 年的三聚氰胺毒奶粉事件，公众对国产乳制品丧失信心。2010 年以后，公众对国产乳制品逐渐找回了信心，销售量变高，国内乳制品行业逐渐回到正轨。然而，最近几年的奶类产量和牛奶产量有所下降。由图 9-7 可知，自 2013 年以来，中国奶类产量及牛奶产量均不及 3500 万吨，2014 年奶类产量达到最低，为 2651.8 万吨，总体上呈缓慢下降的趋势。随着中国人口的日益增多，尤其是婴幼儿出生率的增高以及消费者对产品质量的要求提高，中国的乳制品满足不了国内公众对乳制品的高标准、高质量、高数量的需求，迫切需要进口乳制品。

　　由此可见，中国乳制品的产量越来越不能满足公众对乳制品的需求。然而近些年来出现的乳制品质量安全问题，让消费者不得不提高危机意识与鉴别能力。因此，中国进出口检验检疫机构更应加强对进口乳制品的监管。

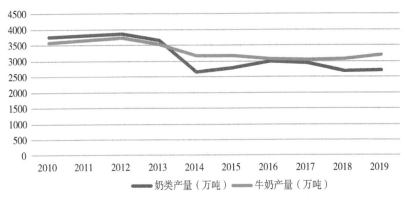

图 9-7　2010 年 –2019 年中国奶类及牛奶产量（万吨）增长

数据来源：国家统计局，http://www.chinabaogao.com

2. 进口乳制品的监管现状

乳制品作为一种健康营养的食品，越来越受到人们的欢迎，成为日常生活的必需品。但是，国内乳制品日益不能满足中国人的需要，为此需要大量进口，近几年来，中国乳制品进口量和进口额呈现量价齐升的态势。然而由于近几年发生的多起进口乳制品质量安全问题，从某种程度上降低了国内消费者对于进口乳制品的信任度和好感度。

（1）作为净进口国，进口量及进口额逐年增加

2013 年 –2019 年，中国进口乳制品的进口数量和进口金额总体上均呈上涨的趋势。2013 年 –2019 年进口数量的年均增长率为 15.4%，年均进口量为 24.5 万吨。2014 年进口数量增长最快，为 26.3%；其次为 2016 年，为 21.4%。2013 年 –2019 年进口金额的年均增长率为 10.6%。2017 年进口金额增长速度最快，为 36.3%；其次是 2014 年，为 18.7%；接着是 2018 年。为 14.8%。进口数量最低值是在 2013 年，进口金额最低值在 2015 年，2019 年的进口数量和金额均为最高值。总的来说，从 2013 年开始，中国乳制品的进口量和进口额呈现同步上升的趋势（具体情况见图 9-8）。

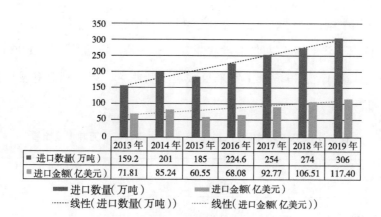

图 9-8　2013 年 –2019 年中国乳制品进口量（万吨）和进口额（亿美元）

数据来源：联合国商品贸易统计数据库

（2）进口种类多样，进口国家相对集中

2019 年，中国进口乳制品的数量增长快速，进口量突破 300 万吨。其中干乳类、奶粉类等均有所突破。中国乳制品进口的种类主要有婴幼儿配方乳粉和牛奶，奶油和乳清等其他种类均呈下降的趋势。进口国家主要是乳制品行业发达国家，据统计，2019 年中国进口婴幼儿配方奶粉 34.55 万吨，增长率为 6.5%，均价 15027 美元 / 吨，比上一年上涨 2.2%。其中来自欧盟的最多，占比最大，为 71%；其次是新西兰，占比 20%（如图 9-9）。

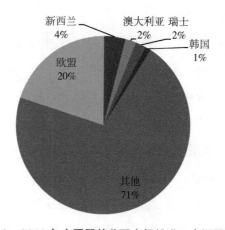

图 9-9　2019 年中国婴幼儿配方奶粉进口来源国比重

数据来源：中国海关总署进出口食品安全局。

2019 年中国进口鲜奶 89.06 万吨，增长率为 32.3%，均价为 1236 美元 / 吨，比上一年下降了 8.8%。主要来自欧盟（占 54.5%）、新西兰（占 31.9%)、澳大利亚（占 11.6%)，进口国家主要来自欧盟、新西兰、澳大利亚等发达国家和地区（如表 9-1）。

表 9-1　2019 年中国进口各国家包装牛奶数量（万吨）及比重

国家（地区）	2019 年 12 月			2019 年 1-12 月		
	数量	占比 %	同比 %	数量	占比 %	同比 %
国家合计	7.54	100.0	5.5	89.06	100.0	32.3
欧盟	4.12	54.6	26.4	48.55	54.5	41.0
新西兰	2.63	34.8	−10.2	28.39	31.9	21.9
澳大利亚	0.65	8.7	−15.5	10.32	11.6	27.2
韩国	0.08	1.0	−27.8	1.05	1.2	18.7
白俄罗斯	0.05	0.6	37.0	0.28	0.3	21.2
欧盟合计	4.12	54.63	26.38	48.55	54.5	41.0
德国	2.24	29.6	4.4	25.84	29.0	47.6
波兰	0.58	7.7	171.3	7.72	8.7	138.9
法国	0.44	5.9	38.3	6.07	6.8	−10.9
比利时	0.19	2.6	51.6	1.85	0.1	51.0
英国	0.06	0.8	−51.6	1.66	1.9	2.7

数据来源：中国海关总署进出口食品安全局

（3）进口乳制品遭信任危机

自三鹿奶粉事件后，国产乳制品企业遭受重创，乳制品行业发展一落千丈。国外乳制品品牌借机进入中国市场，短时间内占有了主要地位，并掌握定价权，洋奶粉轮番涨价，价格远高于国际市场，国内消费者对进口乳制品的质量满怀希望，却也出现了一系列的问题。

据官方公布的进口乳制品未准入境的相关信息，在 2019 年 12 月份，未准入境的乳制品有 14 批次。在这些乳制品中，产自法国的最多，主要是因为乳制品标签不合格；生产地是西班牙的主要是因为乳制品超过保质期；生产地来自新西兰的主要原因是乳制品与货单不一致；生产地是澳大利亚的主要是因为乳制品的标签不合格，在制作乳制品的过程中，计算酵母菌的方法不符合中国标准的要求；产地为德国的多为污秽腐败；产地为马来西亚的多为包装不合格；生产地是意大利的主要原因是没有提供乳制品相关的证书和合格证明材料。具体情况见图9-10。

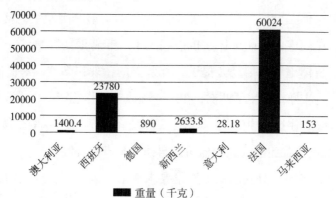

图 9-10　2019 年 12 月未准入境的乳制品产地及重量（千克）

数据来源：中国海关总署进出口食品安全局

2020 年 4 月 9 日，赣江新区海关销毁了 50 吨不合格进口乳制品，这批不合格的进口乳制品生产于白俄罗斯。在中国进境时，经海关检验检疫发现这批乳制品里含有沙门氏菌，存在质量问题，不符合中国乳制品的标准要求。除此之外，生产地来自法国的乳制品曾被检验出有活虫存在；生产地是澳大利亚的乳制品被检验出大肠菌群超过中国的国家标准；生产地是瑞士的乳制品也被检验出细菌总数超标的问题。中国在进口乳制品的过程中，多次检验出制作乳制品的一些含量超标、超过保质期等多种质量安全问题，因此，中国进出口检验检疫机构应更加重视对进口乳制品的监管，及时发现问题，及时止损，保障国民买得安心，喝得放心。

9.4.3 中国乳制品质量监管存在的问题

1. 国内乳制品质量监管存在的问题

（1）政府对乳制品质量安全监管的流程不完善

政府部门以及检验检疫机构缺乏对国内乳制品的怎么监管、用什么监管以及监管环节出现问题找谁负责等一系列乳制品质量安全监管流程的进一步完善。甚至有些部门之间的职责是互相交叉、互相重叠的，导致发生安全事件时，部门之间互相踢皮球，推卸责任，耽误了时间。就在最近发生的湖南郴州某县"大头娃娃"事件，这些患儿被医院确诊为"佝偻病"，且都食用过特医奶粉。但是特医奶粉发生安全问题并不是第一次发生，就在去年的7月份左右，在湖南的郴州地区，也被曝光了一起特医奶粉事件，特医奶粉本是为早产、身体虚弱的婴幼儿提供特殊营养的，现在却被不法商家利用。并且近乎同一违法操作发生了两次，在这一条成熟的作恶链中，监管是缺失的，如果我们能够卡住这当中的某一环节，或许就可以避免公众受到侵害。

（2）乳制品加工企业安全监管的自律水平有待提高

国外的一些国家对乳制品的质量要求普遍很高，而且这些国家的乳制品生产企业都有着很高的自我约束能力，来保障生产出来的乳制品是安全的。可以说是，乳制品企业的自律水平与道德素养和国民的生命健康直接挂钩。2008年中国的"三聚氰胺"事件中，某公司在加工前，原料乳没有严格进行检测就直接进入生产环节，这种问题乳制品随之流向市场，结果就发生了重大的安全事故，许多婴幼儿在食用后患有肾结石，使无数家庭受到伤害。正是由于乳制品生产企业缺乏责任心，自我控制能力低，对监管环节漠视，加剧了乳制品安全问题的严重性。

（3）乳制品加工企业对生鲜乳的检测能力偏低

乳制品的生鲜乳检测环节主要是由乳制品企业的实验室来完成的，但是现在很多企业没有足够的资金或条件成立较先进的实验室，从而对生鲜乳的检测造成影响。据统计，中国通过认证的、达到标准的生鲜乳检测水平的企业很少，甚至有些不达标的企业也将自己生产的乳制品投放到了市场，给乳制品的安全埋下了定时炸弹。除此之外，普遍存在对生鲜乳进行检测的相关技术人员很多都是无证上岗的现象，没有参加过专业的培训，对相关的专业知识不了解，很容易造成检测结果的不准确以及失灵问题，进而影响乳制品的后续环节。

2.进口乳制品质量监管存在的问题

对于进口乳制品来说，由于生产、加工和包装乳制品的过程都在国外，这加大了监管的难度，难以控制。

（1）奶源源头不清楚

进口的乳制品主要有两种方式：一种是完完全全的进口，就是乳制品从生产到包装的所有环节都在国外完成，到国内可以直接销售；还有一种是不完全进口，即奶源从国外进口，其他环节部分在国内完成，部分在国外完成。无论是哪一种乳制品，中国的监管机构以及消费者都是处于被动的状态，只能从其外包装上了解到该产品的相关信息，甚至有些不法商家在产品说明上造假，欺骗消费者。

（2）加工工艺不标准

进口乳制品的加工方法主要分为两种。一种是国际上普遍实行的正规做法，即用湿法进行加工，把原料乳放到一个容器里，按照配方加入不同的成分后搅拌，再喷成奶粉。在这个过程中，挤出来的新鲜牛/羊奶需要低温储存，且在储存等待投入生产的时间不能过长，这对一些乳制品加工企业来说有些难度。因此为了让自己的利益最大化，避开了正规的做法，找到了捷径。即以低成本进口乳清粉，进行二次加工，再制成奶粉，这就是所谓的干法加工。这种方法简单粗暴，但是不标准，营养不均衡，乳制品的质量得不到保障，易发生安全事件。

9.4.4 中国乳制品质量监管存在问题的分析

1. 政府和企业没有及时和消费者交流沟通

国内乳制品的风险主要是由消费者在购买、使用的过程中发现了风险而发起的食品安全风险交流机制。在此过程中，消费者先发现风险，并立即上报政府部门，政府立即启动相关机制，并对风险进行评估，与风险管理部门、专家、消费者、食品企业进行风险交流并提出规避风险的举措，在信息交流平台上再次与各利益相关方、媒体进行交流，使相关人员都能了解该风险及规避方法。

正如上文提到的湖南郴州"大头娃娃"事件中，风险交流就存在很多问题。首先是监管力度不够。连续两次发生类似事件导致公众对相关部门的不信任；其次是企业受到利益驱动，没有制定有关措施，对生产和销售没有约束。没有建立日常有效的交流机制，安全事件发生的第一时间，没有及时和消费者进行沟通，导致消费者对食品企业不信任。

2. 双方之间信息不对称致使风险增大

（1）中央和地方机构的信息不对称

中国的食品安全监管体系是中央"自上而下"式的直接管理，本应该是中央和地方互相沟通、互相交流，现在却变成了互不干涉、互不关心，造成了双方之间的信息资源不对称，一旦发生紧急事故难以及时应对。而且有些时候，地方政府会存在地方保护的行为，这可能会间接为不法企业提供庇护，威胁公众的食品安全与健康。就像是中国多次发生的乳制品质量安全事件，主要原因大都是在乳制品流向市场时，发现问题后地方政府没有在第一时间上报到中央，也没有对乳制品进行召回，使严重损害了消费者的利益，对整个乳制品行业带来了巨大的影响。

（2）食品生产者与消费者之间的信息不对称

进口乳制品的风险主要是由于乳制品的生产企业拥有着国内消费者无法了解到的信息，两者之间的信息不平衡造成的风险。在进口乳制品的贸易中，当发生质量安全事件时，专家们需要进行相关标准的调查，对食品安全数据进行分析。在调查分析时，需要的时间较长，消费者在等待的过程中，易受到负面信息的影响，加剧消费者的心理不安。这就需要新闻媒体正确引导社会舆论，同时在信息交流平台上与消费者进行互动，使消费者了解到迫切需要知道的信息，提高信息透明度。

（3）进口乳制品的产品标识不规范

中国国家质量技术监督局作出明确规定，在进入中国市场前进口乳制品的外包装上必须印刷中文标签，国外生产乳制品时从产品本身到产品标识设计都必须符合中国相关法律的规定。但由于一些企业的不规范行为，给产品标识造假混入中国乳制品市场带来食品安全风险，加大了监管的难度。

总之，政府应充分保障国产乳制品奶源的质量安全，严格监管并控制进口乳制品质量，加强中央与地方之间的交流及乳制品企业与消费者之间的交流，将乳制品安全问题带来的风险降到最低。

9.4.5 完善中国乳制品质量监管的对策分析

1. 在 CAC 框架下食品安全风险交流机制对中国乳制品的启示

国际食品法典委员会 (CAC) 在食品安全风险交流方面做了大量研究，并建立了专门的风险交流机制，因此，本文将结合中国乳制品的现状，总结 CAC 框架下食品安全风险交流机制对中国乳制品质量安全监管的经验与启示。

（1）对风险交流主体进行明确定位

在乳制品安全的风险交流过程中，要对交流过程中的各个主体进行清晰的定位，以便各司其职做好本职工作。这样，风险交流才能事半功倍，制定出针对性强、可行性强、符合民意的解决方案。专家要及时对发现问题的乳制品进行调查分析，并将结果告知社会公众，解释说明缘由；要充分发挥政府监督管理的职能，在事件发生后第一时间发声安抚群众；媒体要正确引导社会舆论，充分了解乳制品的相关信息，对于乳制品从发现问题到解决问题这一过程进行明确的说明，保证信息真实性；公众可以在相关信息平台上进行留言或互动沟通，信息交流高度透明，避免因互不信任造成社会恐慌。在乳制品安全治理体系中，政府、媒体、专家技术人员、公众这几个重要的风险交流主体分工负责，密切合作，共同处理好乳制品安全问题。

（2）搭建多样化的信息交流平台

在食品安全风险交流的过程中，让公众充分的参与进来，积极探索决策者、技术人员和公众之间的沟通是各国风险交流发展的新模式。在双向交流的过程中，要保障每个群体和个人都有话语权，尊重每个人的意见，与公众探讨决策的可行性以及为应对风险制定的措施的可接受程度。只有这样，风险交流才能达到理想的目的。在中国乳制品质量安全风险交流中，政府为了更好地解决问题，可以在平时通过下基层实践调研、邀请民间人士开座谈会等多种方式加强和群众的交流，听取民众的利益诉求。公众也可以通过打市长电话、微博留言等方式主动提问。专家对问题乳制品的解释也应得到公众认可，并为公众解答疑惑。

（3）加强国际化的风险交流合作

随着国际食品安全事件的频繁发生，越来越多的国家意识到食品安全风险交流机制建设的重要性和必要性。为切实保障食品安全，保护消费者的利益，中国政府也建立了相关的食品安全风险交流机制，但是还需要进一步积极与发达国家交流合作，向发达国家学习先进的经验技术。在开展乳制品国际贸易的过程中，中国不仅要对国际乳制品的市价走向进行追踪，及时调整国内乳制品的定价水平，提高中国乳制品企业在国际市场上的竞争优势，还要积极促进中国乳制品的进出口贸易，建立自由贸易区，在合作中学习别的国家的先进的风险交流机制的建设经验。

对于中国来说，建全完善的食品安全风险交流机制还有很长的路要走，我们既要借鉴世界各国的经验，又要结合本国的实际情况，加强与消费者的沟通交流，完善中国乳制品安全风险交流体系，提升中国乳制品质量监管的水平。

2. 完善中国乳制品贸易的技术性贸易措施

很多发达国家和地区为了保障本国企业的经济利益和消费者权益，严格限制不符合该国食品安全要求的食品进口。例如，欧盟制定了相关的法律法规，对食品生产的各个环节都做出了严格规定，尤其是在食品污染物的限量标准方面；美国将乳制品进行分级定价，按照等级来制定价格；澳大利亚则是实施对乳制品的进口配额制度等。世界各国制定的这些技术性贸易保护措施，提高了中国乳制品的出口门槛，对中国乳制品贸易造成了严重阻碍。所以，中国应及时制定策略来应对这些技术性贸易壁垒。

（1）加强中国乳制品技术标准建设，与国际标准接轨

世界各国出于对本国乳制品安全的保护，一般情况下会对出口国施行严厉苛刻的技术性贸易壁垒。中国乳制品的技术水平与国际标准相比还有一定的差距，这会对中国乳制品的出口造成一定的影响，有些在中国已经达到合格标准的乳制品在出口时却无法通过检验检疫。有鉴于此，应当提升中国乳制品检测的技术水准，向国际标准靠拢，不定时地追踪并革新中国乳制品的技术标准，尽量减少乳制品的出口受阻情况。

（2）建立对技术性贸易壁垒的预警机制和应急反映机制

世界各国建立的技术性贸易壁垒种类繁多，内容复杂。为了促进中国乳制品的出口，中国需要建立对乳制品技术贸易壁垒的预防和应对措施。在出现问题时能做到冷静处理，及时应对，最大限度地降低事件带来的危害。同时，预警机制也能为乳制品进出口企业提供良好的贸易服务和贸易信息，提高积极应对突发事件的能力和水平。

（3）建立严格检验检疫环节

要加强本国的技术性贸易壁垒，建立一整套严密的检验检疫流程，在乳制品的进口环节要层层把关、严格把控，使本国国民的生命安全得到保障。不仅要对乳制品进行检验检疫，还要对制作乳制品的原料以及加工环节进行追踪调查。对于进口乳制品的企业和产品进行分类管理。按照进口乳制品的种类特点、交易方式、运输方式、技术标准等的不同，采取不同的监管模式有针对性地进行监管。

3. 建立具有中国特色的乳制品贸易风险交流机制

（1）完善中国乳制品安全风险交流主体制度

第一，完善并改进以政府为主导的风险交流机构主体。政府应设立专门部门负责风险交流工作，培训专业技术人员，每年提供固定的资金支持。同时，政府还应实施科学合理的贸易政策，规范国内乳制品市场的秩序，根据国际上的准则标准对国内乳制品及时调整，补足短板，增加优势。

第二，完善以企业为主体的风险交流制度。在乳制品贸易中，企业应与消费者多进行沟通。当乳制品的生产和销售出现安全事件时，企业应主动面对，与专家、消费者进行沟通，增强风险交流效果。

第三，完善以媒体为主体的风险交流制度。政府或官方机构发布的消息是公众获得信息的主要途径。此外，媒体发布的新闻也是消费者获知食品安全信息的重要通道，为此，在乳制品进出口贸易的过程中出现问题时，社会媒体应发布正确、真实的信息，呈现出健康的传播态势。

（2）完善中国乳制品安全风险交流信息平台建设

第一，要丰富食品安全风险交流方式。信息是一个双向交流的过程，为了更好地、更畅通地交流，需要增加多样化的交流方式。政府可以通过微信公众号、官方微博、社区宣传栏等多种平台发布乳制品相关信息与防范小技巧，可以通过漫画、儿歌等多种接地气的方式向公众传播。应建立食品安全风险管理者与利益者的交流，为管理者提供很多有效信息，帮助管理者做出正确的决策，共同解决问题。同时还应加强食品安全风险分析评估者与利益者的交流，为风险分析评估者提供有效信息，并为管理者做出正确的决策提供依据。

第二，要完善信息平台建设。应建立全国统一的乳制品安全信息交流平台，对全国各个地区的建立的乳制品信息平台进行整合，实现全国范围内的信息共享。同时，应与国外政府在乳制品安全事件处理方面多交流，并建立世界范围内的信息交流平台，便于实时获取更加真实准确的数据和信息。

（3）完善乳制品安全相关法律

应进一步完善乳制品相关法律法规，在此过程中加强与公众、企业的交流，在中国乳制品进出口贸易发生安全事件时，明确责任归属，对进口、出口的每一个环节都做出合理的相关规定，避免部门之间推卸责任，避免不法商家钻法律的空子，伤害消费者，也让国内乳制品企业更加符合标准，生产出高质量的乳制品，增加乳制品的竞争优势。

（4）树立公众对乳制品安全的风险意识

基于食品安全风险交流机制，让公众能够比较全面地掌握乳制品安全风险技能，树立乳制品安全风险意识，提高乳制品安全风险识别能力。随着近年来公众防范风险能力的提高，倒逼国内外乳制品企业转型升级，在提高质量标准上下功夫，吸引消费者购买，将质量做到最优，使之成为每个乳制品企业追求的最终目标，促进乳制品贸易的快速发展。

结语

本文主要研究运用食品安全风险交流机制来完善中国乳制品贸易质量监管的对策分析。第一，通过对国际食品法典委员会 (CAC) 框架下的食品安全风险交流机制进行总结学习，在借鉴世界各国相关经验的基础上，结合中国乳制品质量安全的现状，建全完善具有中国特色的乳制品质量监管体系。第二，为规避乳制品出口贸易面临的技术性贸易壁垒，中国需借鉴发达国家的技术性贸易措施，进而提高中国乳制品贸易的竞争优势。中国乳制品安全风险交流机制应建立决策者、专家和公众之间的双向交流模式，使风险交流更加科学有效。第三，政府、媒体、公众等风险交流主体应各司其职，密切配合。政府应建立更多官方沟通渠道，扩大宣传途径。媒体应遵守职业道德，向公众传播真实可靠的信息。公众应积极提升自身知识储备，理性客观对待风险危机，参与乳制品安全风险交流。此外，中国还应加强与国际之间的风险交流，开展合作，建立世界范围内的信息交流平台，实现国内外的资源共享，获取更加科学合理的相关信息和数据。并对中国乳制品相关法律法规进行完善，为乳制品贸易过程中发生的安全事件的处理提供法律保障，同时提高公众鉴别乳制品安全风险的能力，促使国内乳制品企业不断提供优质安全的产品。

第10章　肉制品的食品安全风险交流

随着近几年来全球各地的食品安全事件的爆发，特别是自 2018 年非洲出现猪瘟事件之后，各国对于肉制品的进口准入标准和检验检疫标准设置更为严格，2019 年底新冠状病毒的来源依旧是肉制品。中国是肉制品进口大国，对于肉制品食品安全问题应更为重视。在肉制品国际贸易市场，中国肉制品的出口屡屡受挫，中国肉制品产品在国际市场上遭受进口国设立贸易壁垒大多来自于关税、倾销、质量安全、环境污染等技术性贸易壁垒，给中国肉制品出口带来了极大的困难。这是因为中国肉制品检测标准与国外不符，不能够达到国外的标准，说明中国肉制品贸易监管机制还存在着很大问题。面对来自进口国政府和消费者的不信任，从出口的角度出发，应学习国外较为完善的风险交流机制，提高中国肉制品监管标准，从而提高中国肉制品进口市场的检测标准，完善中国肉制品贸易机制。

中国肉制品对外贸易的出口仅仅依靠国家法律的硬性规定和技术指标的高标准是不够的，如何从软治理的角度来协同硬性标准就更为重要。这个角度就是在消费者、贸易公司和各国政府之间建立良好的信息交流，减少信息在贸易时的不对称，降低贸易发生时的不确定性危机风险，以此来解除由于信息的不对称和信任危机造成的肉制品贸易的困难。构建肉制品贸易的风险交流机制，就是在与肉制品贸易相关的消费者、贸易公司和进口国政府等相关利益主体之间构建有效的风险交流方式，运用合理高效的方式促进贸易的达成。在肉制品贸易发生时的危机风险交流和肉制品贸易发生前与发生后的日常风险交流，共同提高中国肉制品出口的信任度和国外消费者与政府对中国肉制品的信心，以此促进中国肉制品贸易。

10.1 中国肉制品进出口的现状分析

10.1.1 出口现状分析

随着国民经济的发展，生产技术水平以及食品安全管理水平的不断提升，中国在世界肉制品贸易上的影响也越来越大。从2008至2018年肉制品出口整体呈现下降趋势，以羊肉制品出口为最，其次依次是猪肉制品和禽肉制品（见表10-1）。

禽肉制品。2007年，中国禽肉出口额为16万吨，自2008年以来，中国禽肉制品出口最低量在16万吨以上。近10年以来，中国禽肉制品总体呈上涨趋势，但是总体增幅呈下降趋势。2008年-2012年，虽然经历了2008年世界经济危机的影响，但是中国禽肉制品的出口依然在增长。2012年-2015年，中国的禽肉制品出口呈大幅度增长，增幅率达至27.3%。在2015年达到顶峰，为24.7万吨，从2016年以来，中国禽肉制品出口逐年下滑，自2015年-2018年，下降率达10.5%，2018年至今，中国禽肉制品的内需扩大，使得禽肉制品在国际市场的占有率逐渐下降。

猪肉制品。2008年-2010年，随着经济回暖，猪肉制品出现一定幅度的上涨，2010年猪肉制品出口量达11万吨，之后两年内猪肉制品的出口又出现大幅度的下滑，一度到达39.8%的下滑速度。2012年，国家加大了对肉制品出口的检测力度，于2014年回涨至9万吨。2014年至今，随着人民生活水平的提高以及饮食习惯的影响，猪肉制品的内需扩大给出口带来了压力，影响到猪肉量出口逐渐下降。

羊肉制品。从整体来看，羊肉制品出口的整体形势不容乐观。2008年-2019年跌破1万吨大关，虽然至2010年有所提高，但从2010年-2017，羊肉制品出口下降幅度达75.6%，从13481.02吨下降至3294吨，由此可见，中国羊肉制品在全球市场上所占的份额较小，对全球市场的羊肉制品贸易影响力度不大。

表 10-1　2008 年 –2018 年中国部分肉制品出口年量（吨）

年份	禽肉制品出口（吨）	猪肉制品出口（吨）	羊肉制品出口（吨）
2008	167974	82203	14584
2009	173807	87393	9531
2010	205937	110126	13481
2011	210859	80690	8117
2012	193955	66243	5043
2013	203112	74394	3214
2014	225203	91516	4387
2015	247086	71491	3759
2016	226451	48538	4060
2017	240488	51288	3294
2018	221067	41761	5158

数据来源：联合国商品贸易统计数据库（https://comtrade.un.org）

10.1.2 中国肉制品进口现状

2008 年至 2018 年禽肉制品、猪肉制品、羊肉制品的进口数据显示（表 1-2），这三类肉质品的进口量总体呈上升状态，在 2008 年，这三类肉制品的进口量仅为 83 万吨、37 万吨、5 万吨，到 2018 年，进口量分别为 50 万吨、119 万吨、31 万吨。其中以猪肉制品的进口量上涨的最快，2016 年达 162 万吨；禽肉制品虽有小幅度的下降，总的进口量依然很庞大。随着中国人民生活水平的提高，羊肉制品的进口量也在逐年上涨。

表 10-2　2008 年 –2018 年中国部分肉制品进口年量（吨）

年份	禽肉制品进口（吨）	猪肉制品进口（吨）	羊肉制品进口（吨）
2008	832,954	373,340	55,452
2009	749,662	134,971	66,466
2010	542,034	201,335	56,967
2011	420,937	467,659	83,143
2012	521,719	522,212	123,938
2013	584,171	583,479	258,723

年份	禽肉制品进口（吨）	猪肉制品进口（吨）	羊肉制品进口（吨）
2014	468,846	564,240	282,864
2015	408,484	777,504	222,925
2016	592,693	1,620,191	220,062
2017	451,948	1,216,756	248,975
2018	503,926	1,192,828	319,035

数据来源：联合国商品贸易统计数据库（https://comtrade.un.org）

禽肉制品。2008 年 -2011 年中国禽肉制品进口由 83 万吨降至 42 万吨这是因为受到 2009 年前后甲型 H1N1 禽流感的影响，进口禽肉制品在中国市场上需求量较少。2012 年 -2018 年，中国进口禽肉制品量保持在 50 万吨上下，禽肉制品市场趋于稳定。

羊肉制品。进口羊肉制品从 2008 年 5.5 万吨提高到 2018 年 31.9 万吨，增幅为 82.7%，随着中国步入新时代，人民生活水平显著提高，对于价格略高的羊肉制品的需求量增大。预计在未来羊肉制品的进口量可能会有进一步提高。

猪肉制品。中国是猪肉制品消费大国，猪肉制品是中国居民主要的肉食品。相比于猪肉制品出口量的下降，中国猪肉制品的进口量从 2009 年到 2016 年呈现大幅度增长，仅 2016 年猪肉制品的进口量达 162 万吨。2018 年进口肉制品下降到 119 万吨，原因是受到非洲猪瘟的影响，中国市场猪肉制品的价格上升，消费者趋于选择猪肉制品的替代品，对于猪肉的需求大幅度下降。在中国政府的管控下，猪肉制品价格回归正常，预计未来猪肉制品进口量会出现大幅度上升。

10.2 中国肉制品出口整体下降的原因分析

从联合国贸易数据库所展现的数据以及上部分对中国肉制品出口现状的分析，中国肉制品出口整体下滑的的主要原因是检验检测不对等，以及进出口双方在信息交流方面的不对称等。随着国际形势的变化，中国国际地位逐步提升，来自西方国家的中国威胁论影响着中国肉制品贸易，部分国家针对中国肉制品设置贸易壁垒和为保护本国幼稚企业的保护型贸易壁垒同样对中国肉制品的出口造成影响。其次是中国肉制品的风险交流的缺失，在食品安全事件发生前后，行业协会、企业、公众和政府的交流不够全面，进口国相关利益主体对中国肉制品产生怀疑和不信任，造成中国肉制品在国外市场的地位逐步缺失。中国肉制品的监管相比发达国家来说，还存在着较大的差距。安全意识的淡薄和中国肉制品监管标准相对国际标准相差较大、对接困难，导致中国肉制品在国际市场上问题频发。本文从风险交流角度研究由于信息不对称导致的肉制品出口持续低迷的问题。

肉制品出口受限于技术性贸易措施。在现行的国际标准体系中，标准一般都是由发达国家制定，中国作为发展中国家是标准的接受者，这些标准是基于发达国家的利益和发展水平制定的，发展中国家很难达到这些标准。进出口食品安全信息平台的数据显示，从2010年至2020年出口到美国的肉制品主要受到兽药残留、农药残留、微生物指标、质量指标技术性贸易措施限制。出口到日本的肉制品不合格原因主要为微生物指标超标、食品添加剂、质量不合格，还有部分非法添加，其中微生物指标不合格占比达81.5%；出口到欧盟的肉制品受到兽药残留、非法添加、质量指标、微生物指标、污染物残留等方面的限制。统计后发现，中国肉制品出口到国外受到技术性贸易措施限制大部分是因为微生物指标、添加剂、质量指标与进口国标准不符合。虽然从短期来看，技术性贸易壁垒对于中国肉制品的出口带来了阻碍，但是从长期来看技术性贸易壁垒的现值会逐渐提高中国肉制品的生产标准，促进企业做出生产技术的改进。

中国进口肉制品需求量大给出口带来压力。中国是人口大国，对于肉制品的消耗量与日俱增。从2008年至2018年肉制品进口数据来看，三种肉制品的进口数量比出口数量相差较大，2018年中国禽肉制品、猪肉制品、羊肉制品进口量分别为50万吨、119万吨、32万吨，而出口量分别为22万都、4.1万吨、0.5万吨，这是因为近十年来，随着国家逐步下调对于肉制品的关税，肉制品的进口更加吸引贸易公司的投入，并且受到中国消费者饮食习惯的影响，猪肉制品的进口量2008年至2018年增幅为68.9%。大量的肉制品进口给肉制品出口带来了压力，肉制品的出口贸易量随之减少。

国外消费者对中国肉质品认知处于信息滞后状态。2013年内蒙古某食品公司生产假劣牛羊肉干事件和江苏省某市以狐狸肉、鼠肉制售假羊肉事件对国内外消费者影响较大。国外消费者由于缺乏对中国当下肉制品监管体系的关注，对中国肉制品的认知存在信息滞后，受限于媒体的报道，以往的肉制品安全事件仍然影响着国外消费者对中国肉制品的信任。如今，中国生产技术逐渐与国际发达国家接轨，硬性技术指标、严格的质量监管标准和出口检验检疫标准共同提高中国肉制品质量安全水平。因此面对国外政府、企业和消费者对于中国肉制品的怀疑，增进与公众的风险交流，恢复消费者对于中国肉制品的信任就变得极为重要。

10.3 风险交流对肉制品贸易的重要性

10.3.1 肉制品贸易安全管制具有信息不对称性

肉制品的质量特征具有信任品的特点，信任品的特点是在生产者和消费者之间存在严重的信息不对称。消费者在购买肉制品之前就能得到肉制品的搜寻品特征、颜色和气味。而肉制品的香味、口感等都属于经验品，只有消费者购买之后才能做出判断，并在后续的重复购买行为中影响较大。第三种信任属性，如细菌含量、胆固醇含量等无法用肉眼直接观察到，消费者也无法在短时间内了解含量的多少对于身体的危害，因此这种属性给肉制品的质量信息搜集带来了困难，且信息缺失对于贸易造成的危害也巨大。这种信息的不对称不仅仅存在于供应商和消费者之间，还存在于供应商和生产商、生产商与管制者、生产商与消费者之间，共同造成了肉质品贸易在信息不对称下安全事件的频发。贸易商品的最终去向是消费者，消费者对于肉制品的信息传递是较为片面和迟钝的。消费者对于进口肉制品中微生物的含量和添加剂含量不够关注，是因为消费者的安全预警意识不够，盲目信任进口肉制品的质量。其次是消费者无法参与到肉制品的监管过程中，仅仅依靠监管部门的督查是不够的，还需要消费者自下而上的信息反馈，在风险发生前及时警示，控制风险，降低风险。在信息技术高速发展的现代化贸易中，产品的信息动态能够被消费者及时捕捉，对于风险交流的参与度有了很大的提升，能够更好地参与到风险交流的监管过程中，帮助监管部门作出及时反应。

10.3.2 风险交流的多方参与原则

风险交流不仅是信息的传递，而且是连接各利益相关主体做综合交流。肉制品贸易的监管中，涉及的利益主体是多方面的，包括政府监管部门、贸易企业、消费者，媒体、行业协会、生产厂商等。在各个相关利益主体的共同参与下，给肉制品贸易的监管带来困难。在风险交流中规定政府处于组织和领导地位，在肉质品贸易的监管中具有主导性，由国家强制力保障实施，能够对于其他利益主体统筹兼顾，同时在法律的约束下，能够在风险交流过程中秉持科学客观原则、公开透明原则。消费者、企业、行业协会、媒体等其他参与主体能够在风险交流过程中发挥主观能动性，不再是肉制品贸易监管中的规范实施者，服从肉制品贸易监管的命令，而是能够通过风险交流参与到肉制品贸易监管中去。最后，风险交流的及时有效原则能够更加迅速便捷地将信息上传下达，方便各利益主体交流，在5G时代的背景下，风险交流的及时有效原则更加适用于中国肉制品贸易监管。

10.3.3 风险交流的基本方法能够提高肉制品贸易监管的效率

①了解利益相关方需求。风险交流能够了解包括消费者、企业、政府监管部门等各利益主体的需求，然后根据需求采取不同的策略和方式，具有针对性和强效性；②制定计划和预案。风险交流能够在肉质品贸易事件发生前做到制定预案，并能够为重点风险交流活动计划相应的实施方案；③加强内外部协作。风险交流能够加强从上到下各个机构与相关主体的紧密联系，通过有效的交流达成共识，上下一体，促进肉制品贸易监管；④加强信息管理。

肉制品贸易监管的信息不对称性在风险交流过程中能够得到及时解决。风险交流需要建立健全信息管理制度、畅通的交流渠道，能够明确信息发布的范围和内容，确保信息交流的准确性，大大提升了肉制品贸易监管的效率。

10.4 国外食品安全风险交流的应用

10.4.1 欧盟关于食品安全风险交流的应用

目前欧盟形成了纵向与横向结合的食品安全监管机制，由国家政府和相关的组织共同协调管理，共同解决肉制品安全问题，欧盟食品安全风险交流主体 EFSA（食品安全局），只为公众安全行事，不代表任何的政府、机构或者部门，其主要职责是，进行肉制品安全的评估，在此基础上对直接或者间接的领域立法和政策提供科学的建议，并进行风险交流，但是不参与管理过程。在肉制品安全监管上，有肉质品风险评估机制、肉制品可追溯机制、欧盟肉制品标签制度和快速预警等机制来保护食品安全。在欧盟的食品安全风险交流体系中，欧盟的各成员政府国、欧洲议会、欧盟委员会、食品产业和消费者大众都可以参与到风险交流的过程中，其中，以 ESFA 为中心向各方相关利益主体负责，其他的组织、机构和团体以及个人向 ESFA 反馈。其他各相关利益主体还可以加入到风险交流决策的过程中，对过程进行监督和建言献策，提高决策过程的透明度和公平性。虽然消费者处于整个风险交流模式的最边缘，但是其他相关利益主体可以通过网上问答、电话调查、调研问卷等形式来和公众交流。

10.4.2 日本关于食品安全风险交流的应用

日本的食品安全风险交流主体为食品安全委员会（FSC）、厚生劳动省（MHWL）、农林水产省（MAFF）。FSC 主要负责食品安全的风险评估、风险交流和应急处理，并且 FSC 设有七位委员，全部来自于民间专家，为保持公平性和可靠性，有三名委员成员是兼职。此外 FSC 还会承担促进国际食品安全交流合作，与欧盟食品安全局、澳大利亚和新西兰食品安全局进行最新的食品安全风险交流、沟通和合作。日本的 FSC 负责全国的食品安全风险评估和分析，具有独立性、权威性、专业性和公平性；对于消费者，日本 FSC 专门成立了消费者厅，加强与消费者的沟通和交流，还负责对于食品安全事件的调查，同时提出意见和要求，并且被赋予权力拥有监督权和检举权。MHWL 负责食品环境卫生管理，MAFF 负责食品生产管理。通过对管理和评估的分权，以确保在食品安全风险交流的过程中各项工作不受外部影响。MHWL 和 MAFF 专门从事于食品安全风险管理中的信息监测、预警、防控、快速响应以及引导，其次还强化信息的共享、公开和披露，使得信息交流在部门之间，部门与企业之间，部门与企业以及消费者和其他社会机构之间共享。与此同时，日本还强化信息技术的应用，依托云计算、大数据、物联网和人工智能等技术的支持，共同保证风险交流的及时性和高效率。日本通过以食品安全委员会为主导地位，厚生劳动省和农林水产省为具体实行部门，还针对食品企业加强其风险沟通和对民众的安全风险素养的培养，及时的通过媒体引导和报道，来达到齐头并下，共同跟进的方式。

10.4.3 美国关于食品安全风险交流的应用

美国食品安全风险交流通过制定《信息公开法》《联邦咨询委员会法》等法律来帮助公众共同参与食品安全风险交流管理。美国专门设立有风险交流机构——美国食品药品管理局（FDA），美国食品药品管理局成立风险交流专家咨询委员会，负责审查、评估 FDA 及其他机构风险交流策略及活动；为了加强、促进联邦政府与各州政府之间风险交流，联邦机构中建立了风险评估联盟，促进风险管理机构、风险评估机构等风险机构之间的内部交流。美国建立食品安全咨询委员会，公众广泛参与食品安全监管。该委员会由公众代表、专家、律师、医师等社会各界人士组成，整合公共智慧对食品安全风险进行分析，为 FDA 提供解决食品安全问题信息和决策。其次，公众广泛参与食品安全立法。在制定食品安全法规、政策时，美国政府广泛征求消费者意见，并为消费者提供发表意见及评论的途径。公众可以通过邮件、电话等方式参与到食品法律规范的制定。依照《行政程序法》，FDA 可举行正式或者非正式公众会议，征集公众对食品安全法律法规意见，实践中美国也会采取此种形式征求利益相关者对风险评估及监管措施的看法和意见。

公众倾向于听取有能力的信息传递者的想法，是因为他们被认为具有可以帮助他人实现目标的经验、技能和知识。国外在肉制品风险交流方面已经较为完善，设立了独立的风险交流监管部门，监管部门具有较大的自主权，能够更加贴合实际地解决肉制品安全中所出现的问题，并且在与公众交流方面实施较为广泛。本文在研究国外食品安全监管机制的基础上，对于中国肉制品贸易监管机制有一定的指导作用。

10.5 完善中国肉制品进出口贸易风险交流机制

10.5.1 出口肉制品质量监管风险交流机制的改进建议

在肉制品贸易发生的整个过程中，想要在肉制品贸易发生前做好足够的风险防备，在肉制品贸易事件发生时能够进行及时的信息交流并在贸易发生后完善，这其中的处理方法是当下应该着重解决的问题。面对中国肉制品出口的下降，通过风险交流促进中国肉制品贸易监管能够提高肉制品贸易监管效率。在肉制品出口前能够及时预警和在肉制品出口时运用风险交流的方式与进口方进行信息沟通，共同促进贸易成功，以维持肉制品贸易市场的稳定。

1. 对肉制品加工流程的国别差异进行风险交流

在中国肉制品出口贸易进行的过程中，已经到达进口国肉制品标准的中国肉质品仍旧不能完成出口，进出口双方针对肉制品的部分不确定性问题进行交流。对于不确定性危机的产生，中国肉制品出口企业将自己肉制品在运输至进口国之前的全流程基于出口国的对应生产标准详细解释告知于进口方企业，并且对于部分由于技术性的差异而产生的不影响肉制品安全质量的具体技术讲解给对方听，增加肉制品贸易在风险交流的透明性和公开性，消除各个阶段因不确定因素交流不够及时完整而导致的贸易失败。为了能够实现危机风险交流以促成肉制品贸易的达成，合作双方对于肉制品加工过程方面出现问题的环节进行信息交流互换，消除进口方对出口方肉制品的加工过程信任危机，由此，双方在肉制品贸易上出现不确定的状况时能够及时有效地解决问题，促进贸易成功。

2. 建立肉制品贸易风险交流的决策机制

在完善危机风险交流方面的决策机制，日本选择的决策机制是团体决策，效率比较低，往往在危机事件到来时不能及时地做出决策来应对。学习经验可得各公司和企业应该对危机事件发生时临时决策有明确规定，以防止因为沟通时间过长和上下级报备消耗时间过多导致决策的时效性差，致使到整个贸易的失败。所以应该构建专门的风险交流机制，在肉制品贸易发生的过程中，对于即将发生的风险能够快速做出决策，及时解决问题。

3. 加强培训以提升工作人员的风险交流意识

首先，因为人是风险交流的核心，风险交流就会涉及个人的影响力，职位和能力微小者提出的问题一般不会被重视或者其所能够发现的问题不够明显，则必须有专门的上报系统，以便于上层决策者能够及时接收到信息。其次，要加强对员工的专业知识技能的培训和风险意识的培养，专业知识技能的增加有助于降低不确定因素发生的频率，风险意识的培养能够防微杜渐，在肉制品贸易的全过程中发现小的问题，及时的纠正，防止产生蝴蝶效应导致在贸易的最后关头产生不利因素，或者在进入到消费者手里时爆发隐藏的安全问题。

10.5.2 进口肉制品质量监管风险交流的改进建议

具有较高地位的信息传递者在团体和社会中具有影响力，因为他们被认为具有力量或实际能力，可能对周围的人更有价值。这些检测机构对于进口合作方来说具有很强的权威性和主导地位，当冲突、竞争和不确定性盛行时，占据主导地位的信息传递者就会成为决定性的力量。在进口肉制品当中，以政府监管部门为主导方，以消费者和企业作为反馈方与参与方，针对最新的政策和准入标准等不确定性较大的因素进行风险交流。将肉制品的不确定风险因素分享给肉制品的所有相关者和机构，以便在肉质品出现问题之前，通过反复的讨论和验证肉制品的制造生产和准入水平制度等不确定因素的差异，消除在肉制品贸易时产生的不良后果和信任危机，稳定中国肉制品市场。

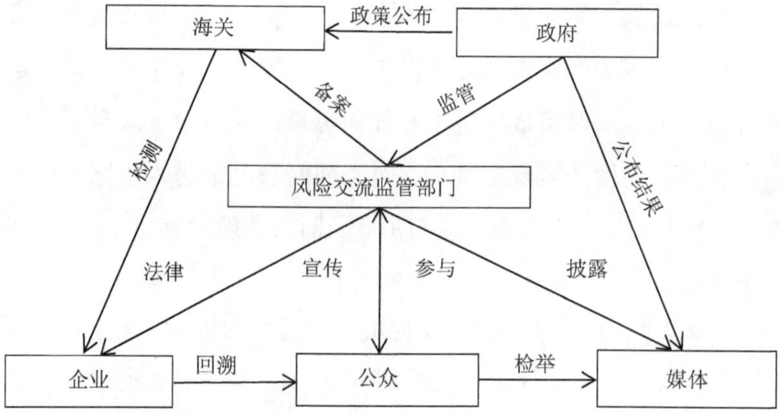

图 10-1　中国进口肉制品监管风险交流机制

1. 在政府层面设立专门的贸易风险交流监管部门

中国目前在肉制品监管方面处于多部门监管，比如卫生行政部门，医药品监管部门、质量监管部门、农林监管部门，都具有一定的食品安全管理职能，但是具体哪一部门负责食品安全的风险交流管理并不明确。而国外在食品安全风险交流方面则设立有类似于 ESFA、FDA 的专门独立部门，在肉制品监管上更有效率。设立专门的贸易风险交流部门，给予其独立性，直接面向公众和政府负责，向公众和企业公开处理，在职能上只负责进口肉制品的监管。在进口肉制品安全事件发生前能够及时找到风险来源并消除风险，在发生时能够有效控制风险扩散，在发生后能够快速消除影响。其次，政府还应当完善对于进口肉制品监管的法律，并对进口肉制品监管法律在贸易平台上及时进行更新，加强对进口企业的法律宣传，增强企业人员的法律观念。加大对肉制品进口安全事件的惩罚力度以及公开程度，对于发生肉制品安全事件的企业处罚及其整改的进程和结果在信息平台进行披露，让进口企业了解中国政府对于肉制品安全事件的重视，消除进口企业对于肉制品贸易的侥幸心理。第三，应加强肉质品进口检测。中国肉制品的进口数量庞大，来自不同地方的进口肉制品具有潜在的安全隐患，风险交流监管部门对于他国肉制品安全事件须及时备案预警，并关注各国肉制品安全事件的后续进程，同时海关须加强对于当地肉制品进口的检验力度，对当地肉制品安全事件中相关微量物质以及添加剂的含量检测重新评定。例如针对 2019 年 12 月欧盟食品安全局发布了即食肉制品相关的李斯特菌爆发事件，中国应该及时关注并了解此事件中李斯特菌的来源以及造成的危害和如何治理，同时对于来自于欧盟的肉制品进口加大检测力度或者限制进口，对于同时段已经进入中国市场的欧盟肉制品暂停出售并检测，并向公众发布消息及时去医院检查。

2. 在企业层面积极构建肉制品的回溯机制

Teresa（2017）提出了支持肉类供应链可追溯性的机制，为了确定动物的来源，在供应链的每一个阶段，每一种动物都附有一份文件，类似"身份证"，其中登记有关动物及其主人的信息。通过不断更新装卸登记册来保持链中的上游和下游可追溯性。这种做法从风险交流的角度为我们提供了思路，即在日常风险交流中，注重于肉制品售后的召回，在肉制品进入市场时有信息登记，就能在贸易过程中出现不确定因素时能够及时地找到来源。在肉制品安全事件发生后，及时召回同一时期的相关肉制品进行深度检查研究，在疫病扩散之前，将危机风险系数降低到最小，然后根据检测结果发现并改正问题，来避免企业产生信任危机。

3. 在消费者层面增强其风险交流意识

如果消费者变得更加专心和接受风险交流方式，他们会开始成为信息传递者。肉制品最终的去向是消费者，所以行业协会应当积极开展宣传讲解，增加公众对肉制品安全的风险意识以及对肉制品风险交流的了解，让消费者参与到肉制品的安全交流中去。这种做法使消费者不仅仅对于安全事件发生前和发生时有参与意识，也能够在肉制品安全事件发生后有向企业或者协会以及相关部门反馈，从而实现更加有效果、有针对性的信息交流。随着现代信息网络技术的发达以及 5G 技术的逐渐普及，信息的传递速度非常快。应用新媒体的传播，能够加快与公众的信息交流速度。如今新媒体对于公众影响范围较大，类似于抖音的短视频媒体在国内和国际上都有着巨大的流量，并且逐渐成为了公众较为主流的信息交流软件，监管部门可以在信息平台上发布消息，也能够得到公众的反馈。其次，利用专家和名人的影响力，向公众宣传进口肉制品的安全意识要比在社区和大街上做宣传标语更加能吸引公众。在进口肉制品安全事件发生时，安排专家或名人向公众告知当下的进口肉制品的危害程度，远远比监管部门在正式的平台上发布信息能够更加广泛的传递给公众。第三，应当建立公众参与机制。软信息传递者的突出特点是观众对他们的联系感。人类是社交动物，并且强烈渴望与他人建立联系并合作。让公众参与到进口肉制品的监管，让公众对于肉制品的监管有主观能动性。设立民间委员会，邀请来自不同行业的民间人员成为小组成员，由他们不定时地对进口肉制品的核检进行抽查，并定期通过推选更换小组成员，保证成员在核检过程的公平公开性。

综上所述，肉制品风险交流应充分利用风险交流中"硬信息传递者"和"软信息传递者"关于社会经济地位、能力、主导地位、吸引力、温暖和可信赖的主要特征。行业协会通过与组织、企业和个人的风险交流，增强风险交流的效果，由政府为政策制度引领，企业和消费者为核心，行业协会为主导，不断扩展风险交流的角度和宽度，在危机风险交流中进行点对点式交流，在日常风险交流中采用自下而上的风险交流，不断提高中国在肉制品贸易中质量安全的形象，增加国外进口对中国肉制品贸易的信任。在加大监管和惩罚力度的同时，也要研究适合中国自己的监管体系，使整个肉制品的贸易更具系统性和整体性。

10.6 肉制品企业的食品安全风险交流机制设计

风险交流的本质意义是确保将管理决策所需的所有信息和意见纳入决策过程。决策的制定还需要除管理者外的其他利益相关体的参与。结合上部分对中国肉制品出口问题的分析，该研究主要解决因进口国在肉制品生产加工流程等方面不确定性较大的情况引起中国肉制品不能顺利出口的问题。

在肉制品出口方面进行风险交流的目的是要让进口方了解，虽然中国肉制品在一些加工流程等方面与进口国有区别，但肉制品的安全水平是不受影响的。达到进口国标准的中国肉制品的安全水平值得信任。在风险交流本质意义的启发下，从风险交流两大分类的角度提出促进中国肉制品出口的对策分析。

10.6.1 基于 HACCP 体系的食品安全风险交流对策建议

1. 识别食品安全事件类型，进行影响分析与交流难度评估

当食品安全事件发生时，判断事件的类型与严重程度。根据事件性质评估风险交流难度。食品安全事件类型分为隐性事件和显性事件。隐性事件是发现了食品安全风险但还未造成严重后果，而显性事件则是指安全事件发生并造成了严重的后果。不同的食品安全事件对应不同的食品风险交流的主体。根据参与食品安全事件主体的多少评估食品安全风险交流难度。

2. 根据影响程度的大小确定关键交流主体

清楚每个风险交流主体在整个事件中所起的作用，根据主体的特点确定关键交流环节，通过对关键交流主体的控制达到整个事件信息传递的对称。确定参与食品安全风险交流的主体之后，成立专家小组，针对出现的问题确定不同参与主体的交流方式、交流内容与交流作用。并从以上三方面对不同主体进行综合评价，确定关键交流主体及其交流方式和内容。

3. 对于关键交流主体制定相应的交流措施

对于关键的交流主体制定规范的应对措施，通过实施一系列的措施达到信息传递毫无障碍的目的。确定了关键交流主体及其方式与内容后，开始制定详细的交流流程。根据风险交流的发起方的不同，制定不同的流程，而且要对过程中可能出现的问题进行分析并作出灵活的解决方案。

4. 建立措施执行监督、纠偏小组和验证小组

监督小组成员对措施的实施进行管理与监督，一旦发现措施未能达到预想的效果，立即分析原因，找出问题所在后，进行解决方案的评估。解决方案分可以分为两种：一种是在当前方案下对出现的问题进行弥补，另一种则是重新选择交流的发起方，换另外一种交流流程。针对于出现差错的原因，主体与方式等进行分析修改，达到最终目的。对改进的措施继续进行监督与检测，验证措施是否有效。

5. 建立记录控制制度

针对于上述各个环节进行详细记录，事件，交流环节，交流措施与出现的问题相对应。

10.6.2 肉制品企业的内外部食品安全风险交流建议

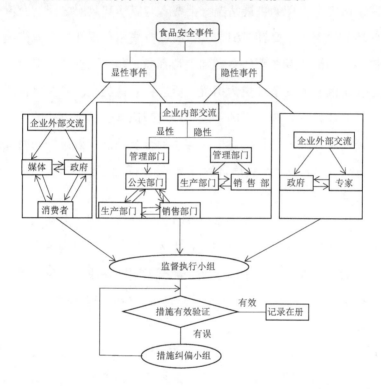

图 10-2　肉制品企业的风险交流过程图

1. 判断事件性质，根据事件性质分部分交流

显性事件的外部交流最终目的是降低消费者的损失，提高消费者的信任度。隐性事件的外部交流最终目的是控制食品安全风险的进一步发展。企业的内部交流最终的目的是企业能够有条不紊地解决出现危机，积累经验，规范企业

2. 显性事件的外部交流

企业首先要跟政府和媒体进行交流，根据不一样的事件性质选择交流侧重点。例如，调查显示消费者受媒体影响程度是比较大的，所以针对消费者

十分关注的安全因素引起的事件要着重与媒体进行交流。媒体与政府之间的交流要做到透明。交流方式主要采取新媒体方式。新媒体方式的特点能够让消费者看到交流的过程与内容，增强交流的效果。例如：媒体可以利用新媒体的方式向政府汇报企业的处理措施，而政府可以利用新媒体的方式向媒体提供一些最新安全事件的进展情况。消费者与媒体和政府之间的交流也十分关键。此环节的交流主要针对消费者，所以要采用客观性的交流措施展现食品安全事件，让消费者在事件中做到理智判断是非。调查显示消费者对肉制品的生物化学因素的安全性更为担忧，所以针对这类食品安全事件时，政府首先要进行对消费者安全知识的普及。普及知识可以抛掉以往的传统媒体的方式，采用新媒体方式进行，这样能够达到普及的最佳效果。同时媒体在与消费者进行交流时要设计交流语言的模板，做到专业性的交流。

3. 隐性事件的外部交流

企业或政府一方发现食品安全风险，相互交流找到风险来源。企业寻找专家进行安全风险分析，与专家交流解决风险措施，控制食品安全风险进一步扩大。同时，政府可以在不同地区，甚至不同国家成立应急专家小组处理出现的安全风险，同时将综合的安全风险信息回馈给企业与政府。

4. 企业的内部交流

出现安全事件时，无论显性还是隐性，都说明企业内部出现了问题。企业的管理部门应该立即做出反应。出现显性事件，管理部门应重点与公关部门交流，稳住外部状况。接着与生产和销售两部门进行交流，控制企业不安全因素，将企业自身出现的问题及时解决，最后再与公关部门合作将企业公开地展现给外界。出现隐性事件时企业应重点与生产部门交流，控制风险进入企业进一步发展，同时规范生产操作，检验企业已有产品是否存在安全风险。针对肉制品企业，经调查得知，消费者对生产日期与原产地等因素较为看重，并且较为信任专卖店等场所的产品。所以企业生产部门在这些方面应更加规范，销售部门应制定合理产品分配方案，使本企业产品能够得到消费者信任。

5. 执行监督

企业内部成立由各个交流方代表组成的风险交流执行监督小组，对上述风险交流步骤进行监督与检测。当出现问题时，各交流方代表能够站在不同的角度分析讨论问题，评估问题的严重性，并通知措施纠偏小组。

6. 措施纠偏

企业内部成立措施纠偏小组，一旦上述风险交流出现问题，根据问题的严重性制定相应的纠偏措施，并对纠偏措施进行效果评估。

7. 控制记录

风险交流执行监督小组继续对修改过的措施进行监督，直至风险交流措施有效。执行监督小组将整个步骤记录在册。

10.6.3 中国肉制品出口的危机风险交流机制建议

中国肉制品出口的危机交流是指在肉制品出口过程中发现达到进口标准的中国肉制品仍然不能顺利出口的问题时，进出口双方就肉制品的一些不确定性问题进行风险交流。

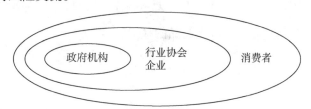

图 10-3　肉制品出口的危机风险交流简图

如图 10-3，由于肉制品加工流程的复杂性和特殊性，肉制品出口的危机风险交流主要以进出口双方的行业协会为核心。行业协会不仅具备肉制品及其加工方面的专家，还具备管理人才。行业协会既能用通俗易懂的语言向风险交流涉及的进口方其他利益相关体解释肉制品相关加工流程，又能反馈给国内的政府机构与肉制品生产企业等利益相关体。具体交流步骤如下：

第一，肉制品出口危机风险交流的核心是双方的行业协会针对肉制品加工流程的差异进行交流，确保进口国的行业协会对中国肉制品的肯定。目前中国行业协会独立性很弱，也没有独立负责风险交流的部门。为了实现与进口国顺利的风险交流，中国肉制品行业协会必须具备跨国交流人才，包括语言学家，心理学家，肉制品专家，风险管理专家等多学科人才。这样在双方行业协会针对肉制品出口中不确定情况交流时，双方能够跨越语言文化等交流鸿沟，在肉制品加工等一些专业问题上达成共识。

第二，中国行业协会与进口国的政府、肉制品检测等机构针对肉制品出口中某些不确定性因素问题进行风险交流。将中国肉制品生产流程与进口国的差异以及中国肉制品的安全水平解释给进口国政府和检测机构，消除进口国由于中国肉制品与其存在差异而产生对中国肉制品安全性的怀疑。提高其对中国肉制品的信任程度。

第三，中国肉制品生产企业与进口国企业针对肉制品加工的某一环节或在出口中检测出的某些不确定因素进行风险交流。中国肉制品生产企业将肉制品整个生产流程展示给进口国企业，提高中国肉制品生产加工过程的透明度。中国肉制品企业的技术人员向进口国肉制品企业解释加工流程的差异并不影响肉制品的安全性。通过进出口国双方肉制品生产企业的交流解除进口国企业由于中国肉制品生产加工等一些不确定因素与其存在差异而产生的不信任，提高进口国企业对中国肉制品的接受程度。

结语

笔者针对中国肉制品出口的信息不对称问题开展分析，总结进出口双方风险交流的具体流程。通过政府部门、技术部门、行业协会以及进出口企业间的风险交流，减少进口方对中国肉制品加工流程等不确定因素的不信任，提升中国肉制品的国际地位，促进中国肉制品出口。该机制要求各地区的政府、行业协会与消费者的协同合作，应主动、及时、准确地上报风险信息，检测方做好风险检测、评估、汇报工作，行业协会在事件发生时实现实时交流与信息的科学公布，事后政府和相关企业应总结经验并以积极、踏实的态度在信息平台进行反馈沟通，落实完善整改计划做好风险预警等。风险交流在食品安全领域正在发挥越来越重要的作用，所以越来越多的学者致力于通过风险交流解决食品安全事件，对于风险交流的大量研究也为食品贸易提供了很多理论指导以及实践基础。但是在肉制品出口方面仍然很少有风险交流的对策分析。我们需要更多地研究出口政策、出口标准、出口管理等方面的风险交流。

中国的肉制品贸易安全监管机制还存在着很大的改善空间，在部门方面已经实行了风险交流的方法，但是整体肉制品贸易方面还有欠缺，还需要学者在向这方面继续努力。机制的改良，政策的落实离不开政府的监督和协会的宣传以及企业加工者的落实和消费者的意识提升。实践是验证真理的唯一方式，在实践中一点点落实风险交流在肉制品贸易中的应用，当然也需要学者继续在肉制品贸易监管机制风险交流方面做出更深的探讨和研究，继续发展中国对外贸易的力量。

第11章　中国中药企业突破技术性贸易壁垒的对策分析

　　天然植物药是近年来药品市场的热门产品。为加强与"一带一路"沿线国家在中医药领域的交流与合作，国家中医药管理局、国家发展和改革委员会于2017年初联合印发《中医药"一带一路"发展规划（2016–2020年）》。《中医药"一带一路"发展规划（2016–2020年）》明确指出"中医药与沿线合作实现更大范围、更高水平、更深层次的大开放、大交流、大融合"。在2020年抗击新冠肺炎疫情的工作中，中医药治疗的独特作用更是令世人瞩目。随着"一带一路"走进各国各地区，中药产品的贸易全球化进程不断加快。然而由于各国贸易环境复杂，政治立场、经济发展、文化习惯、宗教信仰等多方面存在极强的差异性，这为开展中药的国际贸易带来不小的挑战。同时，开展国际贸易过程中具有不确定性的不可抗力和贸易壁垒也阻碍了中国中药企业开展国际贸易。迄今为止，中国中药企业深加工的高附加产品出口占比依旧低于世界平均水平，获得国际市场合格评定程序证书的中成药也是寥寥无几。缺乏像德国研发生产的银杏叶制剂如此具有代表性的高技术含量药剂专利，难以达到西方市场严格的质量标准是目前中国中药企业面临的最大贸易瓶颈。

　　本文拟从中国中药企业视角出发，对突破技术性贸易壁垒的对策进行分析。了解中国中药企业出口的结构与遭遇的技术性贸易壁垒的现状，并以HACCP体系为理论基础对中药企业生产、制造、销售与运输等一系列步骤进行危害临界控制点分析控制。针对企业制定突破技术性贸易壁垒增加出口的对策，优化中国中药企业中药产品的出口结构，提高中国研发生产的中药产业的国际竞争力。

11.1 相关概念界定

11.1.1 技术性贸易措施

技术性贸易措施是进口国为了维护本国人民生命健康与国家安全，保护环境而对进入本国的商品或服务的质量，以技术法规、技术标准以及合格评定程序等非关税手段进行限制的措施，具体内容为《技术性贸易壁垒（TBT）协定》与《实施卫生与植物卫生措施（SPS）协定》所管辖的非关税贸易措施。

如果技术性贸易措施在实施过程中对贸易商品在国际市场上的自由流动造成不利影响，甚至威胁到国际贸易的正常进行，那么，技术性贸易措施就成为了技术性贸易壁垒。换句话说，技术性贸易壁垒就是进口国在进口商品时通过严格技术法规和标准以及合格评定程序等制度不合理地限制国际贸易的一种非关税壁垒。

11.1.2 中药

中药（Traditional Chinese Medicine, TCM）是在传统中医药理论指导下进行采集、炮制、制剂、说明作用机理用以防治疾病的药剂，其主要来源是自然界的天然药及其加工制成品，包括植物药、动物药、矿物药以及具有传统应用历史的少数民族药。国外的"中药"，即天然药，指以源自于大自然的植物、动物、矿物为原料制成的用于治疗与滋补的药品及医疗保健品，以植物及植物提取物为主。本章的研究主要围绕以中药材及中药饮片、中药提取物以及中成药中的植物源性中药产品出口时遭遇的技术性贸易壁垒展开。

中药材是在中医药理论指导下进行采集、产地加工后临床用于防治疾病治疗或者深加工制成药剂的原生药材。中药饮片是中药材在中医药理论指导下进行加工、炮制而成的可直接用于临床治疗的中药片剂。中药提取物是通过规范化的生产工艺将中药材加工炮制成单味或者复方型的提取物。中成药是在中医药理论的指导下按规定的处方和技术工艺加工制成的可供直接用于预防和治疗疾病的中药制剂。

11.2 中国中药企业出口的现状

11.2.1 中国中药企业出口中药的发展情况

2010年至2018年间（由于2019年中国中药产品贸易部分数据暂未公布，为保证本文数据的真实性与严谨性，本文主要研究2010年-2018年间的数据），图11-1天然植物药世界出口总额及中国的出口总额的情况。不难看出，中药产品在世界范围内的出口总额维持在一个相对稳定的区间内，而中国的出口总额则呈现出平稳上升的状态。

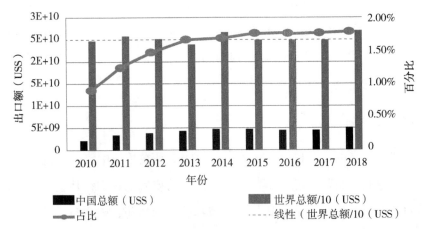

图 11-1　2010年-2018年中药产品世界出口额与中国出口额及占世界总额的百分比变化情况

数据来源：联合国商品贸易数据库

自2010年以来，中国的主要中药产品出口额都有缓慢上升的势头，但是中药产品出口结构却很不均衡。表11-1以产品附加值高低对中药产品进行分类并对2018年世界平均水平，中国、德国、日本、新加坡和埃及等具有代表性的国家的出口结构进行比较。其中，中国对于高附加值中成药类产品的出口额占比远不及中药材、中药饮片与中药提取物等粗加工、低附加值的中药产品，甚至远远低于中成药出口额占比的世界平均水平。2018年，中国中成药出口占比仅为68.45%，而当年全球中成药出口占比已达98.05%。相反，中国中药出口总额的近三分之一的份额被中药材及中药饮片与中药提取物等低附加值的中药产品的出口额占据，几乎是同类产品的全球出口额占比平均值的 16 倍。

表 11-1　2018 年世界及各国中药产品出口结构

	中国	世界	德国	日本	新加坡	埃及
中成药	68.45%	98.05%	99.06%	99.17%	98.60%	57.95%
中药提取物	17.14%	1.02%	0.53%	0.79%	0.37%	5.46%
中药材及中药饮片	14.41%	0.93%	0.42%	0.04%	1.03%	36.59%

数据来源：联合国商品贸易数据库

根据表 11-1，从德国、日本、新加坡和埃及等国家植物药制剂的出口结构对比来看，中国中药企业中药产品的出口现状不容乐观。德国、日本、新加坡的植物药制剂出口结构均优于世界平均水平，而中国和埃及的植物药制剂的出口结构则低于世界平均水平。综上不难看出，无论是以德国为代表的西方市场和以日本为代表的日韩市场精加工、高附加值产品的强大的国际竞争力，还是以新加坡为代表的占据的地理优势和人文优势的东南亚市场出产的天然药，都是中国中药企业拓展世界天然药市场占有份额的强有力竞争对手。

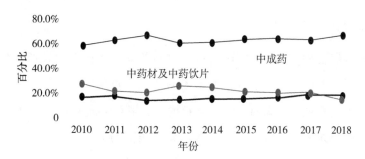

图 11-2　2010 年 -2018 年中国中药产品出口结构变化趋势图

数据来源：联合国商品贸易数据库

从图 11-2 绘制的中药产品出口结构变化趋势的角度可以看出，2010 年 -2018 年期间，中国企业高附加值中药产品出口占比上升十分缓慢，难以突破 90% 大关。中国中药企业对低附加值的中药产品的出口依旧是居高不下。为改善出口结构不合理的现状，中国中药企业亟待突破中药出口所遇到的贸易瓶颈，尤其是技术性贸易壁垒对高附加值商品的出口限制。

11.2.2 中国出口中药产品遭遇的技术性贸易壁垒现状

西方市场和日韩市场对食品药品的质量标准体系建设一直是世界各国各地区的标杆。随着绿色革命兴起，崇尚自然的理念成为全球消费者的消费观念之一，各国在结合本土文化风俗的基础上对天然植物药的质量标准体制进行完善。

表 11-2　2013 年 -2019 年中国出口中药产品被扣留的原因及批次

	2013	2014	2015	2016	2017	2018	2019
农兽残	10	7	20	12	20	39	22
证书不合格	0	1	20	0	0	1	2
污染物	4	2	4	1	2	3	3
微生物	2	0	0	2	1	0	1
标签不合格	3	3	13	2	2	0	0
生物毒素污染	4	1	3	0	0	0	0
品质	4	6	13	1	3	2	2
食品添加剂超标	14	5	6	7	3	7	6
非食用添加剂	5	1	4	6	1	0	1
汇总	46	26	83	31	32	52	37

数据来源：中国技术性贸易措施网

中国中药企业出口的中药产品销往世界各地，在世界四大植物药市场都占有份额，同时也遭遇了来自各个市场的技术性贸易壁垒。根据中国技贸网统计，被扣留（召回）的原因主要围绕着技术法规对于标签与包装设计的规定、技术标准对于物理、化学、生物方面污染物残留的标准、合格评定程序等方面展开。进口国就进入本国市场的药剂技术含量制定的制度对中国中药企业出口影响最大的是农兽残条目下的农残不合格与添加剂及污染类问题；除此之外，其他不符合要求而被扣留（召回）的中药产品主要集中在不满足合格评定程序的相关要求；或者是中药出口的中药产品标签设计不合理，没有达到技术法规对进口的产品标签设计标准化的强制性规定。从出口的中药材被扣留原因占比的折线变化中不难看出，农药残留是影响中国中药产品出口的中药技术原因，近年来占比情况呈曲线上升的状态。相反，生物污染与包装标签设计的技术含量则有了明显的提升。

11.3 中国中药企业遭遇的技术性贸易壁垒特点

11.3.1 中国中药企业遭遇的技术性贸易壁垒的特点

1. 技术标准不过关

中国《药品管理法》明确规定，中国药典标准、卫生部颁布的标准和中国中医药管理局制定的中成药质量标准共同构成了中国中药产品质量标准。然而，现行的中国质量标准与国际的质量标准仍有较大的距离。图11–2所展示的2013年到2019年间中国中药企业出口中药被扣原因及批次占比变化的折线图中，农药残留、重金属残留、污染物微生物以及品质检测不达标等依旧占据了绝大部分产品被扣的技术性原因。这与中国国内中药企业的技术水平息息相关。

2. 技术法规不达标

关于产品的包装与标签的规定属于技术法规，是强制性实施的技术性的规定。一旦包装设计达不到标准或者标签设计不合理，将很有可能造成出口商品被扣留的情况。近年来，中国中药企业出口的中药产品因标签设计不合理而被扣留的情况依旧时有发生。中国中药企业设计的包装主要问题有包装材质粗糙、包装形式落后、封包不严密、运输包装多而销售包装少等。据不完全统计，中国中药企业出口的中药产品的包装材料简单，精细的高档包装不足10%，无法保护性质特殊的中药产品，并增加了中药产品运输途中受污染的可能。同时包装设计缺乏市场考量，既没有体现中国中药产品的特色之处，也没有起到带动销售的效果。

中药企业提高中药产品附加值的重要举措就是改良中药包装的设计。巧妙的包装设计有利于塑造中国中药的整体形象与民族特色，助力中药企业拓展海外市场，扩大中药制剂的出口。中药企业的产品包装设计不仅需要充分考虑材料、性能、容量、特色等内容，还应该注重标签内容安排的考量。欧美日韩等国对药品包装设计的标准日益严苛，包装需要列明的标签是重要门槛之一。无论是药剂组成、药剂动力学，或是药剂的临床数据、适应症、禁忌症、副作用与交互作用等都需要进行明确说明。

3. 合格评定程序难以通过

随着国家医药界对中药学的研究越来越重视，中药应用日益广泛，各国政府不得不完善有关中药产品标准的法规，加强对中药产品的管理。世界贸易组织WTO颁布的《WTO草药汇编》收录了40种植物药，其中中药占了25种。为保证本国市场内的天然药的安全性与疗效价值，系统化、标准化的合格评定程序应运而生。天然药物的应用历史、名称、配方、用途、禁忌、副作用、用量等重要信息成为各国许可证发放委员会发放许可证的标准。

11.3.2 中国中药企业遭遇技术性贸易壁垒的原因

1. 中药学与现代药学理论体系不同

中药学与现代药学理论体系的差异，直接造成了其对中成药质量评价的内涵的不同。中药强调组方用药，以辨证施治、性味归经的理论原则为基础，缺乏现代药物药效认定所重视的双盲法临床数据与 GLP 实验室水准的数据。以中成药为例，中成药是在中医学理论指导下以单味药为单位的传统医药制剂，而化学药是在化学理论指导下以分子为单位的医药制剂，两者存在本质的区别。相比较而言，中药复方的化学成分极其复杂，难以明确说明其化学成分，难以适应西方国家的化学药品质量标准。

2. 技术水平与国际标准差距大

中国中药产业出产的中药产品不同于欧美日韩市场的技术密集型植物药产品，中药产品的生产多采用炮制加工，生产工艺技术含量不高，设备水平落后，导致生产出的中药产品质量的稳定性与可靠性缺乏基本保障。产品的药效与品质达不到其他国家的质量标准。其次，产品的有效成分得不到及时且科学的有效更新，追赶不上相关公众对药剂科技含量日益增长的要求和标准，逐渐与国际标准拉开差距。

技术水平对中国中药出口的结构造成了深远的影响，日韩市场是中国中药初级产品如中药材和中药提取物等产品的主要市场。日本和韩国制药企业低价从中国进口中药材与中药提取物，通过高科技手段去杂提纯，然后将深加工的高附加值产品出口到西方市场。基于高技术水准的深加工过程是日本和韩国制药企业高收益的来源，也是中国中药制药企业亟待提高的要素。

3. 人才资源稀缺以及非专业公司的诚信危机

此处的人才资源包括中药产品从研发生产、储存运输到进入市场全过程所涉及的技术人才、生产管理人才以及经贸人员等。中国中药企业的产品依旧存在技术含量低的问题，走出国门更是难上加难。中国中药产业缺乏研发创新的氛围。因此，中药企业想要提升国际竞争力，就必须培养和引进充分了解国际市场、熟悉对外经贸规则，对中药产品的特殊性也有所了解的复合型人才。

依据世界各国政府颁布的法律法规，部分中药由于含有本国法律明文规定的禁用药材或者质量达不到规定标准而被限制进入市场。这一过程中，部分企业出现的以次充好、鱼目混珠的贸易行为，严重违反了相关法律法规。随着产品销往世界各地，中国中药企业出口的诚信受到严重质疑，各国纷纷加强了对中国出口的中药产品在技术方面的限制。

4. 知识产权保护意识薄弱

目前，力度小、范围窄的行政保护依旧是中国中药知识产权的主要保护形式。而日本的"汉方药"相关的知识产权的保护早已严格执行国际标准，并积极开展复方制剂制备方法的专利申请。中国中药企业在研发创新型中药产品方面工作有所欠缺，发达国家不断提高的植物药药剂制备技术在国际市场中具有强大的竞争力。近年来，日、韩等国将中国中药改良后进行专利注册事件频发，2020 年疫情期间，日本更是加快了"汉方药"药剂专利申请注册的脚步。

根据中国国家统计局公布的 2011 年 –2018 年统计年鉴，中国中成药制造高技术产业专利申请和注册数以及尚处在保护期的有效专利数目变化趋于稳定，上升的趋势十分缓慢。中国亟待加强本国中药产品知识产权的保护工作。

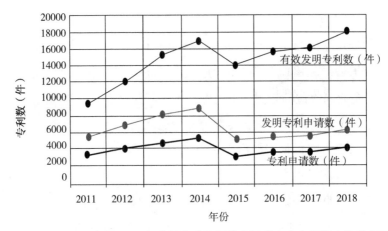

图 11-3　2010 年 -2018 年中国中成药制造高技术产业专利数变化趋势图

数据来源：国家统计局

5. 在全球日趋蔓延的贸易保护主义

各国政府为保护本国制药企业的发展，通过使用关税和非关税的手段加强了对本国贸易的保护工作。在技术法规、技术标准、合格评定程序、环保等方面的非关税贸易措施成为限制其他国家对本国进行出口贸易的主要手段。此举实质上构成技术性贸易壁垒，违反了公平竞争原则，对于中国开展对外贸易十分不利。

11.4 运用 HACCP 体系完善中国中药企业质量监管机制

中药产品质量的把控需要中药企业从源头开始控制潜藏危害，在危害分析控制方面，HACCP 体系可以给企业提供有力的理论基础。在生产过程中深入分析食品原料的生产流程中所有的关键工序中有可能影响食品质量安全的各种影响因素；确定生产加工过程中可能出现危害的关键点。在关键控制点上设立准确的限值并建立完备的监管体系，一旦偏离制定的限值，及时采取规范有效的纠正措施，对食品中微生物、化学和物理危害进行安全控制。

11.4.1 危害分析

中药产品的质量标准大都是通过规定有毒有害物质的限制含量进行规范的。中药产品从种植、加工、生产、储存、运输到销售的全过程中会遭受到生物性、化学性和物理性等各种危害，主要有微生物污染、重金属污染、农药残留以及包装破损带来的一系列污染，其中，农药残留是目前中国中药企业存在的最大的技术问题。

11.4.2 确认关键控制点

中药材的种植必须严格按照良好农业规范标准（Good Agricultural Practices，GAP）要求，对选地、育种到绿色药材、规范的栽种加工方法进行严格控制。充分利用西部地区优渥的中药资源与土地资源，建立无公害型中药材生产种植基地，规范中药材的种植和加工，严格控制农药、重金属以及微生物的污染，保证中药材的质量。

中药的加工生产必须按照良好操作规范（Good Manufacturing Practice，GMP）的标准对现有的中药产品加工厂进行整顿，使用符合卫生标准操作程序（Sanitation Standard Operating Procedure，SSOP）规定的中药产品加工过程以及车间环境卫生的各项卫生控制指标。中药产品质量至关重要，失之毫厘，差之千里。只有充分利用先进的中药铲平生产加工技术和设备，恪守卫生操作标准，才能生产出符合技术生产标准的中药产品。

中药产品完成生产后便进入运输。为了保证中药产品的质量，运输过程中的危害管理控制也极为重要。运输途中的颠簸与环境变化以及销售前的储存中的不可抗力等因素都必须精细考量。符合标准的产品包装设计不仅能保证中药材的新鲜程度与中药制剂的质量及药效，还能体现中国中药产品的特色，带动销售。

11.4.3 确认关键限值并建立关键监控系统

关键限值是在关键控制点上的保证产品质量不受影响的生物、物理和化学参数的最大值或最小值。作为生产过程中监控系统进行监管所参考的上限或下限。一旦生产过程中的相应参数超过关键限值，企业就需要采取相关的纠正偏差的措施。深入分析中药产品生产过程中的每一个关键控制点的参数数据后，建立起质量监控系统。如果生产加工过程中监测出的参数偏离关键限值，监控系统就要采取配套的纠偏措施，将关键控制点的参数控制在关键限值以内以保证产品的质量安全不受影响。

11.4.4 建立验证程序与文件记录管理系统

在多次实践中验证建立的 HACCP 体系的关键控制点、关键限值等数据并不断进行完善，确认企业实施体系数据的真实可行性。一旦发生中药产品质量安全问题，或者是其他隐藏的危害，则需要重新设计体系并验证。同时，实施过程中发生的所有记录、验证记录、关键控制点与关键限值设定原理等，都需记录在文件和记录管理系统，用以证明 HACCP 体系有效运行、产品安全及符合现行法律法规要求。

目前，HACCP 体系主要应用在食品业界，它已经逐渐从一种管理手段和方法演变为一种较为完备的管理体系。国际标准化组织（ISO）与其他国际组织密切合作，以 HACCP 原理为基础，吸收并融合了其他管理体系标准中的有益内容，形成了以 HACCP 为基础的食品安全管理体系。中国中药企业应参照食品安全管理体系的实践，充分运用 HACCP 体系，对中药产品生产加工到销售的全过程中进行危害分析。

11.5 中国中药企业突破技术性贸易壁垒的对策分析

中国中药产业以中小型中药企业为主。而囿于规模限制，中小企业在生产工艺、技术水平、相关人才以及产品的质量等方面很难达到国际标准。目前中药市场依旧处于由粗放型管理向集约型管理转型的阶段，应当以国家政策为基准，改革优化中药产业结构，积极整合中小型中药企业的工作。引领现有的中药企业走专业化分工路线，改善高资源投入、低产出效益的现状。

11.5.1 因地制宜完善质量标准管理体系

目前，中国中药企业面临的最大的技术性贸易壁垒在于中药产品质量标准。中国是唯一拥有中药产品自主知识产权的国家。中国方面应该在中药自身的特性的基础上，参考国际上已经建立的相关标准建立起完善的中药质量标准，而不是单纯地以发达国家的西药质量标准为准则。中国企业应该配合中药协会与相关部门的工作，为制定标准的实际意义提供实践经验。同时，因地制宜地完善中国内部质量管理体系。

世界各国社会、经济、文化、政治的差异性将中药市场产品市场划分为东南亚及华裔市场，日韩市场，西方市场，非洲、阿拉伯市场四个主要市场。由于四个市场中各国各地区存在不同的禁用药材、不同的控制指标、不同的药剂定性等，中药产品的质量标准没有完全统一且明确的体系。故在建立中药质量标准、控制与保障的系统时要注意与当地实际情况相结合。其中，日韩市场是中国中药材及中药饮片等的低附加值的中药产品出口的稳定市场，也是中国竞争世界中药市场份额的主要竞争对手。而西方市场是全球最具有消费能力与影响力的市场，中药市场份额仅次于整个亚洲市场。然而，西方国家与日本、韩国等都在药物制剂方面有严格的质量标准法规与市场准入标准，远远高于中国企业中药生产的技术水平。因此中国中药企业应该以他们的高标准来严格制定中药产品的质量标准，建立在中国中药产业内具有生命力的中药质量标准、控制与保障系统。同时，与东南亚及华裔市场和非洲、阿拉伯市场的当地制药企业进行交流，共同丰富中药质量标准、控制与保障系统的内涵，共同进步。

11.5.2 通过行业协会规范产业政策

中国中药协会、中华中医药协会等国内中药行业协会的重要职责和基本宗旨，就是促进政府与企业之间沟通交流，规范中药产业发展。应正确地鼓励、支持和引导中药企业落实中国中药产业向集约型转变，重点扶持国内具有比较优势的大型中药生产企业，以生产技术的革新为原动力，提高中国出产中药产品的国际竞争力和国外市场的占有份额。推动中国中药产业结构的全方位优化调整。此外,协会应定期组织同国际先进技术力量进行学术交流与合作,走联合研究道路,努力追赶国际水平。

11.5.3 中药企业积极开展技术革新与人才培养

中国中药企业生产研发的中药大多以中医药理论为基础,生产工艺大多停留配伍组方后进行简单的加工炮制,制成的方剂质量存在许多方面的问题。中药企业应不断提升产品自身的软实力,积极开展技术革新,技术创新上加大资金投入,从源头上创新中药产品制剂工艺与设备水平,同时对中药产品中的有效成分进行深度加工。同时,下大力气培养和引进技术研发、生产制造管理、贸易营销、政策法律、知识产权等方面的专业人才。建立员工评审制度和奖惩制度,根据企业员工对于企业的贡献进行奖励的制度,调动企业员工的积极性,增强企业员工对企业的自信心和凝聚力。

11.5.4 建立企业科学有效的交流平台

科学有效的交流平台是企业进步的关键,信息交流平台中的信息应该不限于风险交流,还应该包括技术交流。这就需要政府、协会和企业共同搭建科学有效的信息交流平台,交流平台的信息应该涉及从中药药剂研发生产到出口贸易全过程。线上与线下相结合的信息交流方式会更加有利于中药企业间的有效沟通,在风险交流方面做到互通有无,在技术层面做到共同进步。

结语

2020年初,新冠状病毒疫情在全球肆虐,中国在向世界展示了强大的组织与协作能力的同时,也用事实展示了中医中药的独特医疗效果。如何夯实中国制造的中药产品质量,造福于世界人民,是中国中药企业的前进方向。中国中药企业应当清楚地看到目前自身与竞争伙伴之间的优势与劣势,突破技术性贸易壁垒,改善出口结构需要政府、中国中药协会和企业的共同努力,为中药企业提高自身的技术水平,接轨国际标准提供力量。HACCP体系是食品质量安全监管体系中的常青树，通过对产品全流程的监测分析，将生产加工过程中一切有可能出现危害产品质量的临界点重点指出并采取举措，可以运用 HACCP 体系保障生产的中药产品的质量标准。在建立的危害分析控制机制的同时，积极开展人才培养与技术升级，充分完善信息交流共享平台，不断优化产业结构，突破技术性贸易壁垒，使中国中药产业持续、健康、快速发展。

调研篇

第12章 京津冀食品安全风险交流

京津冀食品工业质量监督和风险管理取得了长足的进步，食品安全事件发生后的风险评估、风险交流和追溯机制也日益完善。食品产业真正的发展应该是将事后处理转向事前的风险识别和风险预警。本文通过借鉴欧盟快速预警系统（RASFF）框架设计理念和先进的机制经验，对京津冀地区食品工业转型升级进行制度设计。文章构建京津冀地区多中心的食品质量风险交流机制，提出京津冀一体化发展背景下，政府通过构建"信息预警、事中交流、事后监管"风险交流预警机制，从食品安全事件发生的事中、事后的应急处理转向事前的预防，从而为京津冀食品工业协同升级提供制度保障。

12.1 京津冀地区有关食品风险交流的最新举措与问题

12.1.1 搭建信息共享、信息可追溯平台

我国于2011年成立"食品安全风险评估中心"（简称CFSA），该组织隶属于国家卫生计生委，下设风险交流部门，主要负责风险评估和风险交流的工作。但由于起步较晚，在食品安全风险交流制度建设、管理经验和人才储备上都处于起步阶段，仍然需要加大宣传推广、总结经验并实际运用。

京津冀可以在区域内建立职能相似的平台，以供各地区之间信息的传递与交流，同时加强了对信息的掌控，有利于对信息进行更科学更专业的筛查。信息可追溯更是像给信息设置了GPS，更快更准确找到信息源头，对不良信息起到很好的控制和扼杀作用，从而规范了信息交流环境，也为科学准确的信息发布提供了条件，为各方利益相关者的直接交流提供机会，很大程度地降低了风险交流的风险。京津冀地区可建立食品安全总局、京津冀三地食品

企业的多层治理体制，并以该平台为依托建立多层次交流机制。

12.1.2 天津市出台食品药品安全风险排查例会制度

根据《天津市食品药品监督管理局关于印发食品药品安全风险排查例会暂行办法》，以例会研讨的形式，对日常监管中的风险信息，分析其中的风险因素并判定风险程度，确定防控措施并查看跟踪防控结果，力争把监管工作从"事后救济"逐步向"事前预防"转变。风险排查例会分为四级：第一级由分局召开风险排查例会，对食品药品监管数据进行汇总、排查分析，提出风险点并判断风险程度，高风险点的问题上报市局；第二级由市局相关业务处室有针对性地展开专项工作，对各分局上报风险点问题进行深入调研分析，风险排查例会制度不能确定、解决的并需要由多部门协同研究的高风险问题交由市局召开专题例会；第三级，由市局召开专题例会对相应问题提出解决方案；第四级，市局召开风险排查例会，对高风险问题提出解决措施，并明确责任安排落实。

12.1.3 天津市举办食品安全风险交流分享会

由天津市食品安全协会主办的肉类行业食品安全风险交流分享会是天津市首次举办食品安全风险交流活动，吸引了全市 38 家生产企业参加。就肉制品质量安全与风险、如何提升肉制品质量安全水平进行了专题报告，企业间分享打造食品安全保障体系、确保食品配料质量安全的经验并进行了积极的沟通交流。

12.1.4 北京市举办食品安全检查和风险交流讲座

国际合作司会同世界卫生组织和欧盟在京举办食品安全检查和风险交流讲座，并组织外方专家实地参访总局。讲座主要介绍世界卫生组织的风险分类标准、欧盟食品安全检查体系、标准和具体流程、法国食品安全风险管理体系的管控等内容。讲座后外方专家还是考察北京市海淀区的食品安全监管情况，访问北京市食品安全监控中心、海淀分局，并深入到学校和超市考察总局与世界卫生组织共同制作的《食品安全五要点动漫视频》的推广情况。

12.1.5 食品工业质量升级的关键点——生产过程中的风险交流

京津冀现有的食品风险交流机制对于食品生产企业的风险评估和风险交流的制度规范日益完善，京津冀目前采取以科学和监管为主要治理工具的硬治理模式，该模式存在很多限制：第一，目前的风险交流监管制度以自上而下的方式进行，缺少自下而上的反馈交流；第二，风险交流的事前风险识别和风险预警机制欠缺；第三，风险交流缺乏具体精准的操作流程的程序化制度规范；第四，忽视了事前预防和生产过程中风险关键点识别的重要性。因此，软治理模式在关注到食品安全的建构性的同时，采用多元治理的方式将各利益相关体纳入治理过程，自上而下与自下而上治理方式相结合，并在科学与监管基础上更加注重风险交流。建立软治理模式以信息为主要工具，风险交流为主要手段，促进食品生产企业质量升级为主要目标。

12.2 借鉴欧盟食品和饲料快速预警系统的管理经验

欧洲自 1979 年开始建立并逐步完善其快速预警系统，欧盟关于食品安全监管是设立独立的监管部门统一监管。欧盟采用以风险为中心的交流模式进行食品安全风险交流。欧盟食品和饲料快速预警系统（Rapid Alert System for Food and Feed，简称 RASFF）作为连接欧盟委员会、欧盟食品安全局和各成员国食品安全主管机构的网络，已成为欧盟食品安全监管的核心平台。

12.2.1 欧盟快速预警 RASFF 系统概述

欧盟快速预警系统（RASFF）将通报信息分为四类：警示通告、信息通告、以前通告的更正和以前通报的撤销。警示通告主要针对市场上正在销售的存在危害的食品，并在要求立即行动时发出。信息由发现问题的成员国发出并给其他成员国提出警示以便及时采取措施；信息通告主要针对在欧盟口岸检测认为不合格的食品，成员国市场并未销售但是危害已确定，所以未立即采取措施。对以前的通告更正与撤销是针对以往发出的通告进行更正并解释原因，并以每周一期的频率定期发布通报，将与欧盟标准不符的信息公之于众，委员为保护商业信息，该通告不涉及贸易名称和具体的公司。经过多年经验的积累，现在 RASFF 不断发展与完善，已经成为现今欧洲最大的食品安全信息网络交流平台，并且与全球 127 个国家和地区建立了信息联系。该系统通过委员会在每年度末发布年度报告，报告涉及相关地区的食品安全问题，也成为各国检验本国食品安全状况的参考。其运作模式在保证信息时效性的同时也为欧盟的食品安全提供了有力保障。

12.2.2 欧盟食品和饲料快速预警体系的优点

该体系依据的法律条例清晰明确，监督管理部门权责分明。例如第 178/2002（EC）号法规条例明确了食品生产企业和加工企业对出现的食品安全问题要承担的责任，严重者还将承担相应法律责任，这样有利于减少出现的安全问题，便于更加高效地处理安全事故。

第一、结构清晰，层次分明、覆盖范围广。欧盟的各个国家共同拥有唯一的食品安全监管机构，同时拥有风险管理和风险评估这两个平行机构，管理和评估分开运行。为了保证风险评估的科学性不受外界因素干扰，欧盟规定在制定食品安全政策之前必须对这其中的风险进行全面的测评分析，这也充分表明欧盟相关法规制定的必要性。

第二、预警体系几乎覆盖了所有与食品问题有关的领域，其中包括食品的生产、加工和销售等众多环节。例如，丹麦为增加食品生产的安全化、透明化、增加消费者的认可度，提高出口食品的质量，建立 "从农场到餐桌" 的全过程整体化管理体系。各行业相关部门和卫生部、农业部、食品管理局之间存在着密切的关系，他们彼此之间既有交流又有合作，而他们之间的合作交流由专门的委员会进行协调，使得欧盟的这种整体管理理念更加具有实际操作性。

第三、欧盟 RASFF 的顺利实行需要统一、严格的监管标准，更需要各成员国之间的积极配合。当一国发生食品安全风险事件时，根据该事件严重程度发出危害健康的警报并上报该系统，由该系统通知其他成员国，以提前做好防范预警从而防止危害的进一步扩大。该系统对各地上报的信息进行汇总并根据其风险程度实行分类筛选，将筛选的信息及时上传至数据库，这对以后事件发生时能够迅速做出具体、清晰的预判并迅速通告处理情况提供了大数据基础，也对成员国区域内风险交流的科学性和可借鉴性提供了保障。

12.3 京津冀食品安全风险交流制度的设计

京津冀地区可搭建由食品安全监督管理局所构建、多种媒体渠道（报纸、刊物、电视、网络等）相结合、群众认同的信息发布和预警平台。该平台作为系统的核心负责接收和发布三地食品安全信息。在任一区域发生食品安全事件时，三地可通过该平台进行预警通报和信息共享，并以平台为基础建立三地的食品安全信息数据库，对信息进行分类、筛选和上传。食品安全监督管理局对数据库信息进行定期更新，以提高后期预警、借鉴的科学性和准确性。

表 12-1　欧盟京津冀风险交流过程与经验借鉴对照表

京津冀地区风险交流机制的不足	欧盟风险交流经验借鉴
任一地区内事件发生前，缺少预警通报京津冀区域内其他地区	一国食品安全事件发生前，预警通报其他成员国
按照三地共同判别标准对风险事件相关信息进行筛选分类	按不同的风险程度与事件性质对信息筛选分类
缺少三地共享信息平台与数据库	将筛选信息上传至数据库，自下而上地收集风险信息
缺少运用数据库进行信息通报预判并及时通告	事件发生时进行信息预判并自上而下通报各成员国

资料来源：根据欧盟 RASFF 总结整理。

12.3.1 事前应建立安全风险排查制度

在信息通告之前，食品安全总局需进行食品风险信息收集和预警，对未发生但是发生可能性高的信息有针对性地予以关注。将可以排查掉的风险随时通过新媒体等方式，通过官方媒体发布消息，与消费者进行双向交流。对于排查中存在问题的信息及时上传至数据库并发布通报，以保证其他地区针对已发布信息提高对自己的区域内相关食品安全信息的注意。形成"确认风险点 - 对风险事件进行调研分析 - 总局例会研究"的制度体系。有效规避事件后期不利的发展，将事态发展控制在摇篮阶段，提高消费者信心。

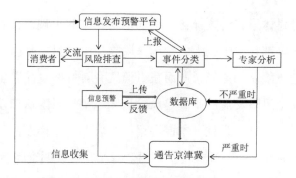

图 12-1 风险交流制度设计流程图

12.3.2 事件发展中，各方加强联系协同应对

政府、企业应积极面对，通过新媒体等平台及时、准确地向公众传递真实信息，不推脱、不逃避责任，明确态度，让公众对事件发展有清晰认识。当京津冀任一区域发生食品安全问题时，各地区食品安全管理部门通过交流平台将事件按照发生的频率及风险等级进行分类并上报。由食品安全总局针对不同信息采取不同通知方式，将信息的真实情况进行预判并及时通知三地。

12.3.3 事件发生后，政企配合，专家分析

对于事件已经发生且问题比较严重时，平台发出警示通告，来引起其他地方的注意，在增强后期预防意识的同时还能对信息库信息进行补充，为以后风险交流提供借鉴。信息数据库会针对食品安全的不同问题以及不同风险程度对食品安全信息进行细致分类，以使信息真实有效地传递。结合实际市场情况，由专家进行实际科学分析，如食品销量变动等，并寻求公众真实反应。政府及企业制定应急方案，分别在政府或者企业官网及官方公众平台等发布最新结果和专家分析，最大程度稳定公众情绪并提升公众对企业甚至食品行业的信心。政府也可以通过召开专题研讨会等形式加强科学知识的普及，采取直接交流降低信息不对称程度。

12.4 提高食品工业风险交流效率的程序化建议

伴随着媒体形式的多样化，特别是新媒体的出现，食品安全风险交流的方式、程序等都在发生巨大的变革。风险交流的目标是弥合专家和消费者就某些问题的风险认知差异，从而减少消费者对一些食品安全问题不必要的恐慌。食品安全风险交流的基础是风险认知。基于风险认知差异的风险交流将更加具有针对性和实效性。本课题组结合乳制品、肉制品、食品添加剂，以及食品的流通环节——高校食堂，四个专题共发放调查问卷1500份左右。交流是基于专家和消费者的食品安全风险认知在线调查进行的。最后交流采用面对面的风险交流方式。

通过面对面的风险认知差异研究，食品安全风险交流在交流机制和交流程序上需要有更加清晰和明确的程序，实践经验总结如下：第一，双向交流更加有效。双向的交流方式优于传统的交流模式。能够更加准确地传递消费者和专家之间的认知差异。第二，问卷设计表达需要更加清晰准确，避免歧义。语言表达的精准性直接影响了消费者对风险认知调查的准确性。如果不同的消费者对一个问题的理解不同，势必会影响风险认知的结果。因此，信息表达的准确性、客观性和中立性都会影响消费者的认知。第三，问卷设计结束，应该请专家就消费者所关心的问题做一下把关。专家可以帮助更好地把控问卷的准确性。第四，风险交流人员需要具备很强沟通能力的消费者与专家进行交流，一些专家的表达方式非常专业，技术性很强。需要具有很强沟通能力的专家和消费者，就某些问题进行解读。因此，在风险交流过程中，双方对具体问题的理解到位变得非常重要。这需要建立在良好的沟通能力上。第五，需增加专家对记者或作者对发布新闻表述准确性的确认环节。在风险交流结束后，能够准确解读专家认知的人需要将专家的看法解读清晰，以书面形式表述清晰后，反馈给专家。由专家进行表述的准确性的把控和审核，此后方可对外进行发布。

结语

本章建议京津冀在风险交流中,秉持早预警、早交流、早处理的原则,借鉴欧盟 RASFF 的构建体系,在京津冀地区搭建自上而下与自下而上相结合的风险交流平台:要求三地多方配合、协同合作,主动、及时、准确地上报风险信息,做好风险事件发生前的监督、排查和预警工作,事件发生过程中的实时交流以及事后与公众双向交流机制。本章结合对四个主题问卷风险交流的实践,提出构建京津冀地区多中心、多层级的食品质量安全风险交流体制的程序化制度建议,指出构建"信息预警、事中交流、事后监管、事前预防"的风险交流机制能够有效提升食品企业产品的质量。最后,京津冀积极配合、加强交流、协同治理的食品工业风险交流机制的实践经验,可作为食品交流的全国示范区,向全国各省推广。

第13章　高校食堂的食品安全风险交流

随着生活水平的不断提高，现在公众越来越重视食品安全问题。人们已经不再仅仅满足于口腹之快，大家更加注重食品的安全和营养问题。但是随着科学技术的不断发展，科学技术被用到了制作不安全、不合格的食品当中。高校食堂是大学生就餐的主要场所，因为在食堂就餐的人员之多，如果发生食品安全事件，对高校学生和社会都会产生非常恶劣的影响。如果疏于对高校食堂的监管，发生食品安全事件的可能性更会增大。因此，加强高校的食品安全风险交流不论对于高校食堂的食品安全还是对高校学生的安全都有着重要的意义。

13.1 食品安全风险交流现状分析

根据 2015 年国家卫生计生委发布的《关于 2015 年度食品中毒事件的通报》，高校食堂的食品中毒事件人数位居榜首。

表 13-1　2015 年卫生计生委全国食物中毒事件通报

中毒场所	报告起数	中毒人数	死亡人数
集体食堂	37	2388	3
家庭	81	1563	95
饮食服务单位	22	1207	1
其他场所	12	401	10
合计	152	5559	109

数据来源：国家统计网

由 2015 年卫生计生委发布的全国食物中毒事件的通报来看。2015 年卫计委共收到中毒事件 152 起，中毒人数 5559，死亡人数 109 人。从中毒场所来看集体就餐地点的中毒人数较多。从以上数据可见虽然集体食堂的报告起数少，但人数却是最多的，可见完善食品安全机制的重要性。食品安全事件的大面积发生很大一部分是因为信息传递存在问题。如果建立完善的食品安全风险交流机制就可以很大程度的避免恶性食品安全事件的发生。

在报告总起数中，集体食堂报告起数为 37 例，占据报告总起数的 24.3%，中毒人数高达 2388 人，集体食堂中毒人数占中毒总人数的 43.0%，由此可见高校食堂食品安全治理的必要性。中毒人数如此高使得同学们对于食堂的食品安全抱有疑惑，但高校食堂管理人员又无法快速有效地与同学们交流，所以有必要进行高校食堂的食品安全风险交流。

13.2 高校食堂大学生风险感知分析

13.2.1 感知调查

在进行食品安全风险交流之前需要将风险进行评估，得出风险定量或定性的评估。只有明确食品安全具体的风险才可以对风险进行针对性的交流和管理。通过对高校食堂食品安全的问卷调查将高校可能存在的食品安全问题分为以下三大类。

1. 食品原料药物残留问题

根据卫计委关于学生中毒事件的数据分析，中毒原因很大一部分就是食品原料导致的，比如农药残留、兽药残留、还有四季豆中的皂苷等天然色素。

2. 食品加工制作环节不规范导致的问题

例如加工准备环节、烹饪过程、凉菜制作过程、餐具在清洗的过程中的安全性。

3. 其他方式引起的问题

例如供应方式，环境管理等。高校食堂在供应食品的时候可能会导致食物之间混杂，由于食堂食品制作人员不了解食物相克的一些原理导致不同的食物被同时食用而引起的食品安全问题。食堂卫生与否也是保障食品安全的重要因素之一。

针对以上几类问题对问卷进行了加权平均法分析与因子分析。

以上为高校食堂问卷收回所得数据经加权计算后的结果，同时为了保障问卷数据的可靠性，通过利用 Spss 统计软件对问卷进行了信度和效度检验。

可靠性统计量	
Cronbach's Alpha	项数
0.877	12

案例处理汇总			
		N	%
案例	有效	179	95.7
	已排除 a	8	4.3
	总计	187	100.0

KMO 和 Bartlett 的检验		
取样足够度的 Kaiser-Meyer-Olkin 度量。		0.881
Bartlett 的球形度检验	近似卡方	905.259
	df	66
	Sig.	0.000

检验结果 Cronbach's Alpha 为 0.877，取足够量的 Kaiser-Olkind 度量值为 0.881.KMO 值在 0.8-0.89 表明很适合做因子分析。Spss 输出结果为 0.817 表明问卷数据可靠。以下为具体的分析。

解释的总方差

成份	初始特征值			提取平方和载入			旋转平方和载入		
	合计	方差的 %	累积 %	合计	方差的 %	累积 %	合计	方差的 %	累积 %
1	5.281	44.006	44.006	5.281	44.006	44.006	3.583	29.858	29.858
2	1.447	12.062	56.068	1.447	12.062	56.068	3.145	26.210	56.068
3	0.941	7.841	63.910						
4	0.760	6.334	70.244						
5	0.668	5.569	75.814						
6	0.630	5.251	81.065						
7	0.588	4.897	85.962						
8	0.415	3.456	89.418						
9	0.397	3.311	92.730						
10	0.331	2.762	95.492						
11	0.294	2.453	97.945						
12	0.247	2.055	100.000						

提取方法：主成份分析。

碎石图

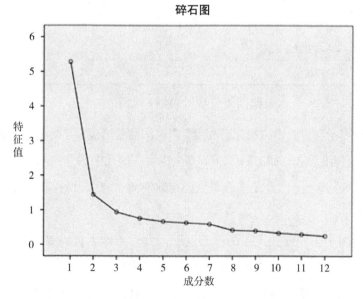

从以上图表可得其中有两个因子的特征值大于 1，从碎石图也可以得知，

碎石图主因子对应的碎石图在比较陡峭的曲线上，而其他因子则处于比价平缓的尾部。所以我们提取前两个因子作为主因子。

旋转成份矩阵 a

	成份	
	1	2
食堂工作人员专业度	0.535	0.262
专业人才的匮乏度	0.182	0.628
法律法规完善度	0.684	0.408
执法监管力度	0.800	0.223
主体满意度	0.781	0.211
舆论压力影响度	0.535	0.453
高校食材监管度	0.118	0.857
食堂人员个人信仰影响度	0.255	0.775
添加剂规范程度	0.571	0.447
卫生程度	0.683	0.173
食品包装信息影响度	0.173	0.805
加工制作环节安全程度	0.597	−0.046

提取方法：主成份。

旋转法：具有 Kaiser 标准化的正交旋转法。

a. 旋转在 3 次迭代后收敛。

根据因子分析，现解释如下：

第一个因子与"法律法规完善程度""执法监管力度""舆论压力影响度""添加剂规范程度"和"加工制作环节安全程度"这几个因素的相关度比较高，主要解释了这几个变量。这几个因素主要与政府监管有关，所以将其命名为"政府监管"因子。

第二个因子与"专业人才的匮乏度""食堂工作人员的专业度""高校食材监管度""食堂人员个人信仰影响度""卫生程度"和"食品包装信息影响度"这几个影响因素的相关程度比较高。这几个因素主要与食堂的管理有关，所以将其命名为"食堂管理"因子。

以上就是根据 spss 得出的与高校食堂食品安全满意度的因子分析所得出的与食堂食品安全相关度最大的两个主因子。

13.2.2 加权平均分析

调查问卷题目	加权平均数
您认为学校食堂的食品安全与食堂工作人员的专业性的相关程度	4.30
您认为学校餐饮业对于专业人才的匮乏程度	4.53
您认为关于学校餐饮的法律法规和标准体系的完善程度	4.19
您认为对于学校食堂的执法力度和监管程度	4.24
您对于大学食堂食品安全现状的满意程度	4.20
您认为大学学生的舆论压力对食堂餐饮的影响程度	4.68
您认为对学校食堂食材监管的必要性	5.69
食堂人员的个人信仰对食品安全的影响程度	4.81
您认为学校食堂使用添加剂的规范程度	4.32
您认为学校食堂的卫生程度	4.40
您认为食品保质期对您判断食品是否安全的影响程度	5.24
您认为隔夜饭菜或者多次进行加热加工的饭菜再食用的安全程度	3.36

通过分析上述数据，可以得出以下结论：

1. 公众对食品原料较为重视

高校食堂食材监管必要性的加权平均数为 5.69，是所有数据加权平均后最大的，可见相对与食品加工过程，公众更加注重食品原料本身的安全。而近年来常常出现的食品安全问题有很大一部分也正是食品原料问题。

2. 数据经处理之后加权比重较大的还有食品安全信息

公众毕竟不是专家，只能根据包装上或者食品原料上的食品安全信息来判断食品安全与否。这就意味着，为了增加公众对于中国食品安全的信任程度，我们不仅应该从原料本身入手，还应该严格把控食品的信息安全。保证食品包装上所显示的信息的真实，严厉打击三无产品和与食品安全信息不符等相关产品。

3. 关于食品重复加热问题和专家之间存在一定差距

调查问卷中相关问题也表明了公众对食品安全问题存在盲点，一定程度上体现出公众对于食品安全的认知与年龄存在相关性，还应加大对一些食品安全常识的宣传。

在设计问卷的过程中，将影响公众对食堂满意度的因素分为了四类，分别为专业度、食品原料安全、加工制作环节的合理、监管程度。除了以上提到的食品原理和加工制作环节之外，在关于食堂专业人员的专业度方面，大家认为食堂食品安全的关系不是很重要的，加权数仅仅在平均水平之上一点。但是大家对于食堂监管程度还是特别重视的。对于食堂的监管力度方面加权数仅仅 4.19 和 4.24。可见大家对于我们食品安全的监管力度缺乏信心。

13.2.3 高校食堂食品安全风险交流制度建议

不论在发达国家还是发展中国家食品安全问题都层出不穷，食品安全问题已经不再是简简单单的食品问题了，已然上升到了社会问题甚至是政治问题。好的食品安全风险管理可以很大程度上遏制"食品恐慌"的发生。欧盟、美国、加拿大、日本等地方对于食品方面的风险管理一直处于世界领先的地位，欧盟更是建立了从"农田"到"餐桌"的完备的食品安全管理体系，欧盟的食品也被认为是全球最安全的食品之一。这使欧盟的食品安全风险交流机制被各国竞相学习模仿。本文以中毒人数最多的场所公众食堂为例，基于欧盟RASFF 提出关于高校食堂食品安全风险交流机制的建议。

1. 理论机制

表 13-2　欧盟与高校食堂食品安全风险交流机制比较

欧盟食品安全风险交流机制总结	高校食堂食品安全风险交流机制
以风险为中心的交流体系	以风险交流为中心交流系统
欧盟、成员国、企业多层治理体系	政府、高校管理者、消费者多层管理体系
完善的 RASFF 数据系统	食品安全风险交流系统
设立咨询机构，更全面地进行风险交流	建立高校学生论坛，进行快速有效的沟通
将食品安全问题细致分类进行风险评估	设立风险评估部门，将高校食品安全事件风险进行明确分类

2. 欧盟采用的基于风险的多层管理体系 RASFF

以风险为中心是欧盟进行食品安全风险交流的特点。欧盟现在形成了欧盟、成员国、企业的一个多层治理体制。食品安全的风险交流也依托于监管体系形成了一种多层次的交流机制。

欧盟内部的各个部门之间的分工是十分明晰的，这样就不会在遇到食品安全方面的事故时相互推诿、不承担责任。欧盟内部主要分为决策机构、执行机构和咨询机构三个部分。

决策机构主要进行的是的对食品安全风险交流的相关法律法规或是各种规定、以及发生食品安全事件采取的具体措施的方法的制定。这也为后期的食品安全风险交流制定了规范。执行机构主要是执行欧盟理事会和欧洲议会的决策，保证决策的贯彻落实。咨询机构主要是咨询、风险信息的交流以及食品安全风险的评判。

3. 以高校食堂食品风险交流为例开展风险交流

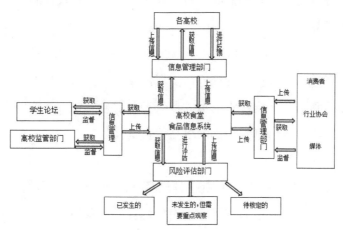

图 13-1　高校食堂交流图

食品安全信息的传递和食品安全的监督作用。高校食堂信息系统建立的目的一方面是为了使得学生和食堂管理人员之间的信息可以真正传递开来，尽量缩小食堂消费者和食堂经营者之间信息传递的"真空地带"，另一方面，通过高校食堂信息系统改变原有的由政府相关部门监管的模式，实现由利益直接的相关者-消费者直接进行监督的方式来直接监督食堂的食品安全问题。下面就高校食堂食品安全信息系统作进一步的分析。

高校食堂食品安全信息系统实际上就是一个连接了全国各个高校食堂、政府食品安全主管机构、专家、高校食堂消费者的一个巨大的食品安全信息数据库。它主要针对的是由于食堂操作的不合格等问题可能引起的风险以及可能带来的食品安全问题。通过高校食品安全信息系统可以在一个高校可能发生食品安全风险时，通过高校食品安全信息系统报告其他高校，避免高校食品安全风险的进一步扩大。下面就是对高校食堂食品安全信息系统的具体介绍。

4. 食品安全信息传递作用

（1）高校与高校食品安全信息系统的信息共享作用。全国各高校之间的食品安全信息共享。全国高校必须定期向食品安全信息系统通报本校的食品安全相关信息，包括本校食材的来源、食材制作流程、各种食品添加剂指标、卫生管理等等。此外，其他高校可以通过高校食品安全信息系统来了解其他高校的食品安全信息。通过高校食品安全信息系统，各个高校就可以吸取教训并督促检查本校是否有类似的现象出现，是否会有导致食品安全问题发生的隐患，从而做到未雨绸缪。

（2）政府食堂监管部门对高校食堂上传的信息的筛选。政府食堂监管部门分为风险评估部门和信息管理部门。高校食堂上报的食品安全信息需要政府监管部门的管理，高校食堂上报的食品安全信息需要风险评估部门进行风险的评估之后再通过信息管理部门将高校食堂食品安全信息发布到高校食堂信息系统。

（3）高校消费者通过信息系统可以加强对高校食堂的了解。高校同学可以通过高校食品信息安全系统了解本高校的食品信息相关情况，一方面可以增加高校同学对本高校食堂食品安全的信心，另一方面可以直接了解食堂信息。同学们也可以在食品安全信息系统中上传自己的言论，政府监管部门可以通过高校学生上传的信息对高校食堂上传的食品安全信息作进一步的确认。

5. 高校食堂食品安全信息系统监督作用

（1）通过食品安全系统政府对高校的监督

高校定期上报本校的食堂食品信息相关情况，政府监管部门会对高校食堂所报的信息做一个检查筛选，在确定所报信息的真实性和准确性后，才会上传到食品信息系统，无形中就是对高校食堂食品安全的一个监督。

（2）通过食品安全信息系统消费者对高校的监督

在高校食品安全信息系统中设立了学生论坛，同学们可以在论坛中发表自己的观点，但是为了避免由于新媒体带来的危害，高校同学上传的信息需要由信息管理部门经过筛选之后发布。这种由消费者、专家共同参与的高校食堂食品安全信息系统就起到了监督高校食堂的作用。

13.3 疫情下高校食堂网络点餐食品安全风险交流意愿调查研究

随着国内疫情形势的好转，国内大部分地区的学校已经陆续开学，但疫情防控仍不容松懈。校内人口多、人流量大、人员复杂，这就意味着存在许多感染病毒的安全隐患。食堂作为人员聚集且每日必须出入的场所，关系到每个在校学生与教职工的生命健康，受到政府、学校、家长、媒体各界的广泛关注。食品安全风险交流有利于向在校人员传递所需的食品安全信息，增加信任度，有利于学校与在校人员达成共识，共同应对食品安全问题。目前，许多高校为保障疫情期间的食品安全开始试用网络点餐平台，由于平台的初始投入，在食品安全风险交流方面还不够完善。本研究从实际调研出发，深入探究在校人员网络点餐风险交流意愿的影响因素，以期能够为校园食品安全风险交流工作提供理论依据和经验借鉴。

13.3.1 校园网络点餐风险交流现状与理论综述

1. 校园网络点餐风险交流现状

（1）校园网络点餐平台是疫情作用的产物

校园网络点餐平台比较类似于外卖平台，都是通过手机客户端进行下单，不同之处在于校园网络点餐平台大都需要自行去食堂取餐，而外卖一般都有配送环节。校园网络点餐平台与外卖平台的另一个区别在于外卖平台是企业支撑的，而校园网络点餐平台是以学校为责任主体的。对于校园网络点餐平台来说，用户更加固定，责任更加重大，线上与线下工作对接也更加直接。校园网络点餐平台的主要目的在于分散人流量，避免人员过分聚集，减少食品安全隐患与信息不对称问题。

（2）校园网络点餐平台缺乏完善的食品安全风险交流体系

校园网络点餐平台是在校人员日常吃饭和获取食品安全信息的重要渠道，虽然高校有很多食堂管理的经验，但由于疫情的特殊性和网络平台的新颖性，目前学校在网络点餐平台的食品安全风险交流工作上仍然缺乏很多经验。比如线上的食品安全风险交流仍然存在信息量不足与互动性较差等缺点。学校平台如何保证信息的真实性、透明性和完整性，如何达到线上与线下交流的协调性，如何直接有效地将食品安全信息传递给在校人员亟待研究。

2. 风险交流的理论综述

（1）社会互动理论

社会互动理论是由德国社会学家齐美尔（Simmel）在1908年所提出并逐渐形成系统的理论。其主要涵盖建构主义和人本主义两大认知体系，所谓互动式指个体与其他个体或群体、群体与其他群体相互作用的社会形态。互动的目的在于传递信息、分享意见、表达情感、产生共鸣。互动的主要形式有交换、竞争、合作和对抗。互动在本研究中涉及到多个主体，不同主体间的互动对交换信息、分享意见、表达情感、产生共鸣即食品安全风险交流意愿的影响必定有所差异。

（2）信任决定理论

由Covello、Peters、Wojtecki和Hyde等四名学者于2001年归纳出的信任决定理论模型认为，在风险交流中，信息传达者必须先建立信任，才能实现教育、达成共识等目标。为建立和保持信任，信息传达者必须要保证传达信息的诚意性和专业性才能让信息交流的对象更加愿意思考和参与风险交流，信息才能更易被对方接收和接受。校园网络点餐平台中，对平台的信任即是对学校的信任，在校人员对学校的信任会直接影响到其食品安全风险交流意愿。

（3）问题解决情境理论

问题解决情景理论是美国学者金姆（Kim J N）和詹姆斯·格鲁尼格（James E.Grunig）2011年在公众情境理论的基础上提出的公关传播理论。该理论强调当个体感知风险以及自身拥有的信息和知识不足以解决所面临的问题时，就会陷入紧张状态。在这种状态的刺激下，出于自我保护的目的，个体就会产生信息需求，接着就会产生信息或知识的寻求动机和行为，以消除紧张不安的心理状态。这与食品安全风险交流的情景比较贴合，即当消费者感知到食品安全风险的存在时，就会积极的关注与寻求食品安全信息，通过获取信息与知识，增加信心的过程。信息的关注与寻求就是本研究食品安全风险交流意愿的主要内涵。

（4）技术接受模型

技术接受模型是 Davis 在 1989 年研究用户对信息系统接受时所提出的一个模型，该理论主要解读、预测用户对信息技术的认同与使用。该模型认为信息技术接受程度受用户的感知易用性和感知有用性共同影响。技术接受模型的两个关键变量，在校园点餐平台中表现为在校人员对平台易用性和有用性的感知评价。当消费者在访问特定的网络平台时，平台供应商即代表平台，所以我们可以推论，在校人员对网络平台的感知易用性和感知有用性将会影响学生对学校的态度与行为，即信任与交流意愿直接受在校人员的感知易用性和感知有用性影响。

从以上食品安全风险交流相关领域的理论概述中，我们可以推论，高校食堂网络点餐平台食品安全风险交流意愿与信任可能受到不同人员以及平台本身多层次的影响。首先，在互动的层面上，学生、食堂、学校平台之间的互动对信任与交流意愿会具有不同的影响关系；其次，在校人员自身层面对风险的感知以及信息寻求的行为对信任与交流意愿存在影响；再者，平台本身的易用性和有用性对使用人员的信任与交流意愿也会存在一定影响；最后，信任是交流的基础，只有建立信任才能与消费者进行良好的沟通并达成共识。

13.3.2 模型构建

1. 研究假设

（1）社会互动与其相关变量

①互动与感知风险

章希春（2009）互动是网络购物消费者收集信息的最有效方式，有效的互动使得消费者能更快、更好的采集更多的信息，从而最大程度地帮助消费者降低购物风险。卫海英（2011）通过建立结构方程模型分析出借助与消费者的互动可以减少其风险感知，增加信任，减少危机在公众中扩散的可能性。赵宏霞（2018）通过建立结构方程模型，证明消费者与网站和其他消费者的互动能够降低消费者的风险感知。

②互动与信任

电子商务平台的社会互动以信息传递为基础，并且在大多数互动中，人们不仅交流信息，还包括思想与情感的交流。Raymond Fisman 和 Tarun Khanna（1999）通过数据分析得出消费者与第三方的互动（间接联系）能够加强其对另一方是否在未来互动中合作的信念，从而影响了信任强度，这种重复的互动有助于信任，信任与双向通信（互动）之间具有稳健的正相关关系。卫海英（2011）通过建立结构方程模型分析出借助与消费者的互动可以减少其风险感知，增加信任度，减少危机在公众中扩散的可能性。

在上诉研究的支持下，提出以下假设：

H1a：与学生之间的互动负向影响感知风险

H1b：与食堂的互动负向影响感知风险

H1c：与学校平台的互动负向影响感知风险

H2a：与学生之间的互动正向影响对学校的信任

H2b：与食堂的互动正向影响对学校的信任

H2c：与学校平台的互动正向影响对学校的信任

（2）交流意愿的直接影响因素

①信任与交流意愿

信任是被交流方愿意参与风险交流的基础，平台只有建立最基本的消费者信任，才能实现信息的有效传递，避免信任危机造成更加严重的危害。管理者如何建立风险交流中的信任一直是学者们非常关注的问题。Aileen McGloin（2009）认为信息接收者对传播者的不信任是有效风险交流的主要障碍，交流者只有建立沟通的信任，才能实现其他目标。June Lu（2012）通过阐述用户技术学习能力、感知平台功能和用户信任对 C2C 平台用户满意度影响的概念模型，证明用户的信任比平台的功能更能影响平台用户的满意度。巩顺龙等（2012）认为食品安全具有信任品的属性，研究消费者的食品安全信心及其影响因素，是食品生产者及管理者实现高效的食品安全风险管理和建立风险交流体系的关键。陈通（2018）通过两个实验验证信息表达方式和信任是影响食品安全风险交流效果的重要因素。信任可以增加消费者对不确定性信息的敏感性，提高交流内容的说服力。

②感知风险与交流意愿

王健等（2013）通过认知导向信息需求的研究综述，总结出当人们在进入"问题状态"，即当人们对面临的问题的感知以及已经具备的经验和知识的感知会促使其通过信息需求与查询的方式来弥补认知缺口。Mikyoung Kim（2017）通过考察信息诉求和应对方式的主要影响与交互作用，得出信息诉求对风险感知有显著的交互作用，应该将情感纳入到风险交流中，以实现有效的应对方式。郭路生（2020）基于风险认知与问题解决情境理论构建社交媒体用户的健康信息传播的影响机理模型，结果表明用户在意识到自己存在健康风险时，会积极寻求相关信息以解决自己的健康问题。

③感知障碍与交流意愿

技术接受模型有两个关键变量，即感知易用性和感知有用性，当用户在访问特定的网络平台时，平台供应商即代表平台。所以，我们可以推论，用户对网络平台的感知易用性和感知有用性将会影响其食品安全风险交流意愿，因此，感知障碍会负向影响用户的交流意愿。

在上述文献研究的支持下提出假设：

H3: 对学校的信任正向影响食品安全风险交流意愿

H4: 感知风险正向影响食品安全风险交流意愿

H5: 感知障碍负向影响食品安全风险交流意愿

（3）其他相关关系

感知风险与信任

Koufaris 和 Hampton-Sosa（2003）建立了一个多阶段的研究模型，假定感知有用性和感知易用性是消费者在线信任的预示指标。研究结果发现感知有用性和感知易用性显著地影响消费者在线信任度。潘煜等（2010）通过构建政府–行业–企业–第三方–消费者五位一体的诚信体系的模型，信任可以帮助消费者克服在虚拟环境中的感知风险，即感知风险越大，消费者的信任度越低。

在上述研究的支持下，提出以下假设：

H6: 感知风险负向影响对学校的信任

根据上述食品安全风险交流相关领域理论推论，以及目前国内外的研究成果的佐证，结合高校网络点餐平台的特点设计本次研究的基本假设模型。本研究选择与学生的互动、与食堂的互动、与学校平台的互动、感知风险、信任、感知障碍等 6 个因素作为食品安全风险交流意愿的影响因素，具体假设关系如图 13–2 所示。

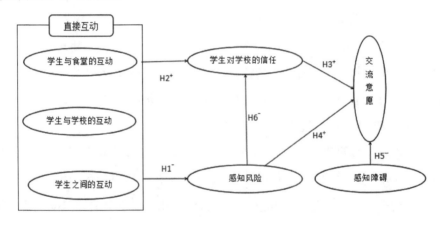

图 13-2　假设基本模型

2. 问卷设计

基于国内外的文献研究和量表设计，结合高校网络点餐平台的特点，采用问卷调查的方法来验证理论模型和研究假设。如表 13–3 所示将与学生的互动、与食堂的互动、与学校平台的互动、感知风险、信任度、感知障碍等 6个因素作为食品安全风险交流意愿的影响变量设计形成初步的 Likert7 级量表，选项 1 代表非常不同意，选项 7 代表非常同意。

表 13-3　问卷题项与设计来源

潜变量名称	度量题项	来源参考
与学生的互动	我能从同学那里得到很多好的食品安全意见和建议	June Lu（2012）赵宏霞，王新海，周宝刚（2015）
	我会与其他同学分享食堂用餐的体会和感受	
	其他同学的评价为我判断食品安全提供了帮助	
	在校园里，同学之间的沟通很方便	
与食堂的互动	在食堂里有专门的柜子展示当日的饭菜留样	
	我很容易就能看到食堂所做的卫生防护措施	
	食堂的工作人员很乐意与学生沟通	
	学生的反馈和建议能及时得到食堂的工作人员的回应或采纳	
与学校平台的互动	学校的网络点餐平台上有对食堂饭菜的说明	
	学校的网络点餐平台上有对食堂工作人员的健康状况的说明	
	学校在网络点餐平台上提供的图片文字说明能让学生更好地了解食堂饭菜的卫生安全情况	
	学校在网络点餐平台上能及时回复和处理学生反映的食堂卫生问题	
感知风险	我担心学校食堂的饭菜不够安全卫生	Satyabhusan Dash K. B. Saji（2007）潘煜（2010）张学波，李铂（2019）
	我不能够确定食堂工作人员的健康状况	
	我不能清楚地知道食堂工作人员的管理与活动范围	
	我觉得在食堂吃饭有感染新冠病毒的风险	
	在学校食堂吃饭完全不用担心	
对学校的信任	疫情期间学校会较多考虑学生的健康安全	Dan J. Kim 等（2009）Sanghyun Kim, Hyunsun Park（2013）
	学校会做好食堂食品安全的监督管理工作	
	学校传递的食品安全信息是透明真实的	
	学校食堂相关责人在食品安全问题上具有较好的知识储备	
	学校食堂相关负责人在食品安全问题上具有较好的沟通能力	
感知障碍	我不知道怎样才能在平台上和学校反映食堂食品安全问题	Dan J. Kim 等（2009）姚公安，覃正（2010）
	我觉得在平台上向学校反映食堂食品安全问题很麻烦	
	我觉得在平台上向学校反映食堂食品安全问题没有用	
	我觉得向学校反映食堂食品安全问题和我没有关系	
交流意愿	在食堂吃饭我会留意食堂以及饭菜的卫生状况	Paul A. Pavlou, Mendel Fygenson（2006）姚公安（2009）宫贺（2018）
	在食堂吃饭我会留意食堂阿姨是否采取了规范佩戴口罩等应做的防护措施	
	我会去看食堂工作人员是否有健康证明	
	我愿意向学校反映食堂用餐的意见和建议	
	我乐意向其他同学分享在学校食堂用餐的体验	
	我愿意花费时间去了解更多学校食堂的食品安全防护措施	

3. 问卷收集与样本的基本特征分析

（1）问卷收集与筛选

本次调研数据采用问卷星线上收集的形式，共收集问卷530份。通过在同一变量下设计一道反向问题，剔除该题项得分与同一变量下其他几项平均分相差4以上（随机性太强）的无效问卷，最终得到有效问卷428份。问卷的有效回收率为80.75%，符合样本量至少是测量题项5倍的要求。

（2）样本的人口统计特征

调查对象为在校学生和教师，本次调研的428份有效样本的基本信息有性别、年龄、职业、学历如表13-4所示。性别上男女比例分别为31.54%和68.46%；年龄上85.05%属于18岁到24岁的年龄段，其他仅占14.95%；身份上96.73%为在校学生，3.27%为教师；学历上大专占5.84%，本科占73.6%，研究生及以上占20.56%，这样的人口特征与国内高校在校人员的信息特征基本相符。另外样本的来源包括全国31个省、自治区、直辖市，说明本次调研样本具有地域上的广泛性和代表性。

表 13-4　样本的人口统计特征

人口统计特征	分类	人数	占样本的比例（%）
性别	男	135	31.54
	女	293	68.46
年龄	18 岁以下	2	0.47
	18~24 岁	364	85.05
	25~35 岁	51	11.92
	36~45 岁	8	1.87
	46 岁以上	3	0.7
身份	学生	414	96.73
	教师	14	3.27
学历	大专	25	5.84
	本科	315	73.6
	研究生及以上	88	20.56

13.3.3 实证分析

1. 信度与效度分析

为确保问卷的信度与效度，对因子载荷低于 0.6 的测量题项进行删除，将低载荷的测量指标（FX5、ZA4 和 YY3）删除之后再次利用 Amos 对模型进行分析，修正后的信效度检验结果如表 13-5 所示。

表 13-5　修正后模型的信度效度检验结果

因子 Factors	题项 Measured items	因素负荷量 Factor loadings	信度系数 Cronbach's α	KMO	平均方差抽取量 (AVE)	组合信度 CR
与学生的互动	TX1	0.703	0.901	0.813	0.6424	0.8769
	TX2	0.816	0.901			
	TX3	0.908	0.899			
	TX4	0.765	0.901			
与食堂的互动	ST1	0.616	0.901	0.744	0.5709	0.8401
	ST2	0.739	0.901			
	ST3	0.822	0.9			
	ST4	0.826	0.9			
与学校的互动	PT1	0.854	0.9	0.866	0.815	0.9463
	PT2	0.895	0.899			
	PT3	0.928	0.9			
	PT4	0.932	0.899			
感知风险	FX1	0.777	0.908	0.785	0.5971	0.8535
	FX2	0.889	0.908			
	FX3	0.792	0.906			
	FX4	0.606	0.909			
对学校的信任	XR1	0.78	0.9	0.857	0.7494	0.9371
	XR2	0.855	0.899			
	XR3	0.932	0.899			
	XR4	0.896	0.899			
	XR5	0.858	0.9			

因子 Factors	题项 Measured items	因素负荷量 Factor loadings	信度系数 Cronbach's α	KMO	平均方差 抽取量 (AVE)	组合信度 CR
感知 障碍	ZA1	0.707	0.909	0.705	0.6079	0.8224
	ZA2	0.827	0.909			
	ZA3	0.8	0.91			
交流 意愿	YY1	0.739	0.901	0.838	0.6276	0.8935
	YY2	0.737	0.901			
	YY4	0.857	0.901			
	YY5	0.851	0.9			
	YY6	0.768	0.901			

第一，调研问卷具有较好的信度。采用 Cronbach's α 系数对各个潜变量以及整体量表进行信度的检验。如表 13-4 所示本项研究所包含各个维度的信度 α 值均达到 0.8 以上。整份问卷的 Cronbach's α 值为 0.905，大于标准 0.8，说明各个维度数据的可靠性以及问卷整体的信度良好。

第二，调研数据适合做结构方程模型。利用 KMO 和 Bartlett 样本测度检验数据的效度，判断本次调研所得数据是否适合做因子分析。经计算最终数据的 KMO 值为 0.904（标准为 >0.5），Bartlett 球形检验也达到显著水平，说明本次调研所得数据适合做结构方程模型。

第三，量表具有较好的收敛效度。通过 Amos 计算得出所有测量指标的因子载荷，如表 13-4 所示所有的因子载荷均大于 0.5，组合信度均大于 0.7，AVE 平均方差抽取量均大于 0.5 说明量表具有较好的收敛效度。

2. 拟合检验结果

如表 13-6 所示本研究结果模型的各项拟合度指标均符合最佳标准，代表本项目的结构方程模型拟合效果良好。

表 13-6　修正后模型的拟合检验结果

	X2	df	df/X2	AGFI	NFI	IFI	CFI	RMSEA
标准			<3	>0.8	>0.9	>0.9	>0.9	<0.08
拟合结果	965.817	357	2.705	0.832	0.902	0.936	0.936	0.063

3. 区分效度分析

为考察变量的区分效度，笔者采用模型比较的方法进行验证。如表 13-7 所示，基准七因子模型与另外 10 个模型相比，各项拟合指标均达到标准，拟合度最佳，说明本文所涉及的 7 个因子具有良好的区分效度。

表 13-7　变量区分效度的验证性因子分析

模型	X2	df	TLI	CFI	RMSEA	SRMR	模型比较检验		
							模型比较	△ X2	△ df
1 基准七因子模型	965.817	357	0.927	0.936	0.063	0.0611			
2 单因子模型	5546.252	377	0.412	0.454	0.179	0.1501	2vs1	4580.43500 ***	20
3 四因子模型	2591.993	371	0.743	0.765	0.118	0.1106	3vs1	1626.17600 ***	14
4 五因子模型一	2290.135	367	0.775	0.797	0.111	0.1043	4vs1	1324.31800 ***	10
5 五因子模型二	2678.857	367	0.73	0.756	0.121	0.0981	5vs1	1713.04000 ***	10
6 五因子模型三	2418.82	367	0.76	0.783	0.114	0.0993	6vs1	1453.00300 ***	10
7 五因子模型四	1788.596	367	0.834	0.85	0.095	0.0773	7vs1	822.77900 ***	10
8 六因子模型一	1497.486	362	0.865	0.88	0.086	0.0623	8vs1	531.66900 ***	5
9 六因子模型二	1482.657	362	0.867	0.882	0.085	0.0672	9vs1	516.84000 ***	5
10 六因子模型三	1761.957	362	0.834	0.852	0.095	0.0694	10vs1	796.14000 ***	5
11 六因子模型四	2127.455	362	0.791	0.813	0.107	0.0882	11vs1	1161.63800 ***	5

注：* 代表 $p<0.05$，** 代表 $p<0.01$，*** 代表 $p<0.001$

单因子模型：将所有因子合并为一个因子。

四因子模型：将三个互动合并为一个因子；将感知障碍与感知风险合并为一个因子；信任与交流意愿各为一个因子。

五因子模型一：将三个互动合并为一个因子；感知风险、感知障碍、信任与交流意愿各为一个因子。

五因子模型二：将与学生的互动和与食堂的互动合并为一个因子；将信任与交流意愿合并为一个因子。

五因子模型三：将与食堂之间和与学校平台的互动合并为一个因子；将信任与交流意愿合并为一个因子。

五因子模型四：将与食堂之间和与学校平台的互动合并为一个因子；将感知风险与感知障碍合并为一个因子。

六因子模型一：将感知风险与感知障碍合并为一个因子。

六因子模型二：将与食堂的互动和与学校平台的互动合并为一个因子。

六因子模型三：将与学生的互动和与食堂的互动合并为一个因子。

六因子模型四：将信任与交流意愿合并为一个因子。

表 13-8　研究假设结果

研究假设	路径关系（标准化）			Estimate	S.E.	P 值	检验结果
H1a	感知风险	<---	与学生的互动	0.242	0.068	***	拒绝
H1b	感知风险	<---	与食堂的互动	−0.343	0.091	0.001（**）	接受
H1c	感知风险	<---	与学校平台的互动	0.072	0.07	0.429	拒绝
H2a	信任	<---	与学生的互动	0.332	0.054	***	接受
H2b	信任	<---	与食堂的互动	0.495	0.075	***	接受
H2c	信任	<---	与学校平台的互动	0.005	0.053	0.947	拒绝
H3	交流意愿	<---	信任	0.572	0.056	***	接受
H4	交流意愿	<---	感知风险	0.209	0.065	***	接受
H5	交流意愿	<---	感知障碍	−0.052	0.072	0.400	拒绝
H6	信任	<---	感知风险	−0.09	0.042	0.031（*）	接受

注：* 代表 $p<0.05$，** 代表 $p<0.01$，*** 代表 $p<0.001$

4. 调研结果分析

本次调研的结果如表 13-8 所示，其中假设 H1a: 与学生之间的互动负向影响感知风险结果不成立，学生之间传播的信息往往专业性、真实性会有所偏差，仅仅与学生进行互动对在校人员感知风险存在正向影响的可能性。

假设 H1a: 与学生的互动负向影响感知风险结果不成立，说明同学之间的交流往往缺乏食品安全的专业性，容易造成风险认知误区。

假设 H1b: 与食堂的互动负向影响感知风险结果成立，说明对于网络点餐，在校人员们还是更加倾向眼见为实。

假设 H1c: 与学校平台的互动负向影响感知风险结果不成立，原因可能与校园网络点餐平台是一个比较新的平台，在校人员对平台的使用和信任度不高。

假设 H2a：与学生之间的互动正向影响对学校的信任结果成立，因为学生与自己是相同的利益方，所以在校人员对学生群体的信任程度较高。

假设 H2b：与食堂的互动正向影响对学校的信任结果成立，亲眼所见，亲耳所闻对于在校人员的信任来说可信度是非常高的。

假设 H2c：与学校平台的互动正向影响对学校的信任结果不成立，与 H1c 相似，原因可能与校园网络点餐平台是一个比较新的平台，在校人员对平台的使用和信任度不高。

假设 H3：对学校的信任正向影响食品安全风险交流意愿结果成立，说明只有建立基本信任，才能进行后续的交流。

假设 H4：感知风险正向影响食品安全风险交流意愿结果成立，说明当消费者感知风险存在时，会更加愿意交流。

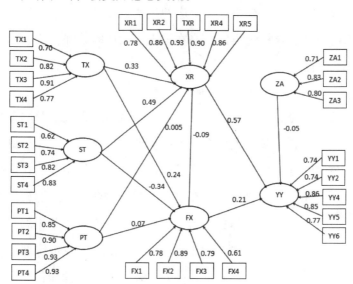

图 13-3　结构方程路径系数图（模型修改&经标准化）

假设 H5：感知障碍负向影响食品安全风险交流意愿结果不成立，即时结果不够显著，但从路径系数来看感知障碍对交流意愿仍是负向影响，这也说明即使在校人员感知到交流障碍的存在，还是愿意交流，说明在校人员具有较强烈的交流意愿。

假设 H6: 感知风险负向影响对学校的信任结果成立，这说明当在校人员感知风险越强烈时，对学校的信任就会越低。

13.3.4 结论与建议

1. 线上线下科普宣传并举，增强学生风险认知与信任

本次调研结果显示信任与风险认知是影响在校人员交流意愿的两大因素，从感知风险的得分来看其均值仅有 4.47 分，这一方面说明大家对食品安全风险的重视不够，另一方面也可以解释为在校人员对学校的信任感较强。出于扬长避短的目的，应该从加强在校人员的食品安全风险认知与信任两方面来提升其交流意愿。一般情况下，大众对风险的认知是滞后的，人们更加倾向于劝说自己一切都没变，事情还是维持原状的。针对这样的现象，高校应该加强对学生日常的食品安全风险教育，通过线下分发手册、画报、标语条幅以及线上的提示窗口、会议报告、讲座的形式对在校人员进行科普教育和食品安全工作的宣传，这样既可以提高在校人员的风险认知，又可以增强其对学校及平台的信任。

2. 食堂应主动做出承诺，增强风险交流意愿

与食堂的互动是在校人员使用网络点餐平台时可以线下获取食品安全信息的重要方式，并且大多数人比起平台或从他人那里得到的信息更加相信自己的亲眼所见。认知失调是社会心理学的概念，它指的是人们在两种相互冲突的思想间所产生的不舒服感觉，在这种感觉的刺激下，人们会采取合理化自身行为的方式来达到自我豁免的行为。比如在提高节水意识的实验中，作出承诺的人会比没有作出承诺的人用水更少。因此，学校可以通过让食堂经营者作出公开承诺的方式，提升其食品安全监管的自觉性和食品安全风险交流意愿，以有效改善食品安全风险交流工作效果。

3. 平台要增加风险交流的便利性与及时性

平台是线上展示信息的重要窗口，除了要健全自身的食品安全监管体系，也要主动而全面地为在校人员介绍为保障食品安全所建立的食品安全监管体

系。平台也要在监管体系的基础上完善风险交流体系，让使用者能够更加方便、直接地获取所需的信息和沟通方式。鉴于平台的新生性，在平台的食品安全风险交流上面，平台应该对交流窗口、信息获取以及投诉渠道进行指引式的详细说明，尽快地让使用者明白与熟悉如何进行有效的风险交流。羊群效应是一种从众行为，该理论认为人们倾向于参考其他人的判断和决策信息来做出决断，而非依靠自己的信息独立做出判断。从与学生的互动的均值来看，在校人员更愿意与学生交流，而且对与学生交流的认同感最强。在食品安全事件发生时，人们会因为群体的不确定性而形成羊群效应，甚至可能导致恐慌。因此，平台应该对食品安全评估结果、食品追溯信息、食品处理信息以及相关人员的健康信息及时公开，减少在校人员进餐时的不确定性。另外，对于谣言信息，平台也要及时辟谣，避免引起大规模的不必要的恐慌。

4.充分发挥用户的自我效能促进多方共同参与风险交流

高校作为平台使用者与平台之间的维系纽带，在食品安全风险交流上有着重要的工作责任。高校既要协助平台做好食品安全风险交流工作，又要对在校人员进行常规性的科普教育，还要向政府以及社会及时汇报食品安全工作。其中最日常的就属与在校人员的风险交流，在这里值得一提的是宜家效应，诸如宜家这样的家具企业，能够通过增加私人定制的商业模式给消费者带来参与感，能够带来消费者在心理上的主人翁意识。学校在制定食品安全监管的策略与规则时，要积极促进用户发挥自我效能，即让公众参与政策与规则的制定。学校可以采用访谈和问卷调查等方式广泛听取群众的意见再行决策。这种自下而上的决策方式，一方面会增加学校获得更多事实、反馈的机会，为决策提供更好的佐证；另一方面，会增加在校人员对决策的认可度，有助于其提升自我效能感，提升风险交流的意愿和满意度。

5.政府树立锚定标杆促进高校网络点餐风险交流的规范性

高校网络点餐平台是疫情作用下加速形成的产物，目前疫情并没有结束，究竟何时结束也是未知的，政府有必要对高校网络点餐平台进行规范与推广，加强食品安全风险交流的有效性。行为经济学中锚定是一种特殊形式的启动效应，人们会把管理者先行给出的事情作为重要参考，即对一件事情的初始评价成为重要的参考点，影响人们随后的决策。在食品安全风险管理中，初始的强化食品安全的正向行为，将有助于设立标杆，成为后续食品安全监管的示范，从而有效增强政府整体的食品安全监管效果，减少负向行为的负面效果。因此，政府应定期披露高校食堂网络点餐的不良食品安全行为并进行惩罚与改进，一方面，这样的做法具有高度的参照系作用，会对其他高校起到很好的警示作用；另一方面，政府公开信息，意味着食品安全风险交流具有较强的真实性，风险交流意愿也会得到大幅提升。

结语

从理论意义层面而言，笔者基于社会互动理论、信任决定理论、问题解决情景理论和技术接受模型，设计构建高校网络点餐平台风险交流意愿的结构方程模型。模型验证结果印证大部分假设，有助于补充和完善现有的风险交流理论。从现实指导意义层面而言，基于上述风险交流理论的完善与指导，高校网络点餐平台可以从在校人员、食堂、平台、学校本身以及政府五个方面出发加强风险交流意愿，增强风险交流效果。可以为疫情下高校网络点餐平台的食品安全风险交流工作提供理论依据和实践指导建议，保障学校在疫情期间乃至未来继续使用高校网络点餐平台时能够进行有效的风险交流工作。高校网络点餐平台是本次疫情加速下产生的以高校为责任主体的互联网平台，在线点餐对于使用者而言需要一定的技术经验，本研究结合平台特点设计研究模型，对因素的选择具有一定的局限性。本研究主要集中于食品安全风险交流的心理层面，未来研究可以更多地考虑外在因素对风险交流意愿以及风险交流效果的影响。

第14章　外卖平台的食品安全风险交流调研

外卖平台是近年来不断兴起并持续壮大的新型食品电商企业。外卖与人们的生活联系越来越紧密，外卖食品的安全性更是受到政府、消费者等社会各界的广泛关注。疫情期间，民众为减少社交更加不愿意外出，商家也同样不愿意接触太多顾客，在双方仍有消费与销售的需求的情况下，外卖便成为满足供需双方需求的重要方式。虽然疫情期间外卖的销量减少，但消费者及商家对食品的安全性更加重视，对配餐及送餐的要求也更高。外卖企业如何在保障外卖食品安全性的同时做好与客户之间关于食品安全性问题的风险沟通工作，是疫情期间对外卖行业的重大考验。所谓风险沟通（Risk Communication），也称为风险交流，贯穿于食品安全监管的全过程，有效传达食品安全的相关信息，预防和防控风险是食品安全风险交流工作的核心，其实施效果将直接影响消费者对于食品安全的信心、对外卖平台管控食品安全的信任度以及对疫情期间政府监管力度的把控。

14.1 外卖行业食品安全风险交流现状

在美团外卖主办的"2020外卖产业大会"上，美团研究院和中国饭店协会联合发布了《中国外卖产业调查研究报告（2019年前三季度）》，报告显示2019年第一至第三季度，中国外卖产业交易额分别为1200亿元、1430亿元、1790亿元。外卖行业的快速发展得益于网络信息技术的高速发展，外卖正在不断地适应并改变着人们的生活方式。一方面，越来越多的个体商店和品牌商加入外卖平台；另一方面，消费者缺乏触、闻、尝等感官体验机会，无法准确判断外卖食品的安全性，食品安全监管已经成为制约平台长期发展的关键因素。网络的虚拟性、信息甄别的复杂性、信息传递的延迟性、消费者个体的差异性造成外卖食品安全信息的不对称问题，而以交流的形式来解决信息不对称问题是食品安全监管的重要途径。

疫情期间众多行业停工抗击疫情，外卖行业由于其满足商家维护市场的经济需求和满足消费者必要的生活需求成为疫情期间重要的活跃行业之一。疫情期间外卖食品安全风险更高，政府、媒体、商家、消费者各界都对外卖的食品安全工作格外重视，对外卖食品安全的信息需求更多。平台通过有效的食品安全风险交流有利于将有效的信息传达给消费者，同时平台也可以更好地了解消费者的需求与反馈，有利于各方达成共识，采取相应的措施共同应对食品安全问题。

14.2 研究设计

为更好地研究疫情下外卖行业的食品安全风险交流工作，解读消费者关于食品安全风险交流结果评价的前因后果，本文选择运用扎根理论（Grounded Theory）的研究方法对消费者进行访谈。访谈研究可以更加直接地了解消费者的认知和看法，利于从访谈者的角度发现问题及其本质，如此才能更好地用理论指导外卖行业的食品安全风险交流工作。

14.2.1 理论依据

扎根理论是由社会学者 Glaser 和 Strauss 提出用于洞察社会现象，深入剖析、阐释现象本质的质性研究理论。具体操作是通过与被调查者沟通以及对现象的反复观察，逐步找到并明确具体的研究问题；从访谈资料中归纳、比较和提炼出相应的概念与范畴，通过思辨找出共性并作出合理的阐释，最终将其升华成具体理论的过程。扎根理论研究方法在社会学、公共管理学等研究领域被广泛运用，在国外的公共管理研究中，特别是在公共卫生健康及管理研究中，通过扎根理论来分析问题十分普遍。国内公共管理研究领域运用扎根理论研究方法还处于刚起步阶段。本文从现实出发，严格遵循扎根理论的操作步骤，在访谈资料的整理、编码和探究的过程中，尝试剖析疫情下外卖食品安全风险交流的影响作用机制和一般规律。

14.2.2 资料收集与整理

以疫情期间外卖的风险交流工作为主题，围绕此主题展开半结构访谈提纲的设计工作，对问题的类型、程度、措辞进行反复考量。首先，为引起受访者的兴趣，设计"你对新型冠状病毒肺炎的看法；新型冠状病毒肺炎对你的生活有哪些影响"等较轻松活泼的问题。其次，为探索对方观点、看法和需要对方解释的内容设计"你觉得疫情期间点外卖会有哪些风险；出现食品安全问题会向平台或者商家反映吗"等访谈中的核心问题。最后，为了给受访者更多的自由空间，减少引导，设计问题时尽量保证问题的开放性。为在访谈中能够与被访谈者建立良好互动，在正式访谈前，笔者逐步积累访谈经验，努力做到善于倾听、积极回应，增强访谈中的互动性与客观性。通过随机访谈的方式，共获得 21 份访谈样本。为了保证受访者能够专心接受采访，采访一般在晚饭前后的 2 小时内进行，以不影响受访者正常的作息、学习和工作为原则。受疫情影响访谈多采取网络电话形式，根据访谈记录或录音整理成一手资料的分析文稿。在尊重原始资料的基础上，认真整理记录受访者的观点和态度。在访谈文稿初步整理完成后发送给受访者确认，以保证文稿意思表达的准确性和完整性，在受访者补充、修改、确认后才正式开始编码工作。

14.2.3 疫情期间外卖平台食品安全风险交流影响因素与作用机制

数据收集以后，按照 Stauss 和 Corbin 提出的扎根理论三个层次的编码方式，即开放式编码（Open Coding）、主轴式编码（Axial Coding）、选择式编码（Selective Coding）对文稿资料进行有效的归纳和概括，以便提炼概念、体现意义、确定关联。对研究所收集的 21 份访谈资料按照访谈时间顺序选择前 16 份进行编码，最后 5 份用于饱和度检验，本次研究使用 Nvivo11 进行编码。

1. 开放式编码

在开放式编码阶段，笔者对收集的资料文稿反复阅读，为不遗漏任何重要信息，按照逐句的方式进行编码。开放式编码的实质是将资料重组，建立概念，整合范畴的过程。如表 14-1 所示，经过多次分析、归纳和整合，最终得到 135 个初始概念，形成 38 个食品安全风险交流相关子范畴。

表 14-1 开放式编码的范畴与概念

范畴	概念
B01 风险存在感知	对于风险是否存在及存在地方的感知，具体包括 A01 接触风险，A02 食品携带风险，A03 运输风险。
B02 风险评价	对于风险损失性、危害性的评价，具体包括 A04 病毒不确定性，A05 病毒感染性，A06 病毒危害性。
B03 风险态度	对于风险持有的态度，具体包括 A07 态度积极（病毒不可怕），A08 态度消极（病毒让人害怕，病毒让人焦虑，疫情期间不敢点外卖）。
B04 社会关联	食品安全问题与自己社交亲友的相关性，具体包括 A09 提醒卖家，A10 提醒其他消费者，A11 提醒亲友。
B05 问题关联	食品安全问题和自己生活的相关性，具体包括 A12 外卖造成的问题影响，A13 疫情造成的问题影响
B06 解决问题障碍	解决问题存在的障碍，具体包括 A14 不愿意学习，A15 查找信息麻烦，A16 投诉很麻烦，A17 投诉没用，A18 学习知识麻烦，A19 学习意愿。
B07 信息缺乏	食品安全相关信息缺乏，具体包括 A20 不清楚饭店卫生，A21 不清楚平台防护工作落实情况，A22 不清楚食材安全性，A23 不清楚外卖都接触过哪些人，A24 不清楚外卖接触人员健康状况，A25 不清楚外卖运输过程，A26 不清楚外卖制作过程，A27 不清楚怎么投诉。
B08 知识缺乏	缺少对于食品安全性判断的知识，具体包括 A28 辨别不了许可证真伪，A29 缺乏判断食品安全性的知识.
B09 信息分析	对食品安全相关信息及信息分析，具体包括 A30 店面较正规比较放心，A31 判断防护措施是否到位，A32 判断干净卫生，A33 判断食品口味，A34 判断问题严重性，A35 判断信息真伪，A36 判断有无门店。
B10 信息评价	对食品安全信息质量的评价，具体包括 A37 信息透明性，A38 信息有用性，A39 信息真实性。
B11 信息选择	对食品安全相关信息及信息来源的选择，具体包括 A40 查证信息真伪，A41 带图的评价更真实，A42 更信赖官方信息，A43 亲眼见过所以信赖店铺生，A44 选择朋友推荐的店铺。
B12 沟通效率	平台、商家与消费者就外卖问题的沟通效率，具体包括 A45 沟通无效给予差评，A46 沟通无效选择投诉。
B13 结果反馈	在问题反映中企业对结果的跟进和反馈情况，具体包括 A47 平台没有处理结果反馈。
B14 信息传达	平台食品安全信息传达工作评价，具体包括 A48 平台信息传达工作较差，A49 平台信息传达工作较好，A50 平台应提高信息质量。
B15 服务态度	平台、商家回应消费者问题反映的态度，具体包括 A51 态度不好，A52 态度不积极，A54 态度很好，A54 态度强硬。
B16 回复时间	平台、商家回应消费者问题反映的时间长短，具体包括 A55 回复较快 A56 回复较慢
B17 产品评价	对于企业所提供的产品的评价，具体包括 A57 外卖不卫生 A58 外卖价钱贵 A59 外卖口味不好 A60 外卖口味多 A61 外卖配送费高 A62 外卖食品安全质量参差不齐 A63 外卖送餐慢 A64 外卖图物不符 A65 舆论影响外卖印象 A66 在意餐盒餐具质量

续表

范畴	概念
B18 工作评价	对于企业所提供服务工作的评价，具体包括 A67 防护措施作用不大 A68 平台防护工作很好 A69 平台工作落实不到位 A70 平台缺人手 A71 平台审核不到位 A72 平台应加大宣传力度 A73 平台应加强防护 A74 平台应加强监督审核 A75 骑手素质参差不齐
B19 顾客让步	消费者在经历问题中降低权益维护要求，具体包括 A76 一般小问题懒得计较 A77 问题不严重可以接受 A78 问题严重才会差评或投诉 A79 习惯了外卖不卫生
B20 企业作用	企业在疫情期间所发挥的社会作用，具体包括 A80 外卖便利生活 A81 外卖带动就业 A82 外卖解决疫情期间商家销售问题 A83 提高外卖安全性 A84 疫情期间外卖没必要营业
B21 问题外卖经历	点外卖过程中遇见有问题外卖的经历，具体包括 A85 商家骚扰删差评 A86 遇见外卖被摔坏 A87 遇见外卖变质 A88 遇见外卖口味差 A89 遇见外卖拉肚子 A90 遇见外卖量少 A91 遇见外卖汤洒 A92 遇见外卖异物
B22 责任意识	企业的责任意识，具体包括 A93 基本防护是平台应该做的 A94 平台督察意识差 A95 平台防护意识强 A96 平台改变问题意识差 A97 骑手交通安全意识差
B23 信息发布	以评论的形式表达自己的观点，具体包括 A98 给差评以表达情绪 A99 很少评价 A100 让更多人看到差评
B24 信息转告	以转发、口头告知等形式进行信息传递，具体包括 A101 不会转告 A102 口头告诉 A103 信息转发
B25 切断信息源	消费者单方面切断交流方传达信息的途径，具体包括 A104 拉黑问题店铺
B26 信息防御	消费者自觉抵御虚假信息，具体包括 A105 相信权威 A106 虚假信息
B27 信息忽视	对食品安全信息的忽视，具体包括 A107 忽视食品安全
B28 信息拒绝	通过自身经历不想接收任何信息，具体包括 A108 不想听解释 A109 个人了解信息没用
B29 信息发现	在具有获得食品安全信息的目的下发现某种现象或信息的存在，具体包括 A110 留意到平台信息 A111 实体店留意
B30 信息偶遇	在不带有获取食品安全信息目的下所获取到的信息，具体包括 A112 见到健康卡 A113 见过新闻报 A114 朋友圈见过 A115 刷抖音见过 A116 遇见骑手
B31 实地察看	通过实地查看获取信息，具体包括 A117 会到店查看
B32 信息浏览	通过搜索获取信息，具体包括 A118 关注查看差评 A119 浏览商家的平台展示信息
B33 信息询问	通过询问获取信息，具体包括 A120 询问卖家问题原因 A121 主动询问卖家与骑手健康状况 A122 咨询亲友
B34 信息获取量	所接收到信息的数量，具体包括 A123 平台防护措施了解较多 A124 平台防护措施了解较少
B35 信息获取路径	所接收到信息的传播途径，具体包括 A125 平台获取 A126 亲身体验 A127 亲友告知 A128 社交媒体获取
B36 达成理解	对信息发出者发出的信息进行解码并接受的过程，具体包括 A129 理解骑手工作 A130 态度很好可以理解
B37 认知转变	了解相关信息后提高对食品安全的关注度，具体包括 A131 风险认知转变 A132 关注度转变
B38 信息利用	消费者采纳获取信息作出决策的过程，具体包括 A133 参考评论 A134 参考位置证书信息 A135 经常点去过的店铺

2. 主轴式编码

二级编码的主要任务是发现和建立概念类属之间的各种联系，以展现数据内容之间的联系。在此阶段，笔者将一级编码形成的 38 个影响因素进一步范畴化，通过划分与组合，最终形成了 6 个主范畴和 13 个副范畴，使疫情下外卖食品安全风险交流效果的影响因素和作用机理更具层次化。主范畴及相应的副范畴展示见表 14-2。

表 14-2 主轴式编码的范畴、含义与内容

主范畴	副范畴		含义及内容
消费者食品安全风险认知	C1 风险认知	含义	风险认知 (perception of risk) 是指个体对存在于外界环境中的各种客观风险的感受和认识。
		范畴内容	B01 风险存在感知 B02 风险评价 B03 风险态度
	C2 涉入认知	含义	涉入认知被定义为人们感知自己与问题之间关联的程度。
		范畴内容	B04 社会关联 B05 问题关联
	C3 问题认知	含义	问题认知指人们在多大程度上意识到自己因缺失某些东西不能立即解决而形成的问题。
		范畴内容	B06 解决问题障碍 B07 信息缺乏 B08 知识缺乏
信息素养	C4 信息素养	含义	信息素养是指需要被人们所具备的一项能力，具体包括能够判断什么时候需要信息，并且懂得如何去获取信息，如何去评价和有效利用所需的信息。
		范畴内容	B09 信息分析 B10 信息评价 B11 信息选择
消费者信任	C5 交流能力	含义	食品安全风险交流能力不仅包括交流方在食品安全知识上的专业能力，还包括在与消费者交流中所体现的沟通能力。
		范畴内容	B12 沟通效率 B13 结果反馈 B14 信息传达
	C6 交流态度	含义	在风险交流中由于外卖平台的服务性和缺乏面对面沟通的直接性，交流态度成为消费者是否信任平台以及愿意接收和接受食品安全信息的重要影响因素。
		范畴内容	B15 服务态度 B16 回复时间
	C7 企业形象	含义	消费者在记忆中通过联想反映出对组织的感知，即社会公众与企业接触交往过程中所感受到的总体印象。
		范畴内容	B17 产品评价 B18 工作评价 B19 顾客让步 B20 企业作用 B21 问题外卖经历 B22 责任意识
传播行为	C8 信息传递	含义	信息传递的目的是获得必要的信息来构建出解决问题的方案。
		范畴内容	B23 信息发布 B24 信息转告
	C9 信息屏蔽	含义	信息屏蔽指消费者根据食品安全问题经验产生对信息发出者所发出信息的厌恶情绪并单方面切断信息传送来源的行为。
		范畴内容	B25 切断信息源 B26 信息防御 B27 信息忽视 B28 信息拒绝

主范畴	副范畴		含义及内容
学习行为	C10 信息留意	含义	信息留意为一种随机遇到的信息，是伴随着信息获取过程中出现的非计划性信息发现，是一种被动的传播行为。
		范畴内容	B29 信息发现 B30 信息偶遇
	C11 信息寻求	含义	信息寻求是一种主动的传播行为，指人们为了解决特定问题而主动寻求外部信息的行为。
		范畴内容	B31 实地察看 B32 信息浏览 B33 信息询问
交流结果	C12 信息接收	含义	信息接收是指在风险交流中风险信息被接收者所知晓的单向信息传递过程。
		范畴内容	B34 信息获取量 B35 信息获取路径
	C13 信息接受	含义	信息接受是指在风险交流工作中食品安全信息被交流对象所接受，即包括达成理解、依据信息改变认知和行为的交流结果。
		范畴内容	B36 达成理解 B37 认知转变 B38 信息利用

3. 选择式编码

选择式编码又称核心编码，其主要任务是明确范畴与范畴之间的关系，即阐明范畴之间的关系以及各种路径。结果表明食品安全认知、消费者对交流方的信任、消费者的信息素养、消费者的学习行为直接影响消费者对风险交流信息的接收和接受及风险交流效果；风险交流工作直接作用于消费者的传播行为和学习行为。

表 14-3　核心式编码的范畴与关系结构

核心范畴	主范畴	关系结构
食品安全风险交流影响因素	D1 食品安全认知	当消费者意识到风险存在、对风险信息缺乏感较强以及风险和自己相关性较强时，会更积极地接收与接受食品安全风险信息。
	D2 信息素养	信息素养决定了消费者对于信息的处理能力，影响最终的风险交流结果，既信息的接收与接受程度。
	D3 信任	信任是消费者判断来自于信息发出者所发出风险信息质量的重要情感影响因素，进而影响信息被消费者接收和接受程度，风险交流应建立在信任的基础上。
食品安全风险交流作用机理	D4 学习行为	消费者为解决问题所进行的信息留意与寻求等学习行为直接影响信息被接收和接受的结果，风险交流结果也会促使消费者的学习行为。
	D5 传播行为	消费者在基于经验认知判断的基础产生信息被接收和接受的效果，影响其对信息的传播行为，即信息防御和传递行为。
	D6 交流结果	风险交流的效果既包括消费者表面的信息接收，又包括消费者深层的信息接受。

4. 饱和度检验

本研究将提前预留的 5 位受访者的原始访谈资料用于最终的理论饱和度检验。在开放式编码和主轴式编码过程中，并没有发现新的主范畴关系结构。说明本研究中所构建的疫情下外卖食品安全风险交流影响因素和作用机理模型在理论上是饱和的。

14.3 食品安全风险交流效果影响因素和作用机理模型分析

14.3.1 理论模型构建

目前对于食品安全风险交流的影响因素的研究包括风险交流方式、风险交流内容和风险交流情感等几个主要的研究方面，这对于食品安全风险交流的复杂性、专业性和灵活性来说是不够全面和细致的。尚缺乏系统的、具体的、不同层面的因素对网络食品安全风险交流效果的影响路径、影响程度以及影响结果的研究，对最终食品安全风险交流效果的评价和追求上也尚且不足。

在研究消费者行为比较具有代表性的理论是刺激（S）—反应（R）理论，该理论是 20 世纪初由约翰·沃森（John B.Watson）借助巴甫洛夫（Pavlov）条件反射实验所构建的。他认为消费者的行为是对刺激与反映的客观联合，人的心理过程是"黑暗"的，是需要人们通过研究探知的。在食品安全风险交流中，交流是外界对消费者的刺激，消费者的行为是对刺激产生的反应，心理反应是消费者选择信息认同或信息排斥的内在推动力，是预测食品安全风险交流效果的重要指标。本研究通过扎根理论分析和文献回顾，识别外卖食品安全风险交流的影响因素和作用结果之间的关系，可以借鉴刺激反应理论逻辑构建其理论模型，如图 14-1 所示。

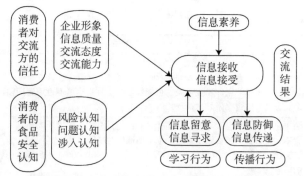

图 14-1　疫情期间外卖食品安全风险交流效果的影响因素与作用机理

14.3.2 食品安全风险交流理论模型的逻辑结构

本文形成的理论模型的主体结构主要分为三部分，第一部分是影响外卖食品安全风险交流的因素即消费者对交流方的信任、消费者的食品安全认知、消费者的信息素养以及消费者付出的学习行为；第二部分是风险交流的结果即消费者在风险交流中对交流中所传递信息的接收和接受程度；第三部分是风险交流的作用即风险交流的结果直接作用于消费者的传播行为和学习行为。

该理论共包含两个层面的主要因果关系，直接影响和间接影响。如表14-4所示。（1）直接的影响关系表现为：信息素养决定了消费者对于信息的处理能力，影响最终的风险交流结果；信任是消费者判断来自于信息发出者所发出风险信息质量的重要情感影响因素，影响信息被消费者接收和接受程度；消费者为解决问题所进行的信息留意与寻求等学习行为直接影响信息被接收和接受的结果，风险交流结果也会促使消费者的学习行为；消费者在基于经验认知判断的基础产生信息被接收和接受的效果，影响其对信息的传播行为，即信息防御和传递行为。风险交流的结果对消费者的学习行为、传播行为和信息素养都有着直接的影响关系。（2）间接的影响关系表现为：消费者的信息素养通过影响风险交流结果，从而间接与消费者的学习行为和传播行为产生因果关系。消费者的信任影响交流结果，进而影响消费者的学习行为和传播行为。消费者的风险认知通过影响风险交流结果，从而间接与消费者的学习行为和传播产生因果关系。

表 14-4　典型关系与原始语句举证

典型关系结构	典型语句援引
信任 – 交流效果	（ZJJ:C7-C13）点外卖也能看到商家的卫生许可证什么的，虽然自己无法辨别真假，不过毕竟是通过平台，这么多人都能看到，商家也不敢作假吧。 （YZH:C7-C13）点外卖被传染的可能性不大。外卖小哥不近距离接触顾客，他接触的人多，自己肯定也会做好防护。
认知 – 交流效果	（YSM:C3-C13）也不是因为遇到什么有问题的外卖，大家都不普遍认为外卖不卫生，毕竟不知道饭到底怎么做出来的，也不知道运输过程中都发生了什么。 （YX:C1-C13）店面卫生自己平时没怎么关注，除非在网上看到曝光的店铺对它就会有坏的印象。
信息素养 – 交流效果	（DJ:C4-C13）疫情期间外卖行业食品安全和信息传达的整体工作还行，建议希望平台多注意一些，自己还是比较相信政府、权威部门发布的信息，一般的谣言、公众号可能不会相信。 （YWW:C4-C13）一般都是看看他们的销量、好评率和差评，差评比较多的我就不会点了，如果差评比较少，我会看差评反映的是不是同一个问题，如果都是一个问题我也不会点了。
学习行为 – 交流效果	（GZH:C10-C13）点外卖被传染可能性应该不大，外卖小哥骑着车配送，外卖在运输过程一直通风，应该不会沾染病毒，外卖小哥都带着口罩，现在也是无接触配送，还是比较安全的。 （ZCC:C10-C13）疫情期间外卖行业的食品安全和信息传达工作做的挺好，平台的防护意识特别强，自己去吃饭时亲眼见过。
信任 – 交流效果 – 学习行为	（YX:C5-C12-C11）疫情期间希望能了解些他们的防护措施，最好能拍成视频，在平台上能直接看到他们的消毒、体温信息。虽然这些信息可信度一般，希望这些信息能够有据可循，方便日后追查。 （SB:C3-C13-C10）卫生状况没法判断，只能吃的时候看包装的餐盒筷子，这些比较干净就会觉得店也比较干净，因为无法真正看到后厨和整个店面的卫生状况。所以有时候我也会选择在实体店吃过的外卖，亲眼见过会比较放心一些。
认知 – 交流效果 – 学习行为	（ZB：C1-C12-C11）点外卖被感染的可能性比较大，因为他们的接触面比较广，疫情间点外卖我认为首先选择商家要慎重，要看他们的营业执照完不完整，然后包括配送人员的信息，有没有经过安全检查、备案，尽量减少和配送人员的接触。 （LTT:C3-C13-C11）感觉自己在判断食品安全卫生的知识上有所缺乏吧，点外卖本来就是为了快一点，而且既然选择了外卖，心里肯定也知道不会像家里那么干净，已经接受了。如果有学习的机会自己愿意学习一些知识，这也是为了自己的安全，肯定愿意。
信息素养 – 交流效果 – 学习行为	（HJF:C4-C13-C11）如果看到一些打破认知的食品安全报道信息可能会转发一下，不想这些食品会影响到亲友的健康。转发之前自己会去搜索更多的报道来辨别一下信息真伪，如果身边有朋友从事这些也会问一下。 （HJM:C4-C13-C11）平时看到一些食品安全的信息报道，如果我吃过，而且搜索很多信息之后确定信息的真实性会转告亲友，如果只是看到不太了解的话，自己也不确定消息是不是真的，我要确定之后再转告亲友。
信任 – 交流效果 – 传播行为	（GZH:C6-C13-C9）有一次点外卖，汉堡肉质不新鲜，与店家联系，店家一开始还硬说没问题，直到给店家拍视频证明骨头都变质了，店家才愿意赔偿，但是店家也没有给出解释为什么会变质，以后也不会再选择这家店了。 （YWW:C6-C13-C9）有一次，一个外卖小哥本来就送得晚，态度也不好，我的饭也洒出来了，还没有给我放筷子，一点也不想听他解释，我就直接给他差评了。

续表

典型关系结构	典型语句援引
认知－交流效果－传播行为	（ZS：C2–C13–C8）平时如果我看到食品安全的报道信息会把信息转发给亲友，提醒他们，让他们认识到问题。 （YFF:C3–C13–C8）这些食品相关信息我不太想了解，他们的食品安全不安全，我们去了解也没有用，还不如交给国家，让国家、平台去把控，相关部门去检查就行了。 （YX:C2–C13–C8）平时如果看到一些食品安全的报道也会转发给身边的亲友，感觉会影响到我家人的健康，直接转发的信息感觉可信度会比较口头转告的高，更有说服力。
信息素养－交流效果－传播行为	（ZCH:C4–C13–C8）一般店面大的卫生会好一点，心里也舒服一点，如果店面脏乱差，我也不会选择点他们的外卖。一般都是点经常吃的几家，偶尔也会点一些新的。会听朋友的推荐去尝试一些新的店铺，自己也会给别人推荐。 （DJ:C4–C12–C9）如果看到食品安全报道信息自己不会转发，因为很多食品安全信息有造假的可能性，觉得还是不要去跟风，避免谣言散发，交给官方去解决。

14.3.3 食品安全风险交流影响因素和作用机理理论模型的特征

本研究中主要采访外卖平台消费者在疫情期间对于外卖食品安全风险交流信息采纳的过程进行分析，基于扎根理论的研究方法，归纳出"影响因素－外卖食品安全风险交流结果－作用机理"的外卖食品安全风险交流理论模型，该模型主要包括以下几个特征：

1. 外卖平台食品安全风险交流结果存在多层次的影响因素

（1）消费者对企业信任层面。信任是风险交流的基础，企业是向消费者传递食品安全信息的主要交流者，对于最终的风险交流结果有着至关重要的作用。消费者对外卖平台的信任可以分为"软件"上的诚实性信任和"硬件"上的专业性信任。诚实性信任主要表现在外卖平台的企业形象和交流态度上；专业性信任主要体现在外卖提供信息的质量和交流能力上。

（2）消费者食品安全的风险认知层面。风险交流的目的在于与消费者达成共识，共同应对食品安全风险。所以，作为风险交流中的交流对象，消费者的本身因素是影响风险交流效果的直接因素。消费者对于食品安全的认知主要包括风险认知、涉入认知和问题认知。风险认知是指消费者对于食品安全风险的存在感知、对于风险的评估以及所持有的风险态度；涉入认知表达的是消费者认为食品安全风险与自己的关联程度，消费者仅仅意识到风险还不够，只有消费者意识到风险与自己有很大的相关性时才会产生较强烈的交流意愿；问题认知是指消费者对于自身应对风险能力的评估，当消费者意识到风险并且风险与自己有较强的相关性，而且自己有缺乏某些条件去应对风险时会产生更加强烈的交流意愿。

（3）消费者的信息素养层面。食品安全风险交流具有专业性和复杂性，消费者与专家之间看待风险的角度和所具备的知识深度往往有较大的差异，当企业赢得消费者的信任，而且消费者具有较好的交流意愿的条件下，消费者对信息的处理是影响交流效果的决定因素。信息素养主要包括消费者对于信息的分析、评价和选择，即消费者筛选、加工和使用信息的能力。

2. 外卖平台食品安全风险交流结果表现为两个程度

（1）信息接收。信息接收即表现为消费者已经知晓外卖平台所传达的信息，也就是消费者表面上的已经了解到食品安全信息。此时，消费者对于风险信息的真实性、有用性并没有表现出认同，也不代表对信息的怀疑，其为消费者的风险认知程度、问题认知程度、涉入认知程度以及信息素养偏低时的表现。

（2）信息接受。信息接受即表现为消费者对于所了解到的食品安全信息进行加工、处理并转化为新的认知的过程。相较于被动的接受信息，在信任以及个人信心素养的基础上，消费者将接收到的信息进行内在的加工、形成意识并转化为行动，有利于共同应对食品安全问题。

3. 消费者的学习行为影响交流效果并受其作用

风险交流是一个反复的互动过程，在这个过程中消费者与企业都在不断地了解更多信息、产生更多认识。消费者在产生不安与交流意愿时，会主动进行信息寻求，增强风险交流效果。学习行为不仅是影响风险交流效果的重要因素，也是风险交流的重要作用。学习与交流一样是一个反复的过程，通过学习能够增长消费者需要的信息和知识，增强风险交流的效果。信息留意是消费者被动接收信息的主要方式，消费者在日常生活中会留意到一些食品安全信息，也会在偶然的情况下接收到一些食品安全信息，反复地发现与偶遇会潜移默化成消费者的某种认知，形成信息的接收与接受。当消费者认为自己缺乏某种信息并试图解决问题时会通过实地察看、信息浏览和信息询问的方式来获得自己想要的信息。信息留意与寻求是消费者主动接收与接受信息的行为，是风险交流的重要影响因素和重要作用。

14.4 疫情期间完善外卖平台食品安全风险交流的对策

笔者基于上述研究成果，找到了影响外卖平台食品安全风险交流效果的影响因素和作用机制，并据此总结出疫情期间外卖平台食品安全风险性沟通的理论模型。以下将结合上述理论研究成果为实现疫情期间外卖平台食品安全的管控效果提出有针对性的建议。

14.4.1 风险信息互动交流，降低外卖食品质量的信息不对称

食品安全一直是消费者与政府关心的重要问题，消费者与政府都对食品相关企业赋予高度期望，这种期望也催生了消费者对食品安全性相关的信息的获取需求。受访者中大部分消费者表示对外卖的印象是不卫生、不健康，而且大部分消费者表示对外卖平台疫情期间的防护措施了解不多。平台对食品安全监管不严是消费者对平台产生不信任的重要原因，甚至有消费者表示已经习惯外卖不卫生以及个人关注了解食品安全健康信息没用等失望情绪。

外卖平台有必要加强食品安全监工作督管理以及食品安全预警工作。食品安全信息缺乏以及信息的不透明也造成消费者对平台所产达信息的质疑，树立负责任的企业形象。外卖平台要加大对食品安全监控工作的宣传，解决信息不对称和增强信息的透明度问题，以建立、增强并维护消费者对平台的信任。比如平台可以按照区域设立安全监督员，由监督员定期或者不定期进行线下的店铺卫生检查工作，将检查结果与店铺的星级排名挂钩并将检查结果在平台首页特定区域进行展示，展示内容要完整、真实，提醒方式要醒目、直接。平台也应该设立便捷的消费者投诉渠道，对投诉方法进行指引教导，减少投诉的繁琐过程，提高投诉回应速度，投诉处理结果也要及时回馈给消费者，并将过程在平台上显示。

14.4.2 预防性科普教育，减少消费者对食品风险性的认知误区

在受访者中，大多消费者表示缺乏判断食品安全的知识，比如对于外卖

商家的食品卫生许可证等信息表示无法辨别真伪。外卖平台有必要针对消费者需要了解的知识进行预防性的科普工作。这些知识应当包括食品标签含义、外卖包装环保标志、卫生许可的真伪鉴别、食品安全鉴定的基本知识、食品食用和储存的基本知识以及需要了解的食品工业科学知识。

针对大部分消费者表示查询信息麻烦，不愿付出认知努力的心理，平台可以从增加科普的娱乐性和便利性两方面入手：一方面，外卖平台可以通过设计知识问答游戏和科普视频问题闯关继续观看的形式，比如在美团果园种水果的活动中增加知识问答领水滴的程序。如此不仅能够进行预防性的科普教育，又能将知识普及与平台红包奖励和其他福利进行捆绑，增加消费者的购买欲望；另一方面，食品安全科普教育、食品安全管理工作宣传和食品安全预警信息要以通过平台直接展示进行为主，其他传播渠道为辅，减少消费者信息接收时间，避免产生信息接受反感。

14.4.3 提升消费者的信息素养，做好危机预警与舆情监测

第一，平台要主动并长期与食品安全和风险交流领域的专家进行合作，做好食品安全的危机预警工作。平台在进行科普知识教育以及食品安全指导建议时要由专业机构进行验证，确保信息的准确与真实，利于在消费者需要时能够及时获得有效的信息，使消费者明确信息的获取渠道和有效利用所需的信息。

第二，平台要积极与媒体合作做好舆情监测。目前由于网络的开放性和复杂性，在日常和危机事件中经常有许多误导性和情绪化的信息言论出现在消费者的视野中。繁杂冗乱的信息影响消费者对信息的判断与选择，进而影响最终的食品安全风险交流效果。外卖平台有必要与主流媒体进行合作，及时地控制谣言信息的传播并及时地澄清事实，做好食品安全风险的动态监测。此外平台也要利用媒体宣传，提升消费者对食品安全信息的选择、评价与分析能力，即提升消费者的食品安全信息素养。

14.4.4 进行外卖食品风险认知差异调查，有的放矢进行风险交流

疫情期间，消费者非常关注外卖食品质量的安全性。现实中存在的问题是，消费者关心的食品安全问题，外卖平台并未予以关注和重视。这就需要外卖平台做好调研工作，真正找到消费者担心的问题，并进行有效的、有针对性的食品安全性的交流。消费者对外卖食品风险性的认知往往与专家的认知存在着偏差，即专家认为风险大的地方，消费者并未观察到，而消费者关注的认为风险大的问题，专家往往视其为风险较低的问题。

外卖平台可以通过访谈、问卷等形式，了解消费者对外卖食品安全性风险认知中的误区，以直接、高效的方式，有针对性地请专家学者科普外卖食品的安全性，及时纠正消费者风险认知中的不准确之处。

14.4.5 做好客服人员培训，实现与消费者的高效沟通

（1）通过培训，提升外卖平台通过书面、平台页面以及客服人员向消费者传达针对食品安全性的沟通能力。本次研究中许多消费者对于外卖质量问题投诉经历的最终处理结果不满意，原因在于存在交流过程中对方态度强硬或不积极以及平台没有给消费者最终的结果反馈等问题。外卖平台应跟进外卖问题的处理结果，及时联系给予差评或进行投诉的消费者，在沟通后让消费者对交流人员进行打分。通过沟通打分的形式提升交流人员的交流态度和风险交流能力，增强风险交流效果。除此之外，也可以通过日常的抽检和民众的投诉举报形式，收集安全风险信息，做好应对措施。

（2）鼓励消费者进行有效的信息学习与信息传播，提升消费者的信息有效沟通能力。随着社交媒体用户的日益普及，消费者在食品风险交流工作中不应只是被动接受，应该鼓励其更多地参与信息学习和传播，这样才能达到风险交流的最佳效果。外卖平台可以利用自身优势为消费者提供便利的交流平台，通过消费者的积极参与，提升风险交流的效果，达成共识，共同应对食品安全问题。比如，相对于传播者夸大其词具有震撼性的谣言，辟谣信息一般不会被消费者接力传播，消费者面对辟谣信息态度冷漠，因此辟谣信息

要想得到广泛、阶段性地传播就需要消费者的积极参与。平台可以通过分享奖励的形式，鼓励消费者的信息传播行为，使真实有效的信息也能得到有效的传播。消费者对于信息的学习行为有利于增强消费者对食品安全风险的认知，有利于平台与消费者更好地交流。平台亦可以通过增强信息宣传的广泛性以及增加学习的便利性和趣味性来增强消费者的信息学习效果。

结语

本章通过针对外卖平台消费者的半结构访谈获取的第一手资料，结合扎根理论对疫情期间外卖平台食品质量安全监管的影响因素进行甄别，从而有助于帮助外卖平台抓住关键节点进行食品质量安全性的管控。同时，笔者挖掘提升食品安全风险交流的效果的方法与途径，以期在疫情期间能够更加高效地减少消费者因为信息不对称而导致的风险认知误区，从而提升外卖平台对食品安全的管控能力，保障消费者的身心健康，提升消费者的安全感和信任感，有效促进外卖平台在疫情期间健康、有序地发展。

第 15 章　基于 SEM 网络餐饮平台的食品安全风险交流研究

　　网络信息技术的高速发展以及极低的准入门槛使得越来越多的个体商店和品牌商加入网络餐饮平台，食品安全问题进而成为不容忽视的问题。在网购过程中，由于缺乏触、听、嗅、尝等感官体验机会，消费者很难对食品的安全性作出判断，作为一个服务型的网络餐饮平台通过风险交流的方式来解决信息不对称以及减缓食品安全风险问题十分必要。外卖平台具有将消费者和餐馆整合的优势，这种优势可以用来促进信息沟通，解决信息不对称的问题，然而，外卖平台还存在着以书面沟通为主，缺乏面对面交流的有效性、交流的及时性不足以及风险漠视等问题。

15.1 网络餐饮平台的发展现状

　　在互联网快速发展的契机下，外卖平台经过几年的迅速发展，其产业链不断完善，市场逐渐成熟。2019 年 9 月，由易观发布的《互联网餐饮外卖行业数字化分析》显示，2019 年第三季度，中国餐饮外卖市场交易消费规模达到 1952.9 亿元，同比增长 35%，环比增长 11%，即中国外卖一天的交易量达到 20 亿元。近日，中国外卖市场的两大巨头平台"美团点评"和"饿了么"表现突出，"美团点评"市场占有率超过 50%，实现了在香港股市上市后的股价翻倍，港股股价达到每股 80 港元，于 2019 年第二季度首次实现盈利突破，盈利近 15 亿元，市值达到 4698 亿港元。"饿了么"市场占有率达到 43.9%，在新零售品类交易规模环比增长速度（近两个月增速比）达到 69.4%。

　　新媒体的互动特征将转变消费者投诉的处理方式从单向处理转变为集体

处理。在网络餐饮平台餐饮投诉的处理中，能够在社群投诉和处理互动中表现突出的企业将获得更好的市场前景。反之，无诚信、不重视网络餐饮平台的企业则将在信息高度透明公开的新媒体互动和社群的监督作用下无法生存。网络餐饮平台出现食品安全问题时，由于社群互动的频繁使得面临的投诉不是针对某个人，而是针对关注事态发展的某个群体所构成的集体处理。餐饮平台针对投诉处理对象的"对一"到"对多"的新变化，将影响网络餐饮平台投诉处理方式的变迁，投诉处理的程序需要更加地精准、完善，投诉处理方式也需要更加地慎重和人性化。在高度透明安全诚信生产的餐饮企业将具有更好的市场反馈和信誉，从而在长期的竞争中脱颖而出。

食品安全风险是经常被消费者忽视的风险认知盲点。消费者对网络餐饮平台的食品安全问题的关注程度非常低，对于提示其应该关注的风险往往也是采取漠不关心的态度。大多数消费者认为点外卖只是以最短的时间解决吃饭问题，却忽略了外卖食品的安全关乎个人的身体健康，是亟需关注的重要问题。风险交流是解决该认知误区的有效途径。在网络餐饮平台的情境中，网络餐饮平台同样存在风险漠视的认知误区，将外卖平台送餐的质量安全问题放在送餐速度的次要位置，这种忽视将直接导致大量网络餐饮质量问题的累积，从而从根本上影响餐饮平台长期可持续的发展。能否清晰、准确、全面地通过平台传达外卖食品安全的相关信息，以有效地进行食品安全风险交流，避免信任危机，促进外卖平台自身的健康发展是一个非常值得研究的问题。

15.2 研究假设

15.2.1 风险交流的相关理论

为了深入地了解目前网络餐饮平台在食品安全风险交流工作方面存在的问题，本文通过对风险交流相关理论以及前人研究进行探讨，构建出影响风险交流效果的结构方程模型。关于风险交流的理论有许多：社会临场感、说服传播理论、信任决定理论等。根据外卖平台的特性选择这三个作为本文的理论依据：

1. 信任决定理论

信任决定理论认为在风险交流中，只有先建立信任，才能实现其他的诸如教育、和解等目标。在食品风险交流领域讨论最多的理论问题之一就是信任问题。公众对政府机构信任度的下降，风险交流受阻，并最终导致所出台的行政措施难以得到公众的支持和配合。低水平的信任机制将弱化整个交流过程的效果，高信任度者才能建立有效的风险交流。

2. 说服传播理论

耶鲁大学教授 Hovland 和 Janis（1953）提出了说服传播理论，其主要观点是：信息来源、信息接收者和信息本身三个因素影响信息沟通的结果。（1）基于信息源的视角，如果信息来源可信度低，信息接受者会质疑信息的客观性和公正性；可信度较高的信息来源会对消费者产生更大的影响。（2）基于信息本身的视角，作为消费者购买决策参考依据的是正面的评论信息，其对消费者有积极的影响。（3）基于信息接收者的视角，接受者专业能力对信息的持续传播有重要的影响，并且接受者专业能力还会影响消费者的购买决策。

在说服传播理论里，消费者自身的理解能力、对外卖平台的信任、信息的真实准确以及平台的专业性都会影响食品安全风险交流的效果。

3. 社会临场感理论

社会临场感（social presence），又称社会存在、社会表露、社会呈现。社会临场理论是传播学技术与社会研究领域的一个重要理论，该理论最初由Short、Williams 和 Christie 等三位学者于 1976 年提出，他们认为社会临场感是指在利用媒体进行沟通过程中，一个人被视为"真实的人"的程度及与他人联系的感知程度。他们认为通讯媒体因它们的社会临场感程度的不同而不同，并且这些不同在人们进行交互过程中起着重要的作用。在网络环境下，社会临场感侧重于对人际沟通、社会交往层面的研究，描述的是个人在网络沟通过程中对其他人的感觉程度。

外卖平台做为一个基于网络的第三方电子商务平台，其风险交流方式也是通过网络信息传播、平台互动交流以及电话沟通来实现的，这种交流方式对于消费者来说与线下直接交流的方式是否有区别，是否会影响最终的食品安全风险交流效果是一个值得探讨的因素。

15.2.2 文献回顾与研究假设

1. 及时性与风险交流效果

Aileen McGloin 等（2009）认为，当信息流延迟时，监管机构中的信任会减少。彭兰（2008）认为，信息交流的时效性尤其重要，只有在有效的时间内进行信息的传递才是有价值的。有效的时间内进行的信息交流可以帮助利益相关方及时做出行为决策。一旦错过有效时间段，信息的传递会失去意义，不仅对交流效果产生影响，也会影响公众的信任。陈通（2017）认为，及时的食品安全风险交流不仅能够预防媒体不当报道的负面效应，更重要的是可以在危害进一步扩大之前指导消费者做出防范。因此在上述研究结果的支持下提出假设：

H1：食品安全风险交流的及时性正向影响风险交流工作质量。

2. 易理解性与交流效果

Ellen Peters（2008）认为，风险交流中的信息往往具有高度技术性，但是，个人可能缺少信息来源的可靠性以及处理信息和做出正确选择的能力和知识。因此，公众可能无法用相同的方式来理解与使用相同的信息，了解人们是如何理解与处理风险信息将有利于风险交流。S. Cope 等（2010）认为，政府在制定风险交流政策时，既注重普及食品安全知识，同时还从消费者风险认知水平、消费者偏好等多角度进行研究和搜集相关信息。风险交流的信息形式趋于多样化，在风险交流过程中不仅仅运用文字来传递风险信息，亦通过图示形象的方式让信息更易理解、更加直观，提高风险交流效率。Aileen McGloin（2009）认为，在风险交流中，传递的信息本身必须清楚、容易理解，非专家人员很难理解风险评估人员使用的数值表达式和概率。研究发现，使用口头表达的命令方式能够提高学习能力，而数字表达方式，会增加人们对风险存在的感知。谢晓非等（2003）认为，个体负面信息优势倾向的认知特点决定了在风险交流过程中，沟通双方相互信任的重要性。风险交流的信息传达方是否能够获得信息接受方的信任，是双方沟通是否有效的关键。陈通（2017）认为，交流者与消费者之间的知识差距是影响交流质量的一大障碍。消费者期望的结论是绝对安全，但是科学家的答复却是相对的安全性。信息表达方式和信任度是影响食品安全风险交流效果的重要因素。范敏（2016）认为，食品安全风险交流关注度高、专业性强、各方利益诉求驳杂，有其特殊的语境，在这个语境中"说话"必须选择适切的语体才能有助于达成有效风险交流的效果。在上述研究结果的支持下提出假设：

H2：风险交流信息的易理解性正向影响风险交流工作质量。

3. 信任与交流效果

Aileen McGloin（2009）认为，对传播者的不信任是有效风险交流的主要障碍，在风险交流中只有建立了信任，才能实现其他目标。June Lu（2012）通过阐述用户技术学习能力、感知平台功能和用户信任对 C2C 平台用户满意度影响的概念模型证明用户的信任比平台的功能更能影响平台用户的满意度。Janus Hansen(2003)认为，在食品安全上信任是个重要的问题，对消费者来说，只有生产者和监管机构不辜负消费者对他们的信任时，才能真正有效地进行风险交流。陈通（2018）通过两个实验验证了信息表达方式和信任是影响食品安全风险交流效果的重要因素。信任可以增加消费者对不确定性信息的敏感性，从而提高交流内容的说服力。巩顺龙等（2012）认为，食品安全具有信任品的属性，消费者的食品安全信心对其食品购买行为具有关键性的影响。研究消费者的食品安全信心及其影响因素，是食品生产者及管理部门建立高效的食品安全风险管理和风险交流体系的关键。如何建立风险交流中的信任一直是学者们非常关注的问题。因此在上述文献研究的支持下提出假设：

H3：消费者对外卖平台的信任正向影响风险交流工作质量。

4. 社会临场感与信任

Satyabhusan Dash K. B. Saji（2007）通过模型研究消费者自我效能和网站的社会临场感对消费者采用 B2C 网上购物的作用。研究表明，网站中的社会临场感程度的增加能够提高人们对网络购物的有用性、信任度并减少风险感知。Nick Hajli, Julian Sims 等（2017）认为，信任是网络购物环境中的一个关键问题，对社会商业平台的信任会增加对信息寻求的动力，而对信息的寻求又会增加人们对平台的熟悉程度和社交存在感，从而增加了购买意向。于婷婷（2014）认为，社会临场感受到个人的购买经验、信任态度等一些内在因素包括受到他人发布的网络口碑的影响，并通过这些因素最终决定了其购买意向。赵宏霞（2015）基于临场感视角研究了网络购物中线上互动与顾客购买意向的关系，研究结果发现消费者与卖家的互动以及消费者之间的互动能增加消费者的空间临场感；消费者与在线卖家的互动以及消费者间的互动能增加消费者的社会临场感。消费者所增加的空间临场感和社会临场感都会增强消费者的信任和网络购物意向。因此在上述文献研究的支持下提出假设：

H4：网络平台中风险交流的社会临场感正向影响消费者对平台的信任。

5. 专业性与信任

Seth Tuler 等（2012）通过对泰国污染控制部门 28 名官员和工作人员进行研究分析，提出有效的健康和环境风险交流须通过经验和系统学习来检验和发展指导。Chih-Wen Wu（2018）认为，风险交流是营销活动的一项重要内容，研究结果表明，组织文化和沟通能力对食品和餐饮业的风险交流效果有重要的影响。陈通（2017）认为，在具体的食品安全风险交流实践中，不信任的来源通常来自于不同交流者之间意见的分歧；食品安全管理者和交流者缺乏交流的专业经验和技巧；交流内容与消费者的直觉判断偏差过大等等。风险交流人员应具备相应胜任力，成为管理者而非技术人员、通才而非专才，能创造性使用信息技术，掌握交流的修辞艺术和科学的管理工具，获得消费者信任，进而提高风险交流的效率。在上述文献研究的支持下提出假设：

H5：外卖平台风险交流的专业性正向影响消费者对平台的信任。

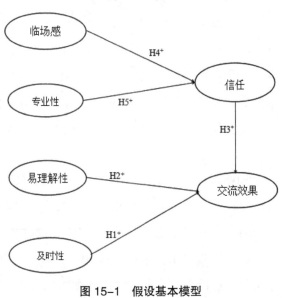

图 15-1　假设基本模型

15.3 研究设计

15.3.1 问卷设计根据

基于国内外文献的研究，以及变量题项的量表设计，结合网络餐饮平台的特点采用问卷调查的方法来验证理论模型和研究假设，将及时性、易理解性、专业性、信任和社会临场感 5 个变量作为影响消费者对食品安全风险交流工作效果评价的变量，设计形成了初步的 Likert7 级量表。本问卷主要是参照陈通所开发的基于消费者的食品安全风险交流质量评价工具——CFRCQ量表，考虑到外卖平台的具体情景以及结合国内外的研究和量表设计方法来设计的网络餐饮平台食品安全风险交流效果影响因素的调查问卷。其中根据 Satyabhusan Dash 的研究，即持久的自我效能和网站社会临场感会影响在线客户的信任、感知有用性和受骗风险的研究，设计了在外卖平台中社会临场感的题项。

表 15-1　问卷题项与设计来源

因子	题项	来源
及时性	外卖平台能够及时更新商家的营业执照与卫生许可证	June Lu 等（2012）Xiayu Chen 等（2017）
	外卖平台能够及时提供食品食用的禁忌、误区等警告和建议	
	当遇到有问题的外卖时，平台能够及时与消费者沟通	
	问题反馈之后，外卖平台能够及时地改善问题、加强管理	
易理解性	外卖平台上的食品安全信息和食用建议太过专业难以理解	Xiayu Chen（2017）陈通（2017）
	外卖平台上的信息和指导意见没有考虑到不同消费者的理解能力和阅读能力	
	外卖平台发布的保质期等食品安全信息我不能完全理解	
	在外卖平台上我和客服没有沟通障碍，可以相互理对方的意思	
专业性	外卖平台发布的食品保质期和食用指导意见是专业的	Chih-Wen Wu（2018）
	外卖平台的工作人员在食品安全方面有着丰富的知识	
	平台客服人员是经过专门训练的，具备良好的沟通能力	
	外卖平台有能力和资源提供高质量的信息和沟通服务	

因子	题项	来源
社会临场感	外卖平台提供的文字、图片、评价等信息让消费者感觉很真实	Satyabhusan Dash K. B. Saji（2007） 赵宏霞 (2015)
	在平台上互动时，我和对方（商家、平台或其他消费者）的情绪相互影响	
	通过平台互动时，会让我和其他消费者之间有一种亲近感	
	在线上平台互动时，感觉就像是在线下与人打交道	
对平台的信任	外卖平台发布的商家营业执照等食品安全信息是值得信赖的	Sanghyun Kim, Hyunsun Park（2013） Dan J. Kim 等（2009） 陈蕾（2016）
	外卖平台能够帮助消费者处理好投诉问题	
	外卖平台会对合作商家进行资格审查、线下审核，保障消费者的利益	
风险交流效果	目前外卖平台提供的食品安全相关信息和服务让人满意	June Lu 等（2012） 王虎，洪巍（2018）
	目前外卖平台提供的食品安全信息和沟通有很大的作用	
	目前外卖平台提供的食品安全相关信息和沟通服务效果良好	

15.3.2 数据收集与样本的基本信息分析

本次调研数据采用问卷星线上收集的形式，共收集问卷 423 份，剔除未使用过外卖平台以及在同一潜变量中正反向问题得分相差较大（随机性太强，视为不认真填写）等问卷之后，共得到有效问卷 300 份，问卷有效回收率为 70.92%，有效样本符合样本量至少为测量题项 5 倍的比例要求。参与本次调研的 300 份问卷的人口统计信息如下：从性别上看，女性占比 63.67%，男性占比 36.33%；从年龄段上看 81.67% 的调研对象处于 18-24 岁之间，13% 的调研对象处于 25-35 岁之间，其余仅占 5.33%，符合外卖主要用户为青年人的现状；从学历上看高中及以下仅占 3.66%，大专占 10.33%，本科占 69%，研究生占 17%，大学生与研究生的占比比较高，说明本次调研参与对象大多是接受过高等教育的人群；从身份来看，69.67% 为在校学生，16.66% 为企业职员和个体从业人员，4.67% 为教师和公务员，待业退休与其他人员占比为 9%，符合外卖平台用户主流为在校学生和工薪职员等特点；在"如果收到有问题的外卖会怎么处理"的题项中，96% 的消费者都会选择"通过不同途径进行沟通交流"，说明消费者的食品安全风险交流意愿比较强烈，其中 64.33% 的消费者都会选择"直接与店家进行联系"，一方面说明消费者认为食品安全最重要的保证者在于店家，另一方面也说明平台在食品安全风险交流方面的工作做得还不够到位，没有凸显出第一负责人的态度；从调研对象的来源来看，涉及全国20个省、自治区、直辖市，说明本次调研对象分布的范围比较广具有较好的代表性。

表 15-2　样本的人口统计特征

类别	百分比
性别	男 36.33%；女 63.67%
年龄段	18 岁以下 1.67%；18～24 岁 81.67%；25～35 岁 13%；36～45 岁 2.76%；46～55 岁 0.67%；55～65 岁 0.33%；66 及以上 0
学历	小学 0；初中 0.33%；高中 3.33%；大专 10.33%；本科 69%；研究生及以上 17%
职业	在校学生 69.67%；企业职员 13.33%；教师 3.67%；公务员 1%；个体从业人员 3.33%；待业或退休人员 1.33%；其他 7.67%
问题外卖的处理方式	与店家联系 64.33%；与平台客服联系 15.67%；向相关部门投诉 4.33%；给差评 11.67%；不投诉，自认倒霉 4%

15.4 实证分析

15.4.1 信度与效度分析

为了确保问卷的信度与效度，对因子载荷低于 0.5 的测量题项进行删除，将低载荷的测量指标（LC2 和 LJ4）删除之后再次利用 Amos 对模型进行分析，修正后的分析结果如图 15-2 所示。首先采用 Cronbach's α 系数对整份问卷以及各个潜变量做信度检验。整份问卷的 Cronbach's α 值为 0.894，大于标准 0.8 说明问卷整体的信度良好。如表 15-3 所示本项研究所包含各个维度的信度 α 值均达到了 0.8 以上，说明各个维度数据的可靠性良好，具有较好的信度。其次利用 KMO 和 Bartlett 样本测度检验数据的效度是否适合做因子分析，根据计算最终数据的 KMO 值为 0.897（标准为 >0.5），Bartlett 球形检验达到显著水平 (p < 0.001)，说明数据适合做结构方程模型。通过 Amos 计算得出所有测量指标的因子载荷，如表 15-3 所示所有的因子载荷均大于 0.5，组合信度均大于 0.7，AVE 平均方差抽取量除易理解性小于 0.5、但大于 0.45 外均大于 0.5，说明量表具有较好的收敛效度。

表 15–3　修正后模型的信度效度检验结果

因子 Factors	题项 Measured items	因素负荷量 Factor loadings	信度系数 Cronbach's α	KMO	平均方差抽 取量 (AVE)	组合信度 CR
及时性	JS1	0.771	0.887	0.811	0.6691	0.8898
	JS2	0.828	0.887			
	JS3	0.830	0.887			
	JS4	0.841	0.884			
易理解性	LJ1	0.541	0.898	0.65	0.4507	0.7059
	LJ2	0.798	0.903			
	LJ3	0.650	0.905			
专业能力	ZY1	0.663	0.887	0.765	0.5331	0.8199
	ZY2	0.773	0.886			
	ZY3	0.729	0.887			
	ZY4	0.751	0.886			
社会临场感	LC1	0.701	0.89	0.7	0.5358	0.7758
	LC3	0.755	0.889			
	LC4	0.739	0.888			
信任	XR1	0.770	0.886	0.707	0.5994	0.8177
	XR2	0.755	0.887			
	XR3	0.797	0.887			
交流效果	XG1	0.821	0.885	0.735	0.689	0.8692
	XG2	0.830	0.886			
	XG3	0.839	0.886			

15.4.2 区分效度分析

为考察变量的区分效度，笔者采用模型比较的方法进行验证。如表 15–5 所示，六因子模型与另外 10 个模型相比，各项拟合指标均达到标准，拟合度最佳，说明本文所涉及的 6 个因子具有良好的区分效度。

表 15–4　变量区分效度的验证性因子分析

模型	X2	df	TLI	CFI	RMSEA	SRMR	模型比较检验		
							模型比较	△X2	△df
1 六因子模型	390.948	155	0.909	0.926	0.071	0.0554			
2 单因子模型	1272.085	170	0.612	0.653	0.147	0.1073	2vs1	881.13700 ***	15
3 三因子模型	679.903	167	0.816	0.839	0.101	0.0837	3vs1	288.95500 ***	12

模型	X2	df	TLI	CFI	RMSEA	SRMR	模型比较检验		
							模型比较	△ X2	△ df
4 四因子模型一	593.448	164	0.843	0.865	0.094	0.0798	4vs1	202.50000 ***	9
5 四因子模型二	742.111	164	0.789	0.818	0.109	0.0952	5vs1	351.16300 ***	9
6 四因子模型三	642.674	164	0.825	0.849	0.099	0.0770	6vs1	251.72600 ***	9
7 四因子模型四	738.555	164	0.790	0.819	0.108	0.0893	7vs1	347.60700 ***	9
8 五因子模型一	568.229	160	0.847	0.872	0.092	0.697	8vs1	177.28100 ***	5
9 五因子模型二	480.955	160	0.880	0.899	0.082	0.0616	9vs1	90.00700 ***	5
10 五因子模型三	552.947	160	0.853	0.876	0.091	0.0723	10vs1	161.99900 ***	5
11 五因子模型四	565.527	160	0.848	0.872	0.092	0.0799	11vs1	174.57900 ***	5

注：* 代表 $p<0.05$，** 代表 $p<0.01$，*** 代表 $p<0.001$

六因子模型：及时性、易理解性、专业能力、社会临场感、信任、交流效果。

单因子模型：将及时性、易理解性、专业能力、社会临场感、信任、交流效果合并为一个因子。

三因子模型：将及时性与易理解性合并为一个因子；将专业能力社会临场感合并为一个因子；将信任与交流效果合并为一个因子。

四因子模型一：将及时性与易理解性合并为一个因子；将信任与交流效果合并为一个因子。

四因子模型二：将及时性与专业能力合并为一个因子；将信任与交流效果合并为一个因子。

四因子模型三：将易理解性、专业能力、社会临场感合并为一个因子。

四因子模型四：将及时性与易理解性合并为一个因子； 将社会临场感与信任合并为一个因子。

五因子模型一：将社会临场感与信任合并为一个因子。

五因子模型二：将专业能力社会临场感合并为一个因子。

五因子模型三：将易理解性与专业能力合并为一个因子。

五因子模型四：将及时性与易理解性合并为一个因子。

15.4.3 结构效度分析

如表 15-5 所示，在模型拟合度的指标上除 NFI 稍微低于最佳标准之外绝大多数指标都符合标准代表本项目的结构方程模型，拟合效果良好。

表 15-5　修正后模型的拟合检验结果

	X2	df	df/X2	AGFI	NFI	IFI	CFI	RMSEA
标准			<3	>0.8	>0.9	>0.9	>0.9	<0.08
拟合结果	463.096	162	2.859	0.816	0.862	0.906	0.905	0.079

综上所述，本量表的信度、收敛效度、拟合效度和区分效度均处于良好的标准，表明本量表具有较好的信度与效度。

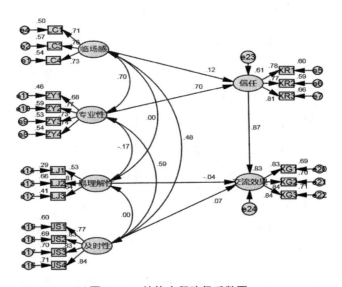

图 15-2　结构方程路径系数图

表 15-6　研究假设结果

研究假设	路径关系			Estimate（标准化）	S.E.	P 值	检验结果
H1	交流效果	<---	信任	0.912	0.076	***	接受
H2	信任	<---	社会临场感	0.236	0.054	***	接受
H3	信任	<---	专业能力	0.671	0.072	***	接受
H4	专业能力	<---	易理解性	−0.177	0.103	0.006（**）	拒绝

研究假设	路径关系			Estimate（标准化）	S.E.	P 值	检验结果
H5	专业能力	<---	及时性	0.609	0.051	***	接受

注：* 代表 p<0.05，** 代表 p<0.01，*** 代表 p<0.001。（渐近无分布）

表 15-7　基于消费者的网络餐饮平台食品安全交流效果评价总体现状

评价维度	Mean	S.D.
及时性	4.464	1.311
易理解性	3.762	0.758
专业能力	4.076	0.912
信任	4.203	0.966
社会临场感	4.073	0.884
交流效果	4.280	0.977

15.4.4 结果分析

1. 假设检验结果分析

从以上结果可知，假设 H1"食品安全风险信息发布的及时性正向影响风险交流工作质量"通过检验，说明在进行风险交流时要注重交流的及时性，交流的延迟可能引起消费者的怀疑、愤怒等消极情绪；假设 2"风险交流信息的易理解性正向影响风险交流工作质量"在本模型中并没有的到验证，这与人们的常识观念有所违背，原因是在网络餐饮平台中消费者更加追求的是便利快捷，可能对风险信息与交流的易理解性的重视并不够，这也表明平台与消费者都存在风险漠视的问题；假设 3"消费者对外卖平台的信任正向影响风险交流工作质量"通过验证，从路径系数来看对平台的信任是影响风险交流效果最主要的因素，因此建立信任是风险交流成功的关键；假设 4"网络平台中风险交流的社会临场感正向影响消费者对平台的信任"通过验证，在网络平台中进行风险交流与在线下进行风险交流还是存在区别的，网络餐饮平台增强交流中的社会临场感有利于增加消费者对平台的信任，从而有利于增强风险交流的效果；假设 5"外卖平台风险交流的专业性正向影响消费者对平台的信任"通过验证，网络餐饮平台在风险交流工作方面的专业性是影响消费者对平台信任的重要因素，要想得到良好的风险交流效果，平台最重要的是加强在食品安全风险交流的专业性。

2. 目前平台风险交流效果分析

从表 15-7 可以看出，目前外卖平台在食品安全风险交流工作的及时性、易理解性、信任、专业性以及临场感等方面的水平一般，说明不管是整体还是某个方面的食品安全风险交流工作都没有得到消费者的认可。其中易理解性最差，其原因一方面可能是外卖平台对风险交流工作的重视程度不够，忽略了交流内容的易理解性；另一方面也可能是公众在食品安全知识层面与专家和平台专业人员之间存在一定的差距，以及消费者对食品安全知识层面存在一定的误区。也就是说，平台与消费者在食品安全知识以及交流上存在风险漠视的问题，平台只注重传递信息，忽略信息的易理解性以及对传递效果的重视不足，消费者只关心食品安全问题，但对于平台传递的信息学习性不高，理解性不强。因此在风险交流工作上只是一方一味地传递信息，另一方忽略不听或者听不懂，影响整体的风险交流效果。另外在及时性上标准差值较大，说明消费者对及时性的评价分数离散性很大，原因可能是消费者对及时性的评判标准不一样，对于一部分消费者来说超过两个小时就是沟通不够及时，对于一部分消费者来说能在当天沟通解决问题也是及时的。

3. 问题发现

通过本次调研发现，首先，在网络餐饮平台的情境中，食品安全风险是被消费者忽视的风险认知盲点。消费者对网络餐饮平台的食品安全问题的关注程度非常低，对于提示其应该关注的风险也是采取漠不关心的态度。大多数消费者认为点外卖只是以最短的时间解决吃饭问题，却忽略了外卖食品的安全关乎个人的身体健康，是亟需关注的重要问题。风险交流是解决该认知误区的有效途径。其次，网络餐饮平台也存在风险漠视的认知误区，将外卖平台送餐的质量安全问题放在送餐速度的次要位置。这种忽视将直接导致大量网络餐饮质量问题的累积，诸如消费者只注重送餐的快慢和优惠价格，忽略食品的安全与健康；平台只注重扩大消费群体，不注重客户的关系维护以及食品安全的严格控制，忽视风险交流的作用，只将风险交流看作是危机交流。另外在收到有"问题的外卖会怎么处理"的选项中，96%的消费者都会选择"通过不同的形式去投诉"，这表明消费者具有风险沟通的意愿，但消费者对于外卖平台风险交流工作评价一般，因此外卖平台在食品安全风险沟通工作上还有很多需要改进的地方，平台十分有必要在提供外卖服务的同时加强风险交流服务工作的投入。

15.5 行为经济学视角下网络餐饮平台食品安全风险交流对策建议

本章基于信任决定理论、说服传播理论以及社会临场感理论为基础，借鉴了CFRCQ量表以及前人研究的经验设计量表构建结构方程模型。从研究结果来看，目前网络餐饮平台的食品安全风险交流工作并没有得到消费者的认可，存在交流的及时性与专业性不足、风险漠视和消费者信任不足等问题。对于网络餐饮平台来说，做好食品安全监管工作至关重要，风险交流是向消费者展示食品安全监管工作、传递食品安全信息以及获得消费者信任的重要渠道，为了平台能够进行有效的食品安全风险交流，促进平台更好发展，根据研究结果提出以下建议：

15.5.1 构建以预防为主的网络餐饮平台食品安全风险交流体系

该体系以网络餐饮平台为中心，将消费者、政府质量监督和餐饮企业一起构建"多中心"共治的网络餐饮平台食品质量安全风险交流体系。网络餐饮平台应该主动替消费者及餐馆等餐饮机构进行食品安全风险管理，通过有效的风险交流机制和交流策略，纠正消费者、餐馆等餐饮机构对食品安全风险敏感度低的风险认知问题。政府和网络餐饮平台应该加强对食品质量安全的风险管理，特别是加强事前预防的食品安全风险交流、事前预警机制的设计和构建，将有效预防食品质量问题。通过构建有效的网络餐饮平台"多中心"食品安全风险交流体系提升网络餐饮平台各参与方的风险认知能力，减少风险认知误区，减少风险沟通中的阻碍，从而增强风险交流的效果。

15.5.2 设计书面沟通模板以提升平台风险交流的及时性与专业性

在处理信息过程中，人们对信息的接收存在对沟通开始给的信息和沟通结束接收的信息印象最深刻的效应。因此，在风险交流中，食品安全风险信息的传达，无论是口头沟通还是书面沟通，都应该有意识地把重点信息集中在开始和结尾处。在网络餐饮平台上，在网络页面的首页部分，即应该提出有关食品安全风险交流的主要信息、警示信息和过敏信息，展示平台的专业性。发生食品安全事件，政府或者企业与消费者进行沟通中，无论是书面沟通还是口头的沟通都要尽可能地及时，同样也需要沟通者在沟通的开始和结尾处陈述最关键信息。平台在引导新闻媒体对公众和消费者进行风险交流中，应该给出详细的沟通模板，特别需要强调沟通的首位效应和末位效应问题，确保消费者能够得到及时又专业的风险交流服务。

15.5.3 主动沟通以减少消费者风险认知误区进而建立信任

网络餐饮平台在与消费者进行食品安全风险交流时，需要主动而全面地呈现为保障食品质量安全所建立的食品质量监管体系，特别是企业的食品安全质量监管体系的健全和完善，需要在食品安全事件的事中和事后危机处理，以及事前的监督预警方面能够有效而完善。人们会对自己确信的东西更加确信，长期只在自己的认知舒适区，从而出现互联网回音效应。回音效应是指人们会对自己认可的东西，寻找证据从而更加认可，而对自己不认可的事情寻找证据，以更加不认可。这种回音效应会使得人们很难再突破自己的认知误区，实现认知升级。该效应也是出现食品安全事件后容易引发大规模消费者群体恐慌等次生事件的根本原因。如果在网络餐饮平台上出现食品安全问题，消费者会非常容易受到媒体、特别是新社交媒体的影响，从而将关注点放在搜集其不安全性证据的基础上，以印证其某一食品的不安全性。然而对于政府、企业所做的大量的有效监管食品安全质量的事实和各种保障食品质量安全的积极努力视而不见。因此，政府和企业有必要引导消费者不要预设立场，尝试用客观的眼光看问题，避免信任危机，只有在信任的前提下才能进行良好的风险交流。

15.5.4 通过社群、直播等新媒体沟通方式增强消费者的临场感

餐饮平台与消费者实现基于网络餐饮平台的社群的价值共创活动，共创的范畴包括产品共创、顾客满意度共创、销售渠道共创、销售价格共创以及销售包装、销售广告等各项共创活动，新媒体的互动特征将转变消费者投诉的处理方式从单向处理转变为集体处理。在网络餐饮平台餐饮投诉的处理中，能够在社群投诉和处理互动中表现突出的企业将获得更好的市场前景。餐饮平台针对投诉处理对象的"对一"到"对多"的新变化，将影响网络餐饮平台投诉处理方式的变迁，投诉处理的程序需要更加精准、完善，投诉处理方式也需要更加慎重和人性化。

直播作为互联网信息技术发展的后起之秀，成为当下流行的网上销售新渠道。对于食品安全风险交流来说，直播是最直接也是最真实反映食品安全信息的渠道之一，商家可以在平台上对每日食材留样并以图片和视频的形式展示，以及对店铺内的卫生和食物制作过程以直播的形式展示。外卖平台也要设计相应的窗口，在消费者订餐时可以选择获取信息与进入直播，也可以与店家和其他消费者进行互动，增强消费者的社会临场感以及增加消费者的购买倾向与信任倾向。通过多种灵活的交流方式，可以疏通平台、商家与消费者之间的交流渠道，也可以提高食品安全信息的透明度和信息传递效率，有利于增强网络餐饮平台食品安全风险交流的效果，提升消费者对平台的信任。

15.5.5 设计食品安全等级评价指数以规避消费者的风险漠视

运用行为经济学消费者从众心理，网络餐饮平台可以前瞻性地设计食品安全等级评价指数策略，引导消费者关注相应的食品安全问题，同时督促平台上餐馆对食品安全性的关注和对食品安全质量的主动提升。消费者对网络餐饮平台进行食品安全等级评分。通过消费者对平台上餐馆的食品安全性打分，促进餐饮平台食品安全等级评分大数据的形成，消费者通过该评分即可

获得有效的风险信息反馈。通过这种信息反馈的交流方式，可以有效地减轻平台、商家以及消费者的风险漠视，解决信息不对称的问题，减少沟通中的障碍，增强风险交流效果。

结语

通过查找与补充影响食品安全风险交流的影响因素，运用既有的理论完善外卖平台的食品安全监管制度，促进外卖平台的食品安全风险交流实现主动化、体系化、常态化，为网络餐饮平台等服务型的网络平台的食品安全风险交流工作提供理论依据和实践指导意见，提升网络平台食品安全风险交流效果，促进网络平台的更好发展。

本研究尽管丰富了网络平台食品安全风险交流效果的影响因素并探求了因素间的影响关系，但仍然存在一些局限性。第一，只讨论及时性、专业性、易理解性、信任、社会临场感等因素对食品安全风险交流效果的影响，其他影响因素有待进一步研究。第二，文章是从网络第三方平台企业为主体的角度出发对食品安全风险交流工作进行研究，在互联网迅速发展的时代下，政府、媒体等如何就网络第三方平台食品安全问题进行有效的风险交流有待进一步研究。第三，文章提出了社群互动、直播互动等新媒体情境下的食品安全风险交流形式，其具体作用以及实施操作方法有待进一步研究，新媒体情境下食品安全风险交流的形式多样，如何利用新媒体工具进行有效的风险交流有待进一步研究。

第16章　独流镇调料造假事件消费者风险认知调查

2017 年 1 月 16 日，人民日报、新京报等多家媒体报道天津市某区某某镇食品调料造假事件。这一事件如果不能及时、妥善地解决，将给以中华老字号天津某某老醋为代表的天津市相关食品企业带来毁灭性的打击。有鉴于此，政府质监部门与媒体、企业等各方合作，从造假源头、运输、销售等各个环节进行追溯，及时、如实地记录、公示、交流制假商品的各种风险信息，重塑消费者信心。

16.1 有关天津市静海造假调料事件的问卷调查分析

本次调查在事发后两周进行。问卷调查的发放时间为 2017 年 1 月 26 日 –28 日。回收有效问卷 124 份。问卷调查对于消费者的态度进行了调查。其中，参与问卷的男士为 41 人、女士为 83 人，男女比例为 33∶67。

（1）受访者年龄如下：

选项	小计	比例
18 岁以下	2	1.61%
18–25	88	70.97%
26–30	8	6.45%
31–40	16	12.9%
41–50	8	6.45%
51–60	1	0.81%
60 以上	1	0.81%
本题有效填写人次	124	

（2）受访者的受教育程度如下：

选项	小计	比例
初中	0	0%
高中	1	0.81%
大学本科	90	72.58%
硕士研究生	25	20.16%
博士研究生	8	6.45%
本题有效填写人次	124	

受访者中的 72.58% 的人员受教育程度为大学本科水平，20.16% 为硕士研究生，6.45% 为博士研究生，只有 0.81% 的被调查者的受教育程度为高中水平。这与问卷发放者在高校工作，发放方式采用微信问卷形式，朋友学历层次较高有关。高学历人才在遇到突发事件时反应会较低学历人才理性，不足之处是理性的回答可能不能真实反映被调查者的真实情绪反应。

（3）此次造假事件发生后，您对天津市食品添加剂的信任程度 [单选题]

选项	小计	比例
1	28	22.58%
2	16	12.9%
3	28	22.58%
4	32	25.81%
5	16	12.9%
6	1	0.81%
7	3	2.42%
本题有效填写人次	124	

如果把程度值 4 作为中间值，即此次造假事件造成大多数消费者对产品的信任程度的中间值，则 58.06% 的被调查者对此次造假事件的信任程度偏低，取值在 1-3 之间。16.13% 的消费者对此次造假事件的信任度仍然较高，取值在 5-7 之间。由此可见，突发造假事件会引发消费者对食品安全信任缺失。

（4）在今后的购买过程中，您对涉及此次事件的大品牌调料的信任程度 [单选题]

选项	小计	比例
1	30	24.19%
2	23	18.55%
3	25	20.16%
4	20	16.13%
5	18	14.52%
6	6	4.84%
7	2	1.61%
本题有效填写人次	124	

78.96% 的被调查者对今后购买大品牌调料的信任程度偏低，取值为 1–4，即消费者因为食品安全突发事件，导致其对被造假产品的后续购买相当大程度地失去信任。20.9% 的消费者受此次造假事件的影响较小，对大品牌仍然保持较高的信任度。综上所述，如果不进行风险交流和危机处理，此次突发性造假事件对天津产大品牌调料的后续销售会产生较大的影响。

（5）您对于食品专家在食品安全交流过程中发挥的重要作用的认可度 ［单选题］

选项	小计	比例
1	16	12.9%
2	17	13.71%
3	25	20.16%
4	19	15.32%
5	24	19.35%
6	18	14.52%
7	5	4.03%
本题有效填写人次	124	

46.77% 的受访者对于食品安全交流过程中的专家所发挥的作用认可度较低，取值为 1–3。49.19% 的消费者对食品安全交流中专家的作用较为认可。另有 15.32% 的消费者对食品安全风险交流的专家作用持中。此次问卷，受访者对专家的认可程度持中，这可能与选项设计有关，设计选项为 1–7，大家分

散选择了一下。另外，本课题如果设计成是非题选项，那么消费者的选择结果可能也会有所变化。目前得到的结果表明，受访者对专家在交流中重要性的认可度没有想象中的理想。可能的原因，我们会在后续风险交流中进行进一步的研究。

（6）面对现在出现的制假售假的问题，您认为下列哪种解决措施最为有效　　　[单选题]

选项	小计	比例
加强企业的对于食品安全状况的监控	33	26.61%
进行不定时与定时抽查以防患于未然	33	26.61%
加强企业各部门之间的交流，增加消费者对于企业的公信力	19	15.32%
使产品的生产状况更加透明化	39	31.45%
本题有效填写人次	124	

通过受访者的调查，26.61%的被调查者认为应该加强企业对食品安全的监控，即最重要的解决应该是确定企业为主体解决责任人；26.61%的受访者认为需要进行定期与不定期的抽查。共有53.22%的受访者认为，对于食品造假售假的问题应该加强生产监督。

（7）在造假调料事件管理环节中，您认为政府最应当加强哪个环节　[单选题]

选项	小计	比例
食品仓储运输等流通环节	15	12.1%
食品经营等餐饮销售环节	22	17.74%
食品制作等生产环节	87	70.16%
本题有效填写人次	124	

对于此次防造假事件发生，受访者认为政府最应该对食品制造企业的生产环节加强监督。如何进行生产环节的监督，受访者所持的态度可见第7题。受访者认为上述措施中最有必要的是生产监督环节；70.16%的受访者认为食品制作等生产环节是政府加强监管的重中之重；17.74%和12.1%的消费者认

为食品销售环节和流通环节应该成为重点监管环节。

（8）在调料造假事件发生后，您对下列哪种场所中的调料更加放心，请进行排序　[排序题]

选项	平均综合得分	
超市	5.15	
大型饭店	5.06	
快餐店	3.43	
网店	2.87	
街边小饭店	2.73	
街边小商贩	1.77	

消费者对于超市和大型饭店的信任程度明显高于其他选择，综合评分分值为 5.15 和 5.06。这与超市和大型饭店的良好的质量监督和相对可靠的进货渠道有关。长久的重复博弈式消费模式使得消费者更加信任超市和大型饭店。快餐店被列在第三位。受访者尤其不信任网店、街边小饭店和小商贩。由此可见，消费者对调料购物渠道的选择仍然以传统的实体店为主。良好的质量监督是零售商获得信任、树立品牌的基础。

（9）您现在最想了解关于造假调料的什么信息　　[多选题]

选项	小计	比例
不合格食品的生产经营单位信息	68	54.84%
不合格食品的危害信息	70	56.45%
不合格食品的流通信息 (如流向)	103	83.06%
食品安全标准和质量鉴别知识	69	55.65%
政府对调料安全日常检查情况	62	50%
本题有效填写人次	124	

受访者中 103 人次认为发生造假事件后，最关心的问题是不合格食品的流向，占受访者的 83.06%。此外，受访者对于不合格食品的危害程度、不合格食品的生产经营单位信息、食品安全标准和质量鉴别知识以及政府对调料安全的日常检查情况，均比较关注。发生食品造假事件后，消费者普遍关注相关食品的各项信息，最为关注的是造假食品的流向问题。因此，消费者在

发生食品安全事件后，对于信息交流的需求迫切，这也是本课题研究的根本目的和重点关注所在。

（10）您使用下列哪种新媒体了解调料召回信息的频率最高　[单选题]

选项	小计	比例
电视	38	30.65%
微信	37	29.84%
微博	34	27.42%
贴吧	2	1.61%
论坛	3	2.42%
官网	10	8.06%
本题有效填写人次	124	

此次问卷调查发现，微信微博等新社交媒体已经赶超上传统的强大的电视媒体，71 位受访者是通过微信微博获得食品安全事件信息的，38 位受访者是通过电视获得该信息的。由此可见，以互联网为基础的社交媒体正在悄然成为受访者获得食品安全事件信息的主流媒体和重要渠道。如何运用新社交媒体进行风险交流和危机公关，成为亟待研究的课题。

（11）将调料召回信息发布到下列新媒体方式，您最信任哪种 [单选题]

选项	小计	比例
电视	49	39.52%
微信	10	8.06%
微博	17	13.71%
贴吧	2	1.61%
论坛	4	3.23%
官网	42	33.87%
本题有效填写人次	124	

对于食品安全事件爆发后的相关信息，受访者对官方媒体的信任程度大大高于新型社交媒体。39.52% 的受访者选择电视、33.87% 的消费者选择官网作为获得发布造假食品信息的媒体。该数字远高于微信、微博、贴吧和论坛

等新媒体中的社交媒体。微信、微博、贴吧和论坛的选择比例分别为 8.06%、13.71%、1.61% 和 3.23%。

（12）有关食品安全问题，您使用新社交媒体的动机　　[单选题]

选项	小计	比例
获得有关食品安全风险信息的信任度	42	33.87%
从有关食品安全风险中学习相关知识的信任程度	57	45.97%
分享食品安全风险的相关信息	25	20.16%
本题有效填写人次	124	

社交媒体在食品安全管理中发挥的主要作用是信息获得、知识传播和信息分享。57 位受访者选择从新社交媒体获得食品安全风险中的相关知识，占受访者人数的 45.97%；另外，33.87% 的受访者使用新媒体获得食品安全风险的相关信息；20.16% 的受访者会选择将获得的食品安全风险信息分享出去。针对食品安全问题社交媒体使用动机的调查可知，大家以获得信息和学习信息为主，分享功能相对较弱。

（13）遇到食品安全 (造假等) 问题时，您的情绪反应是　　　[单选题]

选项	小计	比例
生气	26	20.97%
易怒	11	8.87%
紧张	3	2.42%
担忧	79	63.71%
烦恼	5	4.03%
本题有效填写人次	124	

63.71% 的受访者在遇到食品安全（造假等）问题时，情绪反应是担忧。20.97% 的受访者对食品安全问题的反应是生气。由此可见，当发生食品安全事件后，消费者对食品安全问题更多的是担心。政府和企业如何进行事件中和事件后的风险交流，成为环节消费者情绪反应的关键。

（14）您的上述情绪反应激烈程度是（1–7 由低到高）　　[单选题]

选项	小计	比例
1	14	11.29%
2	6	4.84%
3	19	15.32%
4	23	18.55%
5	32	25.81%
6	12	9.68%
7	18	14.52%
本题有效填写人次	124	

受访者对于此次食品安全问题的负面情绪反应程度还是比较激烈的。此次事件涉及到的问题是假调料，反应激烈程度为中等偏高：情绪反应值集中于 3-5 的受访者共计 74 位，占受访者的 59.68%；85 位受访者选择取值为 4-7，占受访者总数的 78.23%。

（15）天津某区假调料事件发生后，现在您对于食品添加剂的态度是 [单选题]

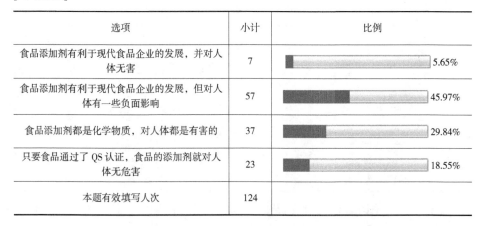

选项	小计	比例
食品添加剂有利于现代食品企业的发展，并对人体无害	7	5.65%
食品添加剂有利于现代食品企业的发展，但对人体有一些负面影响	57	45.97%
食品添加剂都是化学物质，对人体都是有害的	37	29.84%
只要食品通过了 QS 认证，食品的添加剂就对人体无危害	23	18.55%
本题有效填写人次	124	

当被问及您对食品添加剂的态度时，45.97% 的受访者认为食品添加剂有利于现代食品企业发展，但是对人体会有一定的负面影响。这里是否存在误区，还是需要后续通过我们的平台与专家进行交流。

（16）您认为一个优秀的食品安全企业应主要具备 [单选题]

选项	小计	比例
能够利用强大的广告，塑造自身的品牌形象	8	6.45%
能够踏踏实实地做食品	46	37.1%
能够与消费者进行广泛交流并及时反馈	11	8.87%
能够在加强品牌形象的基础上，更注重产品质量	59	47.58%
本题有效填写人次	124	

84.86% 的受访者认为，一个好的食品企业评价标准是踏踏实实做产品，在加强品牌形象的基础上，注重产品质量。消费者更加关注的是产品质量本身。交流和反馈以及广告品牌都不是消费者关注的重点。

（17）您认为下列解决天津静海假冒知名品牌调料事件的建议中最有效的是　[多选题]

选项	小计	比例
食品安全追溯体系	75	60.48%
食品安全评级	47	37.9%
建立食品安全信息交流系统	65	52.42%
设立食品安全举报专项奖励基金	53	42.74%
食品安全监管职责落实到街道	65	52.42%
加大对流通环节的不定期抽查	67	54.03%
本题有效填写人次	124	

此次调查中，受访者认为解决天津静海假冒知名品牌调料事件，最有效的措施是建立食品安全追溯体系，占本次受访人次的 60.48%，另外，不定期抽查、建立食品安全信息交流系统、食品安全监督职责落实到街道以及设立专项举报奖励基金和食品安全评价都获得了较高的支持度。

16.2 有关事后清查信息交流机制的建议

食品造假事件发生后，事后风险交流的信息内容应该包括不合格食品的流通信息（如流向）、不合格食品的危害信息、食品安全标准和质量鉴别知识、不合格食品的生产经营单位信息、政府对调料安全日常检查情况。重中之重消费者希望了解的是不合格食品的流通信息（如图16-1）。

图 16-1　食品安全造假事件风险交流建议流程图

16.2.1 彻查制假窝点和市场上的假冒商品

造假窝点多为家庭式小作坊，由于工作时间和工作人员的不确定性造成其隐蔽性非常强。彻底查封制假黑窝点、确保清查假冒商品，重塑消费者对相关产品的市场信心。

16.2.2 下架及销毁处理

政府有关监管部门及时将市面上造假产品下架并销毁，公开销毁信息。政府机构、相关企业对于市面上类似造假调料的不合格产品应做及时下架、全部销毁处理。及时将市面产品信息以及造假产品销毁的数量、品牌、批次等信息公之于众，帮助民众恢复对市场上食品调料品质安全性的信心。

16.2.3 全民监督奖励制度

政府公布鉴别真假商品的方法。政府和企业可以积极采用新媒体，及时告知消费者如何鉴别真假商品，一经发现可以及时举报，将假冒商品给社会和消费者带来的损失降到最低。政府对消费者发现假货进行举报的行为将给予一定的物质奖励。为了全部清查市场上的假调料，应发挥消费者的监督作用，公开悬赏，鼓励消费者举报制假窝点和市面上残留的同类假货。

16.2.4 定期查验

设立定期审查和不定期抽查制度。造假调料多模仿全国知名大品牌，政府应该和企业共同合作。企业内部建立工厂质量和销售渠道和销售方向，政府定期对销售环节进行审查。企业积极配合，定期对已上架、流入市场的产品进行抽检，对包装、生产批次等信息采用严格的可追溯标签。政府媒体阶段性地公示检查结果。

16.3 有关事前预警信息交流机制的建议

16.3.1 建立食品安全信息交流预警系统

各地食品安全监管机构定时上报本地食品安全信息。作为消费者市场最后一道安全防线，政府及相关检测机构应加大市场监察力度，定期随机在大小超市、农贸市场等售卖调料场所对各大品牌产品进行质检，及时查验供货来源等信公示，减少公众恐慌。

16.3.2 将食品安全问题明确划分等级以便重点关注

将食品安全信息分类，对于不同的食品安全问题分为不同的等级，采取等级程度制分类关注食品安全，对于食品安全问题比较严重的重点关注。

16.3.3 设立食品安全评级制度

由政府对相关调料产品定期更新食品安全等级，将结果上传至食品安全信息系统，经由政府官方各大媒体和公众微信号发布最新结果，使之成为常规化食品安全风险交流体系。

第17章 风险认知差异调查问卷及分析

17.1 调查目的与过程

17.1.1 调查目的

1. 通过问卷调查了解新媒体背景下，专家与消费者之间的信息不对称问题

2. 分别了解专家与消费者对食品安全的认知程度

3. 了解新媒体对于食品安全风险交流的作用

4. 在新媒体背景下寻找合适办法弥合两者间认知差异

17.1.2 调查过程

1. 准备过程

调查方式——本次调查采取不记名的方式，采取线上网络问卷调查与线下纸质问卷调查相结合的方式，有获得的资料相对广泛的特点。

问卷设计——问卷设计主要分为被调查者身份、调查内容、调查者三个部分，具体内容将在下面的调查问卷分析中详细说明。

调查对象——专家及广大食品消费者

调查地点——线上新媒体用户者以及线下的各省份

2. 调查实施

（1）关于前期准备

笔者在设计问卷及收集方式上做了充分的考虑，决定采用线上及线下相结合的方式进行问卷发放，一方面能够弥补对象年龄过于集中于高校学生年龄群的缺陷，另一方面纸质问卷在提高回收率的同时也能对问卷的填写质量

进行更好的监督。

（2）关于问卷设计

基于新媒体大环境进行食品安全风险交流的研究课题下，笔者对其细分的多方向进行了研究，如肉制品、进口乳制品、食品添加剂及高校食堂的食品安全风险交流。具体对每一部分进行探讨交流并分别设计问卷。

设计问卷时，考虑被调查者对问题的理解程度，笔者多次对问卷所使用的文字进行系统学习以达到问卷中所出现的问题能被大多数人正确理解的目的。比如考虑到被调查者对于专业词语的接受程度，团队人员与食品专业的专家进行交流，了解相关术语，以在问题中尽可能将相关术语转化成通俗易懂的语言，除此之外，在问卷设计出来后，团队首先将问卷进行了小范围发放，记录试答卷的被调查者的反馈情况，并根据不同意见对问卷的文字进行了反复修改。

团队在问题程度分析梯度的选择上也进行了多次商讨，最终确定以更为精准反映被调查者态度的七级层次进行命题。通过查阅大量文献，决定采用1–7级代表完全不认同～完全认同，通过七级程度使被调查者对所了解的食品安全信息作出自己明确的判断。但是在实际考查中考虑到"0"梯度能更好地代表完全不认同的程度，决定将层次调整为0–6，以使被调查者在面对完全无感问题时能够更直观选择"0"梯度。问卷发放完毕收回后，团队在进行数据录入及分析时，由于"0"数据在计算分析时存在过多局限性，最终会影响数据计算结果，团队在分析验证后将梯度更改为1–7，以不影响数据分析的同时更大程度地保证问卷回收数据的有效性。

（3）关于问卷数据统计

线下纸质版问卷在局域范围内发放便于及时收回，线上问卷数据同线下问卷数据一起计入统计。团队主要通过 Excel 对数据进行录入核算，将所有问卷梯度选择以年龄段为基础划分录入，将全部结果进行平均数、方差等核算，以得到公众对食品安全问题认识的平均水平。团队持问卷分析的基础结果通过新媒体方式与专家进行交流，在寻找差异并找出原因的同时也对新媒体形式进行小范围实验，以探求弥合差异的合适方式。

17.1.3 调查结果

本调查根据被调查者背景不同分为问卷一、问卷二两组。问卷一针对肉制品及高校食堂的安全问题进行调查；问卷二针对乳制品及添加剂的安全问题进行调查。问卷主要针对大学生群体发放，具体情况如下：

1. 问卷回收情况

表 17-1　问卷回收情况

问卷类型	问卷种类	发放时间	回收时间	发放份数	有效份数
问卷一	线上问卷	2016 年 6 月 23 日	2016 年 6 月 28 日	212 份	184 份
	线下问卷	2016 年 6 月 24 日	2016 年 8 月 24 日	300 份	290 份
问卷二	线下问卷	2016 年 6 月 18 号	2016 年 9 月 3 日	500 份	458 份

2. 问卷一　被调查者背景

表 17-2　问卷一　被调查者背景

项目	分类	所占百分比
年龄	20 岁以下	8.33%
	20~29	42.59%
	30~39	16.67%
	40~49	29.63%
	50~59	1.85%
	60 岁以上	0.93%
受教育程度	初中	22.22%
	高中及职中	17.59%
	本科及大专	58.33%
	硕士	0.93%
	博士及以上	0.93%

3. 问卷二　被调查者背景

表 17-3　问卷二　被调查者背景

项目	分类	占比（%）
性别	男	39.3%
	女	60.7%
年龄分布	20 岁以下	60.48%
	20~29 岁	23.80%
	30~39 岁	11.57%
	40~49 岁	2.18%
	50~59 岁	1.97%

17.2 问卷分析

17.2.1 肉制品安全认知调查结果分析

经 SPSS 软件计算，本问卷的信度分析表示问卷数据具有可靠性。问卷采用 1-7 程度分析的设计方法，加权平均数的分析方法，具体数据如表 17-4 所示。加权平均数的方法既能避免数据本身的不平衡性，又能准确地描述公众对某一问题的整体认知。本文不仅针对问卷的某一问题进行分析，还将问题分类进行对比分析，最终得出分析结果（如下）为机制设计奠定基础。

1. 消费者认知问卷分析

表 17-4　肉制品调查问卷

调查问卷题目	加权平均数
您根据颜色或气味等外观性因素购买肉制品的可能性	4.89
您根据生产日期，原产地等因素购买肉制品的可能性	5.32
您根据食品标签与包装材质等外包装性因素购买肉制品的可能性	4.56
您根据储藏温度与环境等物理因素购买肉制品的可能性	4.61
您对于肉制品专卖店售卖的肉类的信任度	4.81

续表

您对于百货超市售卖的肉类的信任度	4.78
您对于农贸市场售卖的肉类的信任度	4.15
您对于路边早/夜市售卖的肉类的信任度	3.29
您认为肉制品中生物性因素（菌类）的安全程度	3.77
您认为肉制品中化学性因素（添加剂等）的安全程度	3.60
您认为肉制品中物理性因素（加工程序等）的安全程度	4.14
您认为肉制品中食源性因素（动物本身的性质等）的安全程度	4.15
请问电视广播等新闻媒体的信息对您判断肉制品安全现状的影响程度	4.80
请问社交网络（微信平台，微博等新媒体）的信息对您判断乳肉制品安全现状的影响程度	4.48

结合以上回收数据的计算结果及相关因素，可从以下几方面进行分析：

（1）选择肉制品的依据方面

从加权平均数来看，消费者比较看重肉制品的产地及生产日期，对肉制品的外包装和生产过程中的物理性因素相对来说不是很重视。这就暗示了我们在制定肉制品来源等方面的措施时要十分谨慎。同时也要考虑到对消费者进行外包装等影响食品安全的物理性因素知识的普及。有时被忽略的因素往往是最容易出现问题的部分，所以为了使消费者对肉制品选择依据认知的客观，我们要及时查漏补缺，以免发生本末倒置的情况。

（2）肉制品售卖场所方面

消费者认为，在专卖店购买的肉制品相比于在百货商店或是农贸市场购买的肉制品要更加安全。而在路边摊或是早市等场所购买的肉制品的安全性则更低。究其原因，专卖店里肉制品的来源渠道相对来说是比较正规的。消费者会选择管理比较严格的场所购买肉制品证明了消费者对政府监管的信任度还是比较高的。这种普遍现象也提醒权威性相对较弱的售卖场所要采取正确的措施（例如保证肉制品的质量，举办消费者体验式的活动等）来提高消费者的信任度。

（3）肉制品本身的安全因素方面

本问卷中调查了4种此方面因素，分别是生物性因素（肉制品中的菌类等）、化学性因素（肉制品中的添加剂等）、物理性因素（肉制品加工程序等）、食源性因素（动物本身的性质等）。从总体的加权平均来看，消费者比较担心前两种因素所带来的不安全性，因为在日常生活中前两种因素引发的食品安全事件比较频繁。

同时，根据不同教育水平来分析每种因素的数据，我们可以发现随着学历的增高，消费者对于前两种因素的安全性越来越信任。这说明了消费者之间产生认知差异的一部分原因是接触到的知识的深度和广度不同。有些因素并不会对食品安全造成很大的威胁，而消费者却容易产生恐慌心理。相反，有些最后引发食品安全事件的因素却没受到过多的关注。所以我们要找到合适有效的交流方式来放大应该受到关注的因素，以降低公众对某些肉制品相关问题的过分恐慌。

（4）食品安全信息来源方面

总体上，消费者对肉制品安全问题的判断受电视广播等传统媒体的影响依然是很大的。而微博、微信等新媒体对消费者的影响虽然在日益增强，但是仍然比不过传统媒体。

传统媒体的根基比较牢固，而新兴起的信息时代的产物——新媒体在不同年龄段有着不同的影响程度。如图 17-2。

表 17-5　传统媒体对不同年龄段的消费者的影响程度

年龄＼影响度	6	5	4	3	2	1	0
20 岁以下	22.22%	11.11%	33.33%	11.11%	11.11%	11.11%	0
20–29 岁	10.87%	13.04%	28.26%	30.43%	13.04%	4.35%	0
30–39 岁	22.22%	5.56%	27.78%	27.78%	5.56%	11.11%	0
40–49 岁	6.25%	25%	25%	21.88%	6.25%	12.50%	3.13%
50–59 岁	0	50%	0	50%	0	0	0
60 岁以上	0	0	0	0	0	100%	0

表 17-6　传统媒体对不同年龄段的消费者的影响程度

影响度　年龄	6	5	4	3	2	1	0
20 岁以下	11.11%	11.11%	44.44%	11.11%	22.22%	0	0
20-29 岁	13.04%	10.87%	23.91%	30.43%	13.04%	4.35%	4.35%
30-39 岁	16.67%	0	22.22%	33.33%	16.67%	5.56%	5.56%
40-49 岁	6.25%	15.63%	18.75%	21.88%	15.63%	12.5%	9.38%
50-59 岁	0	0	100%	0	0	0	0
60 岁以上	0	0	0	0	0	100%	0

传统媒体对不同年龄段的影响程度很相近，新媒体的影响程度随着年龄的增长有小幅度的降低。其中，年龄稍大的人群不但接触来自新媒体渠道的信息，甚至受影响程度还很明显。这就说明新媒体的发展是非常迅速的，给食品安全提供了一个很好的交流方式。

2. 专家与消费者认知差异分析（本文中差异程度的排序：差异大 ＞ 差异较小 ＞ 差异小）

（1）在肉制品本身的安全因素方面

专家指出，在生物与化学两种因素方面，因为一些菌类和添加剂的添加是生产加工的必需，肉制品本身产生的一些菌类还可能是制作其他食品时添加的主要菌类。所以安全程度并不是很低，在使用得当的情况下并不会出现安全问题。在物理与食源性因素两方面的安全程度上，专家也给予了很高的肯定。这说明在肉制品本身的安全因素方面一般是不会出现很大的安全性问题。消费者是在不知道相关专业知识的情况下才会很担心此方面因素的安全程度，甚至产生恐慌心理。

（2）在选择肉制品的依据方面

在此方面专家强调：在市面上流通的具有生产批号的肉制品在包装材质、储藏环境等物理因素方面不会出现安全问题，相比之下多需要注意的是肉制品的产地与生产日期等因素。本文通过对比数据发现，在此方面，专家与消费者的认知几乎可以达成一致。因为专家也是消费者的一份子，所以在日常生活中购买肉制品的判断依据也不会与消费者有很大差异。

（3）在肉制品的售卖场所方面

在此方面，专家与消费者的差异不是很大，而且二者对不同售卖场所信任程度的排序是一样的。专家指出：因为路边摊、早市等一些售卖场所没有食品安全的相关证明与保障，所以很容易出现食品安全问题。专卖店或者大型的百货商店有食品的质检等保障，所以出现安全问题的可能性会很小。

（4）总结对比分析

对于乳制品选购，消费者最经常接触的是牛奶、酸奶等，其次就是乳酪、奶粉等乳制品。乳制品在公众日常消费中作为很重要的支出，在生活水平逐渐提高的同时，消费者也逐渐将目光转向更为信赖的进口乳制品区。

表 17-7　乳制品调查问卷

调查问卷题目	总体平均	加权平均
您选择购买进口食品因为经济条件充裕的可能性	4.34	4.11
您选择购买进口食品是为了尝鲜的可能性	4.27	4.19
您对国外进口食品安全的信赖程度	4.52	4.23
您认为跨境电商平台对商品信息展示完整详细的认可度	3.91	3.91
您认为购买进口食品前消费者应主动了解产品产地、配料等具体信息的必要性	5.25	5.05
在选择乳制品时您对奶源地（如新西兰奶源等）的重视程度	4.75	4.61
在选择乳制品时您对企业宣传广告等经销手段的重视程度	4.08	4.15
在选择乳制品时您对品牌的重视程度	5.07	5.00
在选择乳制品时您对灭菌等技术问题（如巴氏灭菌）的重视程度	5.27	5.11
在选择乳制品时您对外包装以及储存条件的重视程度	5.21	5.02
对于国际乳制品安全监管标准了解程度	3.39	3.75
您在购买奶或者家里需要婴幼儿奶粉会更倾向于选择进口的程度	4.73	4.66
您对进口乳制品在草场质量和奶牛饲养等奶源这一初始环节安全的认可度	4.80	6.05

续表

调查问卷题目	总体平均	加权平均
您对进口乳制品在生产加工环节的安全的认可度	4.83	4.84
您对进口乳制品在包装运输环节的安全的认可度	4.92	4.75
您对目前国内乳制品或婴幼儿奶粉的信赖程度	4.16	4.00
您在选择国内乳制品时会选择熟悉的大品牌的可能性	5.21	5.05

　　通过对比数据可知专家答卷中每道题的程度都高于消费者。这说明专家对肉制品安全的信任程度整体高于消费者对肉制品的信任程度。专家针对上述现象做出分析：产生这种现象的根本原因是消费者对食品安全相关知识了解得太少。一些媒体因为利益关系对消费者进行恶性引导等不良现象也加剧了消费者对食品安全现状的担忧。针对产生问题的根本原因，我们现在就需要建立良好有效的交流机制，一方面弥补消费者与专家之间的认知差异，一方面找到最佳普及食品安全知识的方式，从根本上解决认知差异的问题。

　　对于国内乳制品包括婴幼儿奶粉的信赖程度，样本总体平均数为4.16，结果处于中间程度，可见公众对国内乳品的信心明显不足。从不同年龄层次看，只有30~39岁以及50~59岁层次信赖程度达4.62、4.78，其他年龄层尤其是年轻人群体信赖度则普遍低于平均水平。在此情况下面对国内乳制品的选择，消费者更倾向于选择大品牌，数据显示平均数达5.21，可见国内知名大品牌的乳品成为消费者首选，消费者对大企业乳品相对信赖。

　　我们面对进口乳制品，公众在购买乳制品时更倾向进口的可能性总体平均值为4.73，加权后为4.66，同时参考各年龄层分布（如下图），样本数据可见公众对国内乳品的信赖度普遍较低，选购进口乳品可能性平均值趋平，差距较小则可见消费者在选购乳制品时更愿意选择进口。

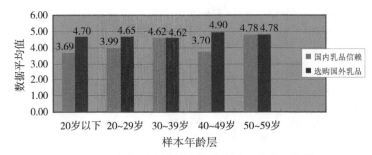

图 17-3　国内乳品信赖度与选购进口乳品可能性

　　而且对于进口乳制品从奶源地的初始环节、生产加工环节到包装运输环节，公众的信赖度较高，信赖度平均数超过 4。在专门对消费者购买乳制品时对各环节的重视程度的调查中，公众重视程度平均数以及加权均超过 5。在公众如此重视的情况下，更愿意选择进口乳品且认为其更为安全，可见消费者对于进口乳制品的信赖程度之高。

　　消费者面对琳琅满目的商场，一方面是消费水平的逐渐提高，另一方面是由于进口食品的口感以及新鲜度吸引了大批消费群体。数据显示消费者选择购买进口食品由于经济充裕的可能性平均数为 4.34, 由于尝鲜的可能性为 4.27，且对于国外进口食品安全的信赖度平均数为 4.52，数据均处于中上等水平。可见进口食品在被消费者接受的同时消费者也比较放心，乳制品作为家庭消费的重要支出也同样给消费者带来了更多选择。尤其是国内乳制品问题频发的近几年，公众选择奶源更加优质，生产加工以及包装运输更为安全可信赖的进口乳品也无可厚非。但是进口乳制品是否真的如此安全以及国内外对乳制品监管方面的差异却成为了消费者的认知盲点，在调查中关于是否了解国外乳制品安全监管标准一题中，消费者的选择平均数为 3.39，而其中 50~59 岁年龄层了解程度平均低至 2.00，其他样本数据也均不高于 3.89，足以看出消费者对进口乳品的信任也过于盲目。

17.2.2 食品添加剂安全认知分析

表17-8 食品添加剂调查问卷

调查问卷题目
1. 您对于食品添加剂越少食品越健康的认可度
2. 您对于价格越高，食品添加剂越少食品越健康的认可度
3. 您对食品添加剂只要在国家标准范围内，就可以放心食用的认可程度
4. 您对于为食品口感而不用太在意食品添加剂的认可程度
5. 您对于乳制品包装标识的添加剂的信任程度
6. 您对于乳制品保质期越短，防腐剂就越少的认可程度
7. 您对于纯牛奶的添加剂少于酸牛奶的添加剂的认可度
8. 您对于不含蔗糖的奶制品含有更少量的食品添加剂的认可程度
9. 您对于奶制品中广泛添加甜味剂（如阿斯巴甜、安赛蜜等）的赞成程度
10. 您认为发生乳肉制品添加剂不安全事件后，企业要用心去提升品质提升消费者信心实现的难度
11. 您对于食品法中关于食品添加剂的要求条例的了解程度
12. 您对于食品安全条例中有关添加剂的用量问题的践行的满意程度
13. 您认为应该增进添加剂知识，提升教育素养，改善食品环境的认可度
14. 您对于加强食品添加剂教育，增加食品专家指导交流的渴望程度

表17-9 问卷调查结果

题号 项目	1	2	3	4	5	6	7	8	9	10	11	12	13	14
加权平均数	5.00	4.20	3.86	3.29	3.75	4.12	3.92	3.57	3.58	4.61	3.54	3.74	5.17	5.07
专家数据	3.00	3.00	5.00	4.00	5.00	3.00	5.00	3.00	3.00	5.00	6.00	5.00	6.00	6.00

对普通消费者关于食品添加剂安全认知研究问卷的结果分析（对于食品添加剂本身以及风险交流带来的问题从内外两方面展开研究）：

1. 食品添加剂的含量总类对于食品安全的影响；

（1）从食品添加剂的含量分析消费者对于食品添加剂的认知程度

根据问卷的第1、2、3题的加权平均数，我们可以分析出，人们在较大的程度上认为食品添加剂越少食品就越健康；同时消费者也在大约4.20的强度下认为价格越高食品添加剂的含量就会越少；而在大概 3.86 的强度下认为食品添加剂的含量只要在国家标准下就可以随便使用。

（2）从食品添加剂的种类分析消费者对于食品添加剂的认知程度

根据问卷的 7、8、9 题，通过对于奶乳制品的类型以及其中所添加的甜味剂的调查，可以得出对于奶乳制品消费者平均持有将近 4 的程度的强度认为奶乳制品中味道清淡的或者说不含蔗糖的乳制品其添加剂更少。

2. 信任危机引发的消费者对于食品添加剂使用与监管问题

（1）从风险交流的层面（企业的信心）对食品添加剂的认知程度

为了更加有说服力地了解消费者对于企业作为风险交流参与者的信任程度，我们分析第 5、10 题。在第 5 题中乳制品包装标识的添加剂的信任程度的分析中问卷的加权平均为 3.75，可以看出调查对象对于企业的包装上的信任程度对于中等偏下，即广大消费者对于企业的说法处于一种似信非信的状态，因此从企业角度而言，要想提高自身的影响力，在提升自身公信力方面空间很大，就标准差的大小来看样本的数据也相对稳定；在第 10 题中消费者大致持有相对较高的信度，认为事后企业想要重新经营的难度，这个结果同时也表明企业对于食品的质量一定要严格把关。

（2）从风险交流的层面（政府社会的信心）对食品添加剂的认知程度

在关于对社会尤其是政府的信任度上，第 12 题表明消费者大都认为在食品添加剂有关含量方面法律的执行条例并不十分满意，满意度为 3.72 且浮动较小，同时可以认识到企业以及其他的风险交流参与者更好地去践行政府的指导思想也势在必行。通过与食品添加剂专家进行面对面的交流将专家给予的数据与普通消费者的认知进行对比。

（3）食品添加剂知识方面

第 1、6、7 题专家分别给予的程度评估等级是 3、3、5，专家认为食品添加剂作为广泛应用于现代工业的物质，其安全性是有保障的，即食品添加剂的使用是为了让食品更加安全。奶制品中严格地说一般通过高温灭菌然后真空包装来进行防腐，而并非广大消费者所认为的食品添加剂只是为了延长保质期、增加口味和保质期越长，防腐剂就越多的误区。

（4）政府公信力方面

第3题专家认为国家的审批是十分严格的。即专家以5的程度认为食品添加剂含量只要在国家规定的安全范围内则食品是绝对安全的，并认为之所以并没有给予最高的程度肯定国家的标准，则是认为目前社会并不能严格地按照国家标准添加食品添加剂。即专家对于政府的公信力还是相当自信的；广大消费者对于政府的公信力的态度则应该向专家靠拢。

（5）企业公信力方面

第4题中与大众给予的程度设定大致上差不多，但原因却不尽相同。专家认为，除却不法的食品企业其他食品包装上的信息是完全可靠的，因此对于包装上的信息要依靠对企业自身信誉的评价来看。

（6）制度政策监管方面

在专家看来，我国的食品安全问题时有发生主要是政府的监管部门有待完善。需要加大对于食品安全检查的力度，严格按审批。因此第12题专家对于食品安全条例的践行给予5的认可程度是高于大众对于食品监管的认可程度的。

问卷分析思考

根据专家与消费者的问卷的调查，可以了解到专家眼中的食品安全现状是高于广大消费者对于食品安全的认可程度的。然而面对消费者对于食品安全情况的认可度偏低的情况，一个企业要想长久更好发展，那么它要做的就应是提高自身的食品品质以及改善广大消费者心目中的品牌形象。

表17-10　调查问卷的信度分析

可靠性统计量	
Cronbach's Alpha	项数
0.805	14

通过信度分析可以得出Cronbach's Alpha=.805即表明问卷的数据很可靠，说

明该研究的意义具有可靠性。

17.2.3 高校食堂食品安全认知分析

在进行食品安全风险交流之前需要进行风险的评估，得出风险的定量或定性的评估。只有明确食品安全具体的风险才可以对风险进行有针对性的交流和管理。

通过对高校食堂食品安全的问卷调查将高校可能存在的食品安全问题分为三大类，即食品原料药物残留问题，食品加工制作环节不规范导致的问题，以及诸如供应方式、环境管理等其他问题。

表 17-11 高校食堂调查问卷

调查问卷题目	加权平均数
您认为学校食堂的食品安全与食堂工作人员的专业性的相关程度	4.30
您认为学校餐饮业对于专业人才的匮乏程度	4.53
您认为关于学校餐饮的法律法规和标准体系的完善程度	4.19
您认为对于学校食堂的执法力度和监管程度	4.24
您对于大学食堂食品安全现状的满意程度	4.20
您认为大学学生的舆论压力对食堂餐饮的影响程度	4.68
您认为对学校食堂食材监管的必要性	5.69
食堂人员的个人信仰对食品安全的影响程度	4.81
您认为学校食堂使用添加剂的规范程度	4.32
您认为学校食堂的卫生程度	4.40
您认为食品保质期对您判断食品是否安全的影响程度	5.24
您认为隔夜饭菜或者多次进行加热加工的饭菜再食用的安全程度	3.36

由以上数据可得：

1.公众对食品原料较为重视

公众认为高校食堂的食材监管的必要性的加权平均数为 5.69，是所有数据加权平均后最大的，可见相对与食品加工过程，公众更加注重食品原料本身的安全。而近年来常常出现的食品安全问题有很大一部分也正是是食品原料问题。

2. 数据经处理之后加权比重较大的还有食品安全信息

公众毕竟不是专家，只能根据包装上或者食品原料上的食品安全信息来判断食品安全与否。这就意味着，为了增加公众对于我国食品安全的信任度，我们不仅应该从原料本身入手，还应该严格把控食品面市的信息安全，保证食品包装上所显示的信息的真实性，严厉打击三无产品和与食品安全信息不符等相关产品。

3. 关于食品重复加热问题，公众对再加热食品食用的安全信赖度是3.36，和专家之间存在一定差距

调查问卷中相关问题也表明了公众对食品安全问题存在盲点，一定程度上体现出公众对于食品安全的认知与年龄存在相关性（如下图），还应加大对一些食品安全常识的宣传。

在设计问卷的过程中，将影响公众对食堂满意度的因素分为了四类，分别为专业度、食品原料安全、加工制作环节的合理、监管程度。除了以上提到的食品原理和加工制作环节之外，在关于食堂专业人员的专业度方面，大家认为食堂食品安全的关系不是很重要的，加权数仅仅在平均水平之上一点。但是大家对于食堂监管程度还是特别重视的。对于食堂的监管力度方面加权数仅仅为4.19和4.24，可见大家对于我们食品安全的监管力度还是缺乏信心的。

以上是分别对关于新媒体背景下的食品安全风险交流的四个方向，即肉制品、进口乳制品、食品添加剂和高校食堂的食品安全展开的具体研究分析，分析内容结合团队前期发放纸质版及电子版问卷回收的数据，对数据进行了精确计算和检验，针对相关最终结果进行严谨、细致的分析。

结语

本书基于不同视角下设计的风险交流机制在投入使用后，发展为能够适用于整个行业的机制，分别为肉制品加工企业、高校食堂和企业的食品添加

剂安全的风险交流机制提供借鉴。在深入研究的基础上，各相关企业及机构能将不同角度的机制依照自身实际，根据不同的生产、加工等体系将本研究设计机制按逻辑合并、完善，形成独立、有效的食品安全风险交流的机制。对交叉学科的食品安全风险交流进行深入研究，通过不同领域的结合，将食品安全风险交流中出现的问题从多方面多角度展开分析。在食品安全风险交流的问题上，可选取更多不同行业机构、不同食品类型、食品安全问题不同危害程度等方向进行研究，结合国内外先进交流经验，以及国内外最新研究成果，立足我国国情，针对食品安全真实情况和消费者心理变化等，对具体情况展开深入研究。

参考文献

[1] W. Barendsz. Food Safety and Total Quality Management[J]. Food Control, 1998,9(2)

[2] Aileen McGloin,Liam Delaney,Eibhlin Hudson,Pat Wall. Session 5: Nutrition Communication the Challenge of Effective Food Risk Communication[J]. Proceedings of the Nutrition Society,2009,68(2).

[3] Alan Reilly. Food Watchdog Alive to Fraud in Supply Chain[N]. The Irish Times, 2013–02–05.

[4] Alda L M, Bordean D M, Gogoas. A. I, et al. Aspects Regarding the EU Rapid Alert System for Food and Feed (RASFF).[J]. Agricultural Management, 2016

[5] Alireza Ghahtarani,Majid Sheikhmohammady,Mahdieh Rostami. The impact of Social Capital and Social Interaction on Customers' Purchase Intention, Considering Knowledge Sharing in Social Commerce Context[J]. Journal of Innovation & Knowledge,2020,5(3).

[6] Asl Roosta R , Moghaddasi R , Hosseini S S. Export Target Markets of Medicinal and Aromatic Plants[J].Journal of Applied Research on Medicinal and Aromatic Plants,2017: S221478611630081X.

[7] Bernd Haber, Matthias Rheinheimer, Dietmar Richter and Urike Zimmer. VCI– Guide for Good Hygiene Practices in Food Additives Manufacture[J].VCI–Guide for Good Hygiene Practices,2019.

[8] Cen Song and Jun Zhuang.Regulating Food Risk Management—A Government Manufacturer Game Facing Endogenous Consumer Demand[J].International Transactions in Operational Research,2018.

[9] Chih–Wen Wu.Facebook users' Intentions in Risk Communication and Food Safety Issues[J]. Journal of Business Research,2015,68(11).

[10] Damen F W M,Steenbekkers B.Consumer Behaviour and Knowledge Related to Freezing and Defrosting Meat at Home: An Exploratory Study［J］. British Food Journal,2007,109(7) : 511—518.

[11] DAVID R. Risk Communication more than Facts and Feeling[M].Laea Bulletin,2008.for presentation at the 84th EAAE Seminar,2004（2）.

[12] Giovanni Radaelli,Emanuele Lettieri,Federico Frattini,Davide Luzzini,Andrea Boaretto. Users' Search Mechanisms and Risks of Inappropriateness in Health Care Innovations: The role of Literacy and Trust in Professional Contexts[J]. Technological Forecasting, Social Change,2016.

[13] Jie G, Li D, Zong-Hua S. Influence and Countermeasure of Technical Barriers to Trade on Traditional Chinese Medicine Industry[J].China Journal of Chinese Material Medical, 2013, 38(13):2214.

[14] John Bovay.Patterns in FDA Food Import Refusals Highlight Most Frequently Detected Problems[J].U.S. Department of Agriculture,2016.

[15] Jonathan Welburn, Vicki Bier, and Steven Hoerning.Import Security: Assessing the Risks of Imported Food[J].Risk Analysis,2016.

[16] Lu, June,Wang, Luzhuang,Hayes, Linda A. How do Technology Readiness, Platform Functionality and Trust Influence C2C User Satisfaction ?[J]. Journal of Electronic Commerce Research,2012,13(1).

[17] Marco B. Risk Communication and the Precautionary Principle[J].Human and Ecological Risk Assessment,2005（11）.

[18] Marios Koufaris,William Hampton-Sosa. The Development of Initial Trust in an Online Company by New Customers[J]. Information & Management,2003,41(3).

[19] Mary McCarthy,Mary Brennan.Food Risk Communication: Some of the Problems and Issues Faced by Communicators on the Island of Ireland (IOI)[J]. Food Policy,2009,34(6).

[20] Michael R.. Labeling GM Food — the Ethical Way Forward[J].Nature Biotechnology, 2002（20）:868.

[21] Mikyoung Kim,Yoonhyeung Choi. Risk Communication: The Roles of Message Appeal and Coping Style[J]. Social Behavior and Personality,2017,45(5).

[22] Nam Hee Kim,Tae Jin Cho,Yu Been Kim,Byoung Il Park,Hee Sung Kim,Min Suk Rhee. Implications for Effective Food Risk Communication Following the Fukushima Nuclear Accident Based on a Consumer Survey[J]. Food Control,2015,50.

[23] Nick Hajli,Julian Sims,Arash H. Zadeh,Marie-Odile Richard. A social commerce Investigation of the Role of Trust in a Social Networking Site on Purchase Intentions[J]. Journal of Business Research,2016.

[24] Paul A. Pavlou, Mendel Fygenson. Understanding and Predicting Electronic Commerce Adoption: An Extension of the Theory of Planned Behavior. 2006, 30(1):115-143.

[25] Raymond Fisman,Tarun Khanna. Is Trust a Historical Residue? Information Flows and Trust Levels[J].Journal of Economic Behavior and Organization,1999,38(1).

[26] S.Cope,L.J.Frewer,J. Houghton,G. Rowe,A.R.H. Fischer,J. de Jonge.Consumer Perceptions of Best Practice in Food Risk Communication and Management: Implications for Risk Analysis Policy[J]. Food Policy,2010,35(4).

[27] Savola E,Lin L,Gamhewag G M. A Conceptual Framework for the Evaluation of Emergency Risk Communications［J］. American Journal of Public Health, 2017, 107(S2) : 208-214.

[28] Shan L C,Regan A,Monahan N F J,et al. Consumer Preferences towards Healthier Reformulation

of a Range of Processed Meat Products: A Qualitative Exploratory Study［J］. British food journal,2017,119(1) : 1— 20.

[29] Shan L C,Regan A,Monahan N F J,et al. Consumer Views on "Healthier" Processed Meat［J］. British Food Journal,2016,118(7) : 1712— 1730.

[30] Stankiewicz D.Rapid Alert System for Food and Feed［J］.Bas Analyses, 2012(11):261–266.

[31] StefaniI G,Valli C. Exploring the Impacts of Risk Communication Policies on Welfare :The Orentical Aspects[J].Paper Prepared

[32] Terje Aven. Perspectives on the Nexus between Good Risk Communication and High Scientific Risk Analysis Quality[J].Reliability Engineering and System Safety,2018.

[33] Timothy L. Sellnow,Deanna D. Sellnow,Derek R. Lane,Robert S. Little field. The Value of Instructional Communication in Crisis Situations: Restoring Order to Chaos[J]. Risk Analysis,2012,32(4).

[34] U.S. National Research Council Improving Risk Communication[M].U.S. National Academy Press,1989.

[35] Ufuk Kamber. The Manufacture and Some Quality Characteristics of Kurut,a Dried Dairy Product.International Journal of Dairy Technology. 2008,61(2):146–150.

[36] W.H.O. Food safety risk analysis. A guide for national food safety authorities.[J]. Fao Food & Nutrition Paper, 2006, 87(6):ix.

[37] Wu P K, Liao L P, Xu M Q, et al. Comparison of national standard GB/T 31774 and international standard ISO 18668 for Chinese medicines coding system[J].China journal of Chinese materia medica, 2017, 42(14):2820–2823.

[38] Xiayu Chen,Qian Huang,Robert M. Davison. The Role of Website Quality and Social Capital in Building Buyers' Loyalty[J]. International Journal of Information Management,2017,37(1).

[39] Yongzhong Q, Xuezhong Z. Patent Protection of the Traditional Chinese Medicine and Its Impact on the Related Industries in China[J]. Journal of International Biotechnology Law, 2009, 6(3):99–108.

[40] Zhang Yu,Wang Dawei. Based on Double–Log Model to Analyzing the Dairy Products Supply and Demand in China. Wireless Communications,Networking and Mobile Computing International Conference. 2007,(9):4225–4228.

[41] 陈红，高阳. 农产品价值链融资的作用机理［J］. 学术交流，2015(06)：129–132.

[42] 陈红，高阳. "互联网＋价值链"：农村内生金融新模式［J］. 学术交流，2016(05)：13–135.

[43] 陈红，关博，孙文娇. 我国粮食主产区不同环境规制下农业生产效率研究［J］. 商业研究，2017，59(03)：167–174.

[44] 陈金玲，吴纬地. 关于我国食品安全责任保险的思考[J]. 法制博览，2016(06).

[45] 陈君石. 推动风险交流向信息交流拓展 [N]. 中国医药，2018–07–12(005).

[46] 陈通, 刘贝贝, 青平, 邹俊. 消费者食品安全风险交流质量评价模型的构建研究 [J]. 农业现代化研究, 2017, 38(05): 764-771.

[47] 陈曦, 王景新. 农户融资需求与对策的静态博弈分析 [J]. 农林经济管理学报, 2011, 10(03): 34-40.

[48] 陈越. 刍议食品安全风险交流机制 [J]. 现代物业·现代经济, 2014, (01): 66-68.

[49] 程欣. 食品安全视角下对提升我国农产品与食品出口竞争力的思考 [J]. 江苏农业科学, 2016, 44(12): 613-615.

[50] 代文彬, 狄琳娜, 纪巍. 国外食品安全风险交流研究成果梳理与前瞻: 从企业的视角 [J]. 世界农业, 2018(04): 10-16+195.

[51] 道日娜. 奶站治理与奶源供应链系统改进——基于双重委托代理理论的分析 [J]. 农业经济与管理, 2011 (04): 87-96.

[52] 邓辉强. 基于社会共治视角的食品安全风险交流思考 [J]. 中国公共卫生管理, 2015, (04).

[53] 狄琳娜. 基于食品安全风险交流架构的社群交流机制设计 [J]. 社会科学家, 2017(05): 71-75.

[54] 邸娜, 魏秀芬. 中国乳制品贸易特征的动态分析 [J]. 中国经贸导刊, 2011, (09): 58-60.

[55] 丁宁, 陈少洲, 郝明虹, 陈慧. 国内外食品安全风险监测计划与实施的比较研究 [J]. 中国酿造, 2018, 37(03): 196-199.

[56] 丁志国, 张洋, 高启然. 基于区域经济差异的影响农村经济发展的农村金融因素识别 [J]. 中国农村经济, 2014(3): 4-13.

[57] 董新刚. 关于食品安全问题的几点思考 [J]. 价值工程, 2014, (10): 322-323.

[58] 段资睿. 中医药产业国际化发展路径研究——基于"一带一路"战略的视角 [J]. 国际经济合作, 2017(04): 76-79.

[59] 樊玉录, 刘天峰, 李俊丽等. 我国中药饮片产业国际竞争力研究 [J]. 中国药事, 2012 (11): 1186-1191.

[60] 范敏. 修辞学视角下的食品安全风险交流——以方舟子崔永元转基因之争为例 [J]. 国际新闻界, 2016, 38(06): 97-109.

[61] 范香梅, 张晓云. 社会资本影响农户贷款可得性的理论与实证分析 [J]. 管理世界, 2012 (04): 177-178.

[62] 范新爱. 新媒体时代政府风险沟通管理研究 [J]. 新闻界, 2014(19): 44-48.

[63] 方玉, 刘静, 肖新月. 充分利用新媒体加强与公众的风险交流 [J]. 民主与科学, 2016(04): 45.

[64] 耿莉萍. 食品安全问题对消费者权益的损害及其自我保护和维权方法 [J]. 中国食品, 2013 (9): 68-69

[65] 宫贺. 网络信任对信息传递与意见寻求的影响——基于微信用户与微信群的实证研

究 [J]. 新闻与传播评论, 2018, 71(03): 86-95.

[66] 巩顺龙, 白丽, 陈晶晶. 基于结构方程模型的中国消费者食品安全信心研究 [J]. 消费经济, 2012, 28(02): 53-57.

[67] 顾凯辰, 常志荣, 魏婷, 姚晓园. 日本及欧美食品安全风险交流机制及其启示 [J]. 食品与机械, 2019, 35(09): 102-106.

[68] 郭路生, 廖丽芳, 胡佳琪. 社交媒体用户健康信息传播行为的影响机制研究——基于风险认知与问题解决情境理论 [J]. 现代情报, 2020, 40(03): 148-156.

[69] 郭玉锦, 王欢. 网络社会学 [M]. 北京: 中国人民大学出版社, 2005. 78.

[70] 韩蕃璠, 钟凯, 郭丽霞. 新媒体时代食品安全风险交流的机遇与挑战 [J]. 中国食品卫生杂志, 2012, 24(06): 586-589.

[71] 何微微, 黄得栋, 韦翡翡, 吕蓉, 晋玲. 包装与中药材品质相关性研究概述 [J]. 中药材, 2018, 41(10): 2480-2484.

[72] 胡广勇. 风险管理在食品检验中的应用 [J]. 现代食品, 2016(18): 57-58.

[73] 黄鹤冲, 赖远婷, 李力慧. 我国中药出口难的 PEST 分析与管理对策 [J]. 中国中医药现代远程教育, 2015（14）: 159-161.

[74] 黄可, 周瑞丽. 基于 HACCP 方法对药品经营质量风险管理研究 [J]. 中国医药工业杂志, 2014, 45(08): 795-799.

[75] 黄亚静, 张文胜. 新媒体环境下农产品质量安全风险交流策略分析 [J]. 安徽农业科学, 2018, 46(09): 204-205+208.

[76] 季兰华. 食品安全责任重于泰山 [J]. 民营视界, 2009(3): 64-65.

[77] 贾旭东, 衡量. 扎根理论的"丛林"、过往与进路 [J]. 科研管理, 2020, 41(05): 151-163.

[78] 贾哲敏. 扎根理论在公共管理研究中的应用: 方法与实践 [J]. 中国行政管理, 2015(03): 90-95.

[79] 凯斯·孙斯坦（美）. 风险与理性 [M]. 北京: 中国政法大学出版社, 2013. 34-52.

[80] 李亘, 李向阳, 刘昭阁. 完善中国食品安全风险交流机制的探讨［J］. 管理世界, 2017（1）: 184-185.

[81] 李佳洁, 任雅楠, 李楠, 罗浪, 李江华. 食品安全风险交流的理论探索与实践应用综述 [J]. 食品科学, 2017, 38(13): 306-310.

[82] 李江华. 肉类食品的食品安全国家标准［J］. 肉类研究, 2017(5): 2-3.

[83] 李立煌, 张巧. 食品添加剂与食品安全相关问题的分析与思考 [J]. 临床医药文献电子杂志, 2018, 5(60): 181-182.

[84] 李奇剑. 强化风险交流确保食品安全 [J]. 中国食品药品监管, 2017(05): 21-22.

[85] 李强, 刘文, 初侨, 等. 食品安全风险交流工作进展及对策 [J]. 食品与发酵工业, 2012, 38(2): 147-150.

[86] 李少莉. 我国食品添加剂监管制度研究 [D]. 烟台大学, 2018.

[87] 李文瑛，李崇光，肖小勇．基于刺激—反应理论的有机食品购买行为研究——以有机猪肉消费为例 [J]．华东经济管理，2018，32(06)：171-178.

[88] 李岩，兰庆高，赵翠霞．农户贷款行为的发展规律及其影响因素：基于山东省 573 户农户 6 年追踪数据［J］．南开经济研究，2014(01)：134-145.

[89] 李长健，鲁爱蓉．食品安全法中惩罚性赔偿制度的适用与完善 [J]．食品与机械，2018，34（10）：60-62+201.

[90] 李治，孙锐．推荐解释对改变用户行为意向的研究——基于传播说服理论的视阈 [J]．中国软科学，2019(06)：176-184.

[91] 林少华，王辉，句荣辉等．风险交流在乳品质量安全中的重要性［J］．食品安全导刊，2019（5）：12.

[92] 刘飞．风险交流与食品安全软治理 [J]．学术研究，2014（11）

[93] 刘莉亚，胡乃红，李基礼，等．农户融资现状及其成因分析：基于中国东部、中部、西部千社万户的调查［J］．中国农村观察，2009(03)：2-10.

[94] 刘桐华，肖诗鹰．《国内外中药市场分析》（第二版）[M]．北京：中国医药科研出版社，2010.

[95] 刘妍，聂青，陈晶．加强中药饮片质量管理的几点建议——基于中药饮片生产链分析 [J]．中国中药杂志，2015，40(16)：3319-3322.

[96] 刘卓．食品抽样检验工作的难点探析 [J]．食品安全导刊，2018(27)：41.

[97] 陆庆海．我国进口食品安全的政府监管问题研究 [D]．南京工业大学，2018.

[98] 罗培和．"三合一"市场监督管理体制下监管重点和风险点的思考 [J]．中国食品药品监管，2019(07)：82-86.

[99] 吕林卿．食品安全危机及政府应对策略探讨 [J]．引文版：社会科学，2015(02)：36-36.

[100] 马澜，陈丹丹．"一带一路"背景下以海外华商网络推进中药贸易 [J]．经济研究导刊，2016(24)：174-175.

[101] 孟凡璐，狄琳娜．食品安全风险交流促进中国肉制品出口的对策研究 [J]．安徽农业科学，2019，47(05)：226-229.

[102] 孟蕊，李春乔，赵海燕．我国肉制品行业食品安全问题及其社会共治的研究［J］．食品安全质量检测学报，2017(01)：296-299.

[103] 莫璋红，吴丽丽，阮建明，等．我国食品安全可追溯系统及在乳制品中的应用［J］．安徽农业科学，2017，45(12)：203-206.

[104] 牛丽丹．食品中食品添加剂甜蜜素的使用情况及监管建议 [J]．山东化工，2018，47(20)：100-101.

[105] 潘煜，张星，高丽．网络零售中影响消费者购买意愿因素研究：基于信任与感知风险的分析［J］．中国工业经济，2010(07)：115-124.

[106] 裴会会．试论我国进出口食品添加剂贸易现状及发展对策 [J]．知识经济，2017(20)：

52+54.

[107] 钱颖雯. 探究食品安全风险分析在食品质量管理中的作用 [J]. 现代食品, 2019(06)：
113-115.

[108] 强月新, 余建清. 风险沟通：研究谱系与模型重构 [J]. 武汉大学学报, 2008, 61：
501-505.

[109] 任雪梅, 田洪芸, 王文特, 傅俊青. 我国食品添加剂监管现状及其被"误解"的原
因和对策 [J]. 食品安全导刊, 2019(03)：47-48+58.

[110] 佘硕, 张聪丛, 宋颖洁. 新媒体背景下的食品安全风险交流研究现状与展望——以
WOS 数据库为样本 [J]. 宏观质量研究, 2016, 4(01)：119-128.

[111] 申瑶. 我国食品添加剂使用现状及监管对策研究 [J]. 现代食品, 2018(24)：63-66.

[112] 沈克欣. 食品添加剂与食品安全相关问题分析 [J]. 食品安全导刊, 2020(03)：46.

[113] 沈思言. 浅谈我国食品添加剂安全的政府监管问题及其对策 [J]. 中国管理信息化,
2018, 21(13)：186-188.

[114] 孙春伟, 金珊, 赵桂华, 袁雪. 食品安全的技术性贸易壁垒问题及其规制 [J]. 安徽
农业科学, 2013. 41（16）：7323-7325.

[115] 孙茜, 金靖宸. 关于推广食品安全责任保险的思考 [J]. 商场现代化, 2014(14)：
28-29.

[116] 孙向东. 风险分析的系统理论与技术体系研究及实证分析 [D]. 广西大学硕士学位
论, 2011. 47.

[117] 孙颖. 社会共治视角下提高食品安全风险交流的制度建设［J］. 中国市场监管研
究, 2016(04)：50-54.

[118] 唐钧. 风险沟通的管理视角 [J]. 中国人民大学学报, 2009（5）：33—39.

[119] 涂雪峰, 李萍凤. 我国出口中药产品包装设计中存在的问题及对策研究 [J]. 中医药
导报, 2015, 21(13)：57-59.

[120] 王虎, 洪巍. 食品安全风险交流工作效果影响因素研究——基于无锡市调研数据的
结构方程模型之分析 [J]. 行政与法, 2018(10)：59-70.

[121] 王健, 周国民, 王剑, 刘茜, 丘耘, 王帅. 认知导向信息需求研究综述 [J]. 图书情
报工作, 2013, 57(10)：136-141.

[122] 王希佳, 彭菲, 张琳, 等. 食品安全风险交流途径的分析与研究 [J]. 上海食品药品
监管情报研究, 2014,（04）：9-19.

[123] 王艳玲, 张广胜, 李全海. 基于技术接受模型的电商平台采纳行为及影响因素 [J].
企业经济, 2020(03)：132-137.

[124] 王雨晨, 狄琳娜. 促进中国乳制品出口的风险交流机制设计 [J]. 安徽农业科学,
2019, 47(04)：236-240.

[125] 王志涛, 王翔翔. 食品企业的风险交流、交易成本与破产风险——基于我国上市公
司的经验证据 [J]. 经济经纬, 2017, 34(02)：116-121.

[126] 卫海英，杨国亮．企业－顾客互动对品牌信任的影响分析——基于危机预防的视角 [J]．财贸经济，2011(04)：79-84.

[127] 吴继霞，何雯静．扎根理论的方法论意涵、建构与融合 [J]．苏州大学学报（教育科学版），2019，7(01)：35-49.

[128] 席静，李冠斯，关丽军，李志勇．中国和欧亚联盟食品添加剂法规标准比较分析 [J]．现代农业科技，2020(06)：223-226.

[129] 夏翔．中国乳制品出口发展趋势［J］．经济管理（全文版），2016(1):267－267.

[130] 夏新斌，阳晓，陈弘．我国中药出口影响因素的实证研究 [J]．经济论坛，2016(09)：98-102.

[131] 肖峰，王怡．我国食品安全公众监督机制的检讨与完善 [J]．华南农业大学学报（社会科学版），2015，14(02)：93-102.

[132] 徐春秋．中国中药类产品出口现状、制约因素及升级途径 [J]．对外经贸实务，2016(10)：54-56.

[133] 徐晓华，章新，阎超．HACCP 方法在药品质量风险管理中的应用 [J]．中国医药工业杂志，2010，41(08)：631-635.

[134] 徐泽敏，杨志武．中国乳制品国际竞争力和产业内贸易研究［J］．黑龙江畜牧兽医，2015(22)：32-35.

[135] 许静，罗晓月，刘时雨，陈思，郭丽霞．风险交流视角下的食品安全标准相关媒体报道分析 [J]．中国食品卫生杂志，2018，30(01)：99-103.

[136] 严家秀，申俊龙，沈夕坤．知识产权视角下我国中药传统炮制技术的传承 [J]．中国药房，2016，27(13)：1729-1732.

[137] 杨迪航，罗荷花．农户融资行为的影响因素分析：基于祁阳县的实证研究［J］．湖南农业大学学报（社会科学版），2011，12(02)：10-15.

[138] 杨文杰．探析食品添加剂使用标准 [J]．农村经济与科技，2020，31(01)：95+137.

[139] 杨洋，焦阳，蒋萍萍等．2013 年欧盟食品和饲料快速预警系统通报各国输欧食品安全情况分析和对我国进口食品安全监管的启示 [J]．食品安全质量检测学报，2015(01)：341-346.

[140] 姚公安，覃正．消费者对电子商务企业信任保持过程中体验的影响研究［J］．南开管理评论，2010，13(01)：99-107

[141] 于海龙，李秉龙．我国乳制品的国际竞争力及影响因素分析［J］．国际贸易问题，2011(10)：14－24.

[142] 于海涛，张甦．乳与乳制品质量安全问题探析 [J]．黑龙江八一农垦大学学报，2011，23（04）：53-56.

[143] 于婷婷，窦光华．社会临场感在网络购买行为研究中的应用 [J]．国际新闻界，2014，36（05）：133-146.

[144] 余雪琼．农户"贷款难"成因及对策研究：以秭归县为例［J］．中国乡村发现，

2014(01)：108－111.

[145] 詹传清，倪小龙. 关于食品安全的几点思考——浅谈生活中的食品安全 [J]. 中国科技博览，2015，(03)：193-193.

[146] 张霁月，王华丽，张俭波.《食品添加剂使用标准》跟踪评价结果分析 [J]. 中国食品卫生杂志，2019, 31(06)：582-587.

[147] 张琪，杨良，蔡学玲. 中国乳制品出口现状、问题与升级途径［J］. 对外经贸实务，2015(07)：53-6.

[148] 张文胜，王硕，安玉发，唐卫红. 日本"食品交流工程"的系统结构及运行机制研究——基于对我国食品安全社会共治的思考 [J]. 农业经济问题 2017，38(01)：100-108+112.

[149] 张希颖，郑春霞. 我国乳制品贸易发展策略研究 [J]. 价格理论与实践，2013，(02)：75-76.

[150] 张晓东，孙一菡. 我国中药出口及遭受贸易壁垒分析 [J]. 对外经贸实务，2012（02）：41-44.

[151] 张星联，张慧媛. 北京市消费者对农产品质量安全风险交流的诉求调查研究 [J]. 食品安全质量检测学报，2017, 8(01)：318-323.

[152] 张学波，李铂. 信任与风险感知：社交网络隐私安全影响因素实证研究 [J]. 现代传播 (中国传媒大学学报)，2019, 41(02)：153-158+166.

[153] 张雪，谢明. 我国中药饮片 GMP 实施现状及对策探讨 [J]. 中国药房，2015，26(10)：1297-1299.

[154] 张耀峰，闵秋红. 非对称信息下农信社与农户信贷关系的演化博弈分析［J］. 价值工程，2012, 31(03)：122-123.

[155] 赵宏霞，王新海，周宝刚. B2C 网络购物中在线互动及临场感与消费者信任研究 [J] . 管理评论，2015, 27(02)：43-54.

[156] 赵林度：食品安全与风险管理 [M]. 北京：科学出版社，2009.

[157] 赵文秀，赵勇，丛键. 应急管理视角下食品安全风险交流的应用研究 [J]. 食品工业科技，2019, 40(17)：196-201+211.

[158] 赵小霞，许立博. 对日出口熟制牛肉制品原料风险点和对策初探［J］. 科技风，2015（21）：101.

[159] 赵雪. 中医药产业国际化路径研究 [D]. 宁波大学，2015.

[160] 赵宇虹，魏秀芬. 我国乳制品进出口贸易存在的问题及对策［J］. 对外经贸，2013(04)：20-21，26.

[161] 赵允，毛勇. 提升食品安全风险交流有效性的探讨 [J]. 食品工业科技，2015，36(16). 中国乳业，2017(11)：62-65.

[162] 钟晨滑. 我国食品添加剂生产、监管及应用中存在的问题及分析 [J]. 现代食品，2020(01)：15-17.

后 记

时光荏苒，在本书完成之日，回首一路走来的点点滴滴，感慨良多。

这本书缘起于我与团队成员近年来对于食品安全问题的关注和对开展食品安全风险交流的研究和探索。期间，我与团队成员参阅了大量国内外的书籍、著作，并着手开展实地调研、访谈并进行问卷调查，掌握了很多一手的资料。经过团队全体成员的竭诚努力与合作，历时五年有余，最终完成此书。期间的过程充满挑战与努力的艰辛，每念及此，心中五味杂陈，当然，最多还是研究工作取得进展时的兴奋与完成时收获与喜悦。

根据目前的统计数据，当前我国面临的最突出的两个食品安全问题，一是食源性疾病，二是信息不对称。这需要政府、专家及第三方机构的共同努力，建立以政府为主导，多方共同参与的食品信息交流体系。维护人民群众的健康，保障人民群众的权益，需要我们每一个人为之努力。如果能够引起读者对于这方面的思考，这将是我和团队成员最大的欣慰。

感谢所有在成书过程中帮助过我的亲人、朋友和同事，是你们在我遇到困难与挫折的时候给予我无私的支持与帮助，更要感谢我的父母、爱人和女儿，你们永远是我信心与力量的源泉。

狄琳娜 于津门

2020 年 7 月